量	記号	単位名	単位記号		
エネルギー	E	ジュール	J	$= N \cdot m = m^2 \cdot$	
		電子ボルト	eV		
仕事率,電力	P	ワット			
絶対温度	T	ケルビン			
熱容量	C	ジュール			
物質量	n	モル			
電流	I	アンペア			
電気量	Q, q	クーロン			
電位,電圧	V	ボルト		$= W/A = m^2 \cdot kg \cdot s^{-3} \cdot A^{-1}$	
電場の強さ	E	ボルト毎メートル	V/m	$= N/C = m \cdot kg \cdot s^{-3} \cdot A^{-1}$	
電気容量	C	ファラド	F	$= C/V = m^{-2} \cdot kg^{-1} \cdot s^4 \cdot A^2$	
電気抵抗	R	オーム	Ω	$= V/A = m^2 \cdot kg \cdot s^{-3} \cdot A^{-2}$	
磁束	$\varPhi$	ウェーバー	Wb	$= V \cdot s = m^2 \cdot kg \cdot s^{-2} \cdot A^{-1}$	
磁束密度	B	テスラ	T	$= Wb/m^2 = kg \cdot s^{-2} \cdot A^{-1}$	
磁場の強さ	H	アンペア毎メートル	A/m		
インダクタンス	L	ヘンリー	H	$= Wb/A = m^2 \cdot kg \cdot s^{-2} \cdot A^{-2}$	

主な物理定数

名称	記号と数値	単位
真空中の光速	$c = 2.99792458 \times 10^8$	m/s
真空中の透磁率	$\mu_0 = 4\pi \times 10^{-7} = 1.256637\cdots \times 10^{-6}$	N/A²
真空中の誘電率	$\varepsilon_0 = 1/c^2 \mu_0 = 8.8541878\cdots \times 10^{-12}$	F/m
万有引力定数	$G = 6.67428(67) \times 10^{-11}$	N·m²/kg²
標準重力加速度	$g = 9.80665$	m/s²
熱の仕事当量(≒1gの水の熱容量)	4.18605	J
乾燥空気中の音速(0℃, 1atm)	331.45	m/s
1molの理想気体の体積(0℃, 1atm)	$2.2413996(39) \times 10^{-2}$	m³
絶対零度	-273.15	℃
アボガドロ定数	$N_A = 6.02214179(30) \times 10^{23}$	1/mol
ボルツマン定数	$k_B = 1.3806504(24) \times 10^{-23}$	J/K
気体定数	$R = 8.314472(15)$	J/(mol·K)
プランク定数	$h = 6.62606896(33) \times 10^{-34}$	J·s
電子の電荷(電気素量)	$e = 1.602176487(40) \times 10^{-19}$	C
電子の質量	$m_e = 9.10938215(45) \times 10^{-31}$	kg
陽子の質量	$m_p = 1.672621637(83) \times 10^{-27}$	kg
中性子の質量	$m_n = 1.674927211(84) \times 10^{-27}$	kg
リュードベリ定数	$R = 1.0973731568527(73) \times 10^7$	m⁻¹
電子の比電荷	$e/m_e = 1.758820150(44) \times 10^{11}$	C/kg
原子質量単位	$1u = 1.660538782(83) \times 10^{-27}$	kg
ボーア半径	$a_0 = 5.2917720859(36) \times 10^{-11}$	m
電子の磁気モーメント	$\mu_e = 9.28476377(23) \times 10^{-24}$	J/T
陽子の磁気モーメント	$\mu_p = 1.410606662(37) \times 10^{-26}$	J/T

*( )内の2桁の数字は,最後の2桁に誤差(標準偏差)があることを表す。

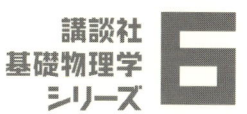

講談社
基礎物理学
シリーズ 6

二宮正夫・北原和夫・並木雅俊・杉山忠男 | 編

原田 勲 | 著
杉山忠男 |

量子力学 I

講談社

推薦のことば

　講談社から創業 100 周年を記念して基礎物理学シリーズが企画されている。著者等企画内容を見ると面白いものが期待される。

　20 世紀は物理の世紀と言われたが，現在では，必ずしも人気の高い科目ではないようだ。しかし，今日の物質文化・社会活動を支えているものの中で物理学は大きな部分を占めている。そこへの入口として本書の役割に期待している。

益川敏英
2008 年度ノーベル物理学賞受賞
京都産業大学教授

本シリーズの読者のみなさまへ

「講談社基礎物理学シリーズ」は，物理学のテキストに，新風を吹き込むことを目的として世に送り出すものである。

本シリーズは，新たに大学で物理学を学ぶにあたり，高校の教科書の知識からスムーズに入っていけるように十分な配慮をした。内容が難しいと思えることは平易に，つまずきやすいと思われるところは丁寧に，そして重要なことがらは的を絞ってきっちりと解説する，という編集方針を徹底した。

特長は，次のとおりである。

- 例題・問題には，物理的本質をつき，しかも良問を厳選して，できる限り多く取り入れた。章末問題の解答も略解ではなく，詳しく書き，導出方法もしっかりと身に付くようにした。
- 半期の講義におよそ対応させ，各巻を基本的に12の章で構成し，読者が使いやすいようにした。1章はおよそ90分授業1回分に対応する。また，本文ではないが，是非伝えたいことを「10分補講」としてコラム欄に記すことにした。
- 執筆陣には，教育・研究において活躍している物理学者を起用した。

理科離れ，とくに物理アレルギーが流布している昨今ではあるが，私は，元来，日本人は物理学に適性を持っていると考えている。それは，我が国の誇るべき先達である長岡半太郎，仁科芳雄，湯川秀樹，朝永振一郎，江崎玲於奈，小柴昌俊，直近では，南部陽一郎，益川敏英，小林誠の各博士の世界的偉業が示している。読者も「基礎物理学シリーズ」でしっかりと物理学を学び，この学問を基礎・基盤として，大いに飛躍してほしい。

二宮正夫
前日本物理学会会長
京都大学名誉教授

はじめに

　量子力学と聞いて，心躍る人はかなり多いのではなかろうか。これは量子力学が20世紀になって新たに創造された学問の中心であり，古典物理学とは全く異なる体系をもっている興味深い学問であるからである。

　しかし，いざ量子力学の専門書を手にとって見ると，そこには難しそうな理論が難解に見える数学を用いて書かれている。かといって，いわゆる啓蒙書と呼ばれる類の書物を開くと，それは「お話」であって，量子力学そのものを勉強することにはなりそうにない。

　本書は，量子力学をはじめて学ぶ人のために書いたものである。と同時に，大学における量子力学の授業で役立つようにと考えて書いたものである。したがって，高度な概念や難しい数学の使用は極力避けたが，単に，「計算方法を理解すればよい」という立場はとらなかった。量子力学の入門書の中には，論理的な説明は省略し，初等的計算問題の解説のみを記した書物も多い。本書では，できるだけ平易な理論と数式を用いながら，読者には量子力学の本質を掴んでもらいたいと考えた。したがって，天下り的説明はせずに，本書を丁寧に読んでいけば，本書だけで量子力学の入門的な部分は，きちんと理解できるように書いたつもりである。また，本シリーズの特徴である例題を通して理論を理解してもらうという立場から，本文の解説の多くの部分を例題という形で導入した。紙と鉛筆をもち，例題を1つ1つ解いていけば，自ずから理解は深まるはずである。字面を目で追っているだけでは，表層的な理解に止まってしまう。

　新しい科目を書物を通して学習する場合，その書物がどのように論理的に書かれていても，1冊の書物を読んだだけですべてを理解することは不可能である。よくわからないところがあってもあまり拘らずに，大学の講義での学習と並行して本書を通読して欲しい。ある程度，「習うより慣れろ」ということも必要である。

　本書は「量子力学Ⅰ」であるから，初等的な分野に限定し，平易な解説に努めた。したがって，第3～5章でなされるシュレーディンガー方程式の一般的説明も，1次元系で解説した。1次元系であれば，積分計算は部分積分までで済み，高校数学の範囲内である。ベクトル解析の知識を必要としない。ただし，第10, 11章で解説する水素原子を扱う中心力場中で

の粒子の運動では，3次元系を扱うことが必須となり，ルジャンドル関数を含む球面調和関数などの特殊関数を扱わざるを得なかった．計算を確かめるだけではなく，書かれているそれぞれの関数のイメージを理解してもらうため，できるだけ具体的な計算を詳しく書いた．この部分に関しては，学習の初期の段階では計算の詳細な部分を省略し，量子力学の筋道だけを理解するのも有益であろう．

　本書は初心者を対象としているが，物理学として興味深い事柄は，省略するのではなく，やさしく解説するように努めた．たとえば，原子核のα崩壊の理論，エネルギー・バンド理論，アハロノフ–ボーム効果などである．これらを通して現代物理学の息吹を少しでも感じていただきたいと思う．

　このようにして，本書を縦横に活用し，量子力学の醍醐味の一端に触れ，さらに深く学びたいという人が一人でも多く出てくるならば，著者の喜びはこれに過ぎることはない．また，量子力学は，現代科学の中核をなしており，今後貴方がどのような分野に進む場合であっても，これを理解しているかどうかにより，現代科学の進歩にどのように寄与できるかという点で大きく影響してくるはずである．本書を将来にわたり役立ててもらうことを切に願っている．

　最後に，本書の執筆に際し，その機会を与えてくださり，全体構成などについて議論していただいた編集委員の二宮正夫先生，並木雅俊先生に感謝します．また，笠原良一氏，唐津隆行氏，および学生である谷崎佑弥くんには，原稿を通読していただき有益なコメントをいただきました．また，講談社サイエンティフィク編集部の林重見氏，大塚記央氏，慶山篤氏，新舎布美乃氏には，終始励ましていただき，内容に関する有益なコメントもいただきました．感謝申し上げます．

2009年8月
原田　勲，杉山　忠男

講談社基礎物理学シリーズ
量子力学 I 目次

推薦のことば　iii
本シリーズの読者のみなさまへ　iv
はじめに　v

第1章　量子力学のはじまり　1

1.1　量子論の起こり　1
1.2　光の粒子性　6

第2章　量子条件とド・ブロイ波　14

2.1　量子条件の発見　14
2.2　量子条件の一般化　19
2.3　ド・ブロイの考え　21
2.4　不確定性原理 I　25

第3章　シュレーディンガー方程式と波動関数　30

3.1　粒子性と波動性　30
3.2　ド・ブロイ波の波動方程式
　　　── 1次元シュレーディンガー方程式　32
3.3　波動関数の確率解釈　38
3.4　古典論との関係 ── エーレンフェストの定理　41

第4章　運動量空間と不確定性原理　46

4.1　運動量空間での波動関数　46
4.2　不確定性原理 II　50
4.3　波束の運動　52

第5章 演算子と固有関数　60

5.1　演算子の性質　60
5.2　固有値と固有関数　63
5.3　交換関係と不確定性　69

第6章 1次元系の粒子 I —— 井戸型ポテンシャル　74

6.1　井戸型ポテンシャル —— 無限に深い場合　74
6.2　井戸型ポテンシャル —— 有限な深さの場合　78
6.3　2原子分子モデル　84

第7章 1次元系の粒子 II —— 反射と透過　92

7.1　箱型ポテンシャルによる反射と透過　92
7.2　透過率の近似的表式と一般の山型ポテンシャル　96
7.3　トンネル効果の応用　98

第8章 1次元系の粒子 III —— デルタ関数ポテンシャルと周期ポテンシャル　104

8.1　デルタ関数型ポテンシャルによる粒子の束縛と散乱　104
8.2　1次元周期ポテンシャル —— クローニッヒ・ペニーモデル　106

第9章 1次元調和振動子　116

9.1　1次元調和振動子　116
9.2　調和振動子の演算子による扱い　125
9.3　調和振動子の波動関数　129

第10章	**中心力場内の粒子 I**
	── シュレーディンガー方程式の変数分離　133

  10.1 3次元極座標でのシュレーディンガー方程式　133
  10.2 球面調和関数　137
  10.3 軌道角運動量演算子　144

第11章	**中心力場内の粒子 II**
	── 動径方向の方程式と水素原子　150

  11.1 動径方向のシュレーディンガー方程式　150
  11.2 水素原子の量子力学　154

第12章	**電磁場中の荷電粒子**　164

  12.1 ラグランジアンとハミルトニアン　164
  12.2 電磁場中の荷電粒子の運動　168
  12.3 ゲージ変換と量子力学　170
  12.4 磁場中の荷電粒子　173
  12.5 アハロノフ・ボーム効果　175
  12.6 正常ゼーマン効果　179

付録	**ストークスの定理**　184

  章末問題解答　188

第1章

まず，量子論の誕生から話をはじめる。一般に，量子論は 1900 年にはじまるといわれている。この年に，プランクはある仮説を用いて，プランクの放射公式と呼ばれる式を提出した。

量子力学のはじまり

1.1 量子論の起こり

鉄などの金属を熱すると，やがて白熱して輝く。このとき，いろいろな波長の光が放射されている。19 世紀末，この放射光は電磁気学のマクスウェル理論にしたがう電磁波であることが知られていた。この放射光には，どのような振動数の光が含まれているのであろうか。

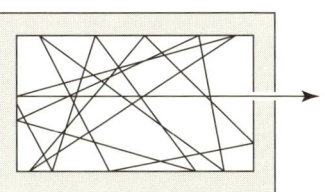

図1.1 空洞内の電磁放射

熱せられた壁から放射される電磁波の振動数 ν（波長 λ）を測定するために，空洞に小さな穴を開け（図 1.1），そこから漏れ出る電磁波の振動数が調べられた。絶対温度（以下，簡単に温度という）T に熱せられた空洞壁からどんな振

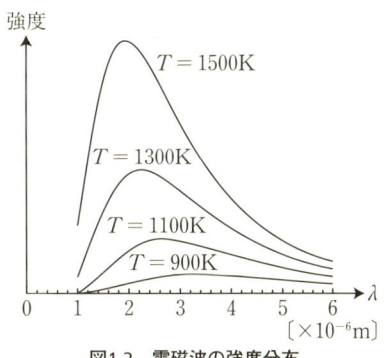

図1.2 電磁波の強度分布

動数の電磁波がどれ位の強度で発せられているのかが測定され，図 1.2 の

ような結果が得られた。この結果をマクスウェル理論に基づいて説明することが，当時，理論的な大きな課題となっていた。

今，ν と $\nu + d\nu$ の間の振動数をもつ電磁波の単位体積あたりのエネルギーを，
$$u(\nu, T) d\nu$$
と表すとき，$u(\nu, T)$ を **エネルギー密度** という。

マクスウェル理論にしたがうなら，放射光はそのエネルギー密度 $u(\nu, T)$ に応じた放射圧を壁に及ぼすことになる。ウィーンは，熱力学を用いて，
$$u(\nu, T) \propto \nu^3 f\left(\frac{\nu}{T}\right)$$
という変位則を導いた。また彼は，関数 $f\left(\frac{\nu}{T}\right)$ が気体分子のマクスウェル速度分布に類似すると考えて，
$$f\left(\frac{\nu}{T}\right) = a \exp\left(-b\frac{\nu}{T}\right)$$
という形になることを提案した。ここで，a, b は定数である。これを **ウィーンの式** という。

1900年12月，プランクは空洞から発せられる電磁波を電気的な振動子の集団であると仮定し，次の仮説を用いて，ウィーンの式より一般的な式を導いた。

仮説：振動数 ν の電磁波のエネルギーは，h を定数（これは **プランク定数** と呼ばれる）として，
$$\varepsilon_n = nh\nu \quad (n = 0, 1, 2, \cdots) \tag{1.1}$$
で与えられる。

この仮説は，**プランクの量子仮説** と呼ばれている。ここで，エネルギーは，連続的な値をとるのではなく，$h\nu$ の整数倍の値のみをもつところが重要である。仮説 (1.1) を用いてプランクが導いた式は，温度 T のとき，エネルギー密度が，
$$u(\nu, T) = \frac{8\pi h}{c^3} \frac{\nu^3}{e^{\frac{h\nu}{kT}} - 1} \tag{1.2}$$

と表されるというものである。(1.2) 式は**プランクの放射公式**と呼ばれる。ここで，k はボルツマン定数，c は真空中の光速度である。

放射の式 (1.2) は，熱せられた空洞内から漏れ出る電磁波の強度分布をうまく説明する。

ここで，(1.2) 式を導いてみよう。

例題1.1　電磁波のエネルギー

古典統計力学によれば，温度 T で熱平衡にある振動子のエネルギーが ε_n をとる確率は，

$$P_n = \frac{e^{-\frac{\varepsilon_n}{kT}}}{\sum_{m=0}^{\infty} e^{-\frac{\varepsilon_m}{kT}}} \tag{1.3}$$

で与えられる。

振動数 ν の電磁波（これを振動子とみなす）のエネルギーの平均値 $\langle \varepsilon \rangle$ を，(1.1)，(1.3) 式を用いて求めよ。

解　振動数 ν の電磁波の平均のエネルギーは，$x = e^{-\frac{h\nu}{kT}}$ とおいて，

$$\langle \varepsilon \rangle = \sum_{n=0}^{\infty} \varepsilon_n P_n = \frac{\sum_{n=0}^{\infty} \varepsilon_n e^{-\frac{\varepsilon_n}{kT}}}{\sum_{m=0}^{\infty} e^{-\frac{\varepsilon_m}{kT}}} = h\nu \frac{\sum_{n=1}^{\infty} n x^n}{\sum_{m=0}^{\infty} x^m}$$

となる。ここで，$0 < x < 1$ より，$\sum_{m=0}^{\infty} x^m = 1 + x + x^2 + \cdots = \frac{1}{1-x}$ である。また，$S = \sum_{n=1}^{\infty} n x^n = x + 2x^2 + \cdots + n x^n + \cdots$ とおくと，$xS = x^2 + 2x^3 + \cdots + (n-1)x^n + \cdots$ より，

$$(1-x)S = x \sum_{n=0}^{\infty} x^n = \frac{x}{1-x} \quad \therefore \quad S = \frac{x}{(1-x)^2}$$

となる。こうして，

$$\langle \varepsilon \rangle = h\nu \frac{\frac{x}{(1-x)^2}}{\frac{1}{1-x}} = \frac{h\nu}{x^{-1} - 1} = \frac{h\nu}{e^{\frac{h\nu}{kT}} - 1} \tag{1.4}$$

を得る。■

空洞内の電磁波は，壁を固定端（節）として，定常波（この振動を**固有振動**という）を形成している。プランクの放射則 (1.2) は，振動数 ν の電磁

波の平均のエネルギー (1.4) に，振動数 ν と $\nu + d\nu$ の間の固有振動の数をかけることにより得られる。

例題1.2　固有振動の数

空洞内の電磁波は，壁を固定端(節)として定常波を形成している。この固有振動の数を数えよう。1辺の長さ L の立方体空洞内に電磁波が充満している。真空中の光速を c，波長 λ の定常波の x, y, z 軸に沿った波長を，それぞれ $\lambda_x, \lambda_y, \lambda_z$ として，$\nu_x \equiv \dfrac{c}{\lambda_x}$，$\nu_y \equiv \dfrac{c}{\lambda_y}$，$\nu_z \equiv \dfrac{c}{\lambda_z}$ を定義する。

(1) 波長 λ とその各成分 $\lambda_x, \lambda_y, \lambda_z$ の間に，
$$\frac{1}{\lambda^2} = \frac{1}{\lambda_x^2} + \frac{1}{\lambda_y^2} + \frac{1}{\lambda_z^2} \tag{1.5}$$
の関係式が成り立つことを示せ。

(2) ν_x, ν_y, ν_z で張られる3次元空間で，体積 $\left(\dfrac{c}{2L}\right)^3$ ごとに1つの固有振動が存在することを示せ。

(3) 横波である電磁波には2つの偏光自由度（電磁波の進行方向に垂直な平面内で光波は振動する）があることを考慮して，振動数 ν と $\nu + d\nu$ の間の固有振動の数を求めよ。ただし，$\nu_x > 0$，$\nu_y > 0$，$\nu_z > 0$ であることに注意せよ。これより，プランクの放射則 (1.2) を導け。

解

(1) 図1.3のように，波長 λ の平面波（波面が平面であり，波面に垂直な方向へ直線的に進む波）の x-y 平面に沿った波長を λ_{xy}，z 軸に沿った波長を λ_z，この平面波の進行方向（射線）と z 軸のなす角を θ とする。また，図1.4のように，x-y 平面内を伝わる波長 λ_{xy} の平面波の x 軸，y 軸に沿った波長をそれぞれ λ_x, λ_y，この平面波の進行方向と x 軸のなす角を ϕ とする。

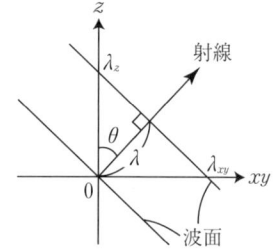

図1.3　波長 λ の平面波と，x-y 平面に沿った波長 λ_{xy}，z 軸に沿った波長 λ_z の関係

図1.3より，$\cos\theta = \dfrac{\lambda}{\lambda_z}$，$\sin\theta = \dfrac{\lambda}{\lambda_{xy}}$ と書けるから，
$$1 = \cos^2\theta + \sin^2\theta = \left(\frac{\lambda}{\lambda_z}\right)^2 + \left(\frac{\lambda}{\lambda_{xy}}\right)^2$$

が成り立つ。同様に，図1.4より，
$$\frac{1}{\lambda^2} = \frac{1}{\lambda_z{}^2} + \frac{1}{\lambda_{xy}{}^2}$$

$$\frac{1}{\lambda_{xy}{}^2} = \frac{1}{\lambda_x{}^2} + \frac{1}{\lambda_y{}^2}$$

となることから，(1.5)式を得る。

(2) x軸に沿ってn倍振動の定常波ができているとき，弦の固有振動の場合と同様に，n倍振動の波長をλ_{xn}とすると，$n\dfrac{\lambda_{xn}}{2} = L$となる（図1.5）。$\nu_{xn} = \dfrac{c}{\lambda_{xn}}$より，$\nu_{xn} = n\dfrac{c}{2L}$となる。この式は，$x$軸方向へ振動数$\dfrac{c}{2L}$ごとに1つの固有振動が存在することを意味している。y軸，z軸方向へも同様のことが成り立つから，

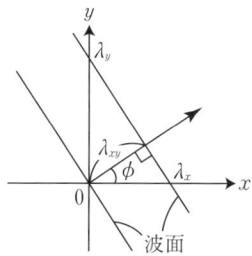

図1.4 波長λ_{xy}とx軸に沿った波長λ_x，y軸に沿った波長λ_yの関係

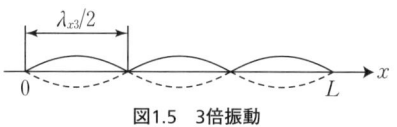

図1.5 3倍振動

ν_x，ν_y，ν_zで張られる3次元空間で，体積$\left(\dfrac{c}{2L}\right)^3$ごとに1つの固有振動が存在することがわかる。

(3) (1.5)式より，$\nu^2 = \nu_x{}^2 + \nu_y{}^2 + \nu_z{}^2$が成り立つことがわかる。立方体空洞内にできる固有振動の振動数は，ν_x，ν_y，ν_zで張られる3次元空間で，図1.6の間隔$\dfrac{c}{2L}$の格子点で与えられる。振動数νと$\nu + \mathrm{d}\nu$の間の固有振動の数は，光波の偏光自由度を考慮して，ν_x，ν_y，ν_zの3次元空間で半径νと$\nu + \mathrm{d}\nu$の球面ではさまれた球殻内の格子点の数の2倍に等しいことがわかる。半

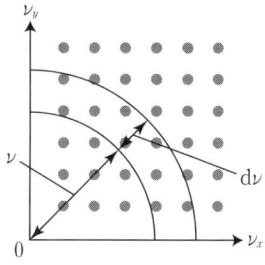

図1.6 立方体内に生じる固有振動数の分布

径νと$\nu + \mathrm{d}\nu$の球面ではさまれた球殻の体積は，$4\pi\nu^2\mathrm{d}\nu$であり，$\nu_x > 0$，$\nu_y > 0$，$\nu_z > 0$の領域の体積はその$\left(\dfrac{1}{2}\right)^3$であるから，求める固有振動の数は，

$$G(\nu, T)\mathrm{d}\nu = 4\pi\nu^2\mathrm{d}\nu \times \frac{1}{\left(\dfrac{c}{2L}\right)^3} \times 2 \times \frac{1}{8}$$

と書ける．この式に振動子の平均エネルギー (1.4) をかけて L^3 でわることにより，放射則 (1.2) を得る．■

例題1.3 ウィーンの式とレーリー－ジーンズの式

プランクの放射公式 (1.2) は，低振動数領域(長波長領域) $\dfrac{h\nu}{kT} \ll 1$ で，

$$u_{\mathrm{RJ}}(\nu, T)\mathrm{d}\nu = \frac{8\pi\nu^2}{c^3}kT\mathrm{d}\nu \tag{1.6}$$

高振動数領域(短波長領域) $\dfrac{h\nu}{kT} \gg 1$ で，

$$u_{\mathrm{W}}(\nu, T)\mathrm{d}\nu = \frac{8\pi h\nu^3}{c^3}e^{-\frac{h\nu}{kT}}\mathrm{d}\nu \tag{1.7}$$

に帰着することを示せ．(1.6) 式は**レーリー－ジーンズの式**と呼ばれる．また，(1.7) 式はウィーンの式である．

解 「$|x| \ll 1$ のとき，$e^x \approx 1+x$」と近似できる．そこで，低振動数領域 $\dfrac{h\nu}{kT} \ll 1$ では，$e^{\frac{h\nu}{kT}} - 1 \approx \dfrac{h\nu}{kT}$ となるから，

$$u(\nu, T) = \frac{8\pi h}{c^3}\frac{\nu^3}{e^{\frac{h\nu}{kT}}-1} \approx \frac{8\pi h\nu^3}{c^3}\cdot\frac{kT}{h\nu} = \frac{8\pi\nu^2}{c^3}kT = u_{\mathrm{RJ}}(\nu, T)$$

を得る．

また，高振動数領域 $\dfrac{h\nu}{kT} \gg 1$ では，$e^{\frac{h\nu}{kT}} \gg 1$ より，$e^{\frac{h\nu}{kT}} - 1 \approx e^{\frac{h\nu}{kT}}$ となるから，

$$u(\nu, T) = \frac{8\pi h}{c^3}\frac{\nu^3}{e^{\frac{h\nu}{kT}}-1} \approx \frac{8\pi h\nu^3}{c^3}e^{-\frac{h\nu}{kT}} = u_{\mathrm{W}}(\nu, T)$$

を得る．■

1.2　光の粒子性

プランクは放射の公式 (1.2) を導き，量子仮説 (1.1) により実験結果をうまく説明したが，量子仮説そのものについては明確な解答をもたずにいた．そこに現れたのがアインシュタインである．1905 年，アインシュタインは，

「プランクの量子仮説 (1.1) は，振動数 ν，波長 λ の電磁波が，プランク定数を h，真空中の光速を c とすると，エネルギー

$$E = h\nu = \frac{hc}{\lambda} \tag{1.8}$$

をもつ粒子の集まりであることを意味している」
と考えた。ここで，波動である電磁波に関して，$c = \nu\lambda$ の関係が成り立つ。この粒子を**光量子**あるいは**光子**という。さらに，アインシュタインは，この考え方(これを**光量子論**という)を用いて，このときまで未知の現象として残されていた光電効果と呼ばれる現象を明快に説明した。

光電効果

金属板に光を当てると金属内部から電子が飛び出す現象を**光電効果**という（図1.7）。この光電効果という現象には，

「当てる金属に特有な波長(これを**光電限界波長**という) λ_0 より長い波長 $\lambda_1 (>\lambda_0)$ の光では，いくら強い光を当てても電子は飛び出さないが，λ_0 より短い波長 $\lambda_2 (<\lambda_0)$ の光であると，弱い光でも電子は飛び出す」

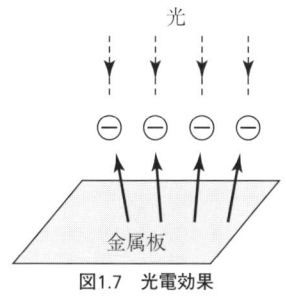

図1.7 光電効果

という性質がある。この性質は，光を単なる電磁波と考える限り説明できない。

金属内の電子が外へ飛び出すには，ある程度のエネルギーが必要である。このエネルギーの最小値 W を**仕事関数**という。

アインシュタインは，金属に波長 λ の光を当てると，金属内の電子がエネルギー $\frac{hc}{\lambda}$ の光子を吸収して金属外へ飛び出すと考えた。金属内でエネルギーの最も高い状態にある電子が，正イオンなどに邪魔されることなく飛び出したとき，その電子は最大の運動エネルギー K をもつ。このとき，関係式

$$K = \frac{hc}{\lambda} - W$$

が成り立つ（図1.8）。ここで，$K = 0$ とおくと，金属の仕事関数 W は光電限界

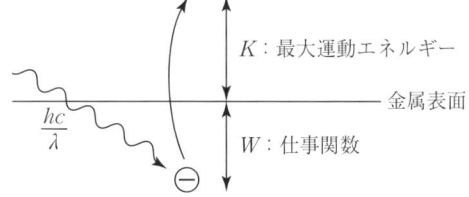

図1.8 光電効果：飛び出す電子の最大運動エネルギー

波長 λ_0 を用いて，

$$W = \frac{hc}{\lambda_0}$$

で与えられる。

これは，光電効果の実験の結果をうまく説明した。

光子の運動量

電磁波はエネルギーと同時に運動量も有する。なぜなら，図 1.9 のように，電荷 q の荷電粒子に，z 方向へ進行する電磁波を照射させると，まず粒子は電場 E の方向(x 方向)へ動き出す。そうすると，x 方向の速度が v となった荷電粒子は，電場に垂直な y 方向の磁場（磁束密度）B から z 方向へローレンツ力 qvB を受けて動き出す。このことは，電磁波を光子の集まりと考えると，運動量をもつ光子が荷電粒子と衝突して，その運動量の一部を粒子に与えることを意味するであろう。実際，光子は，

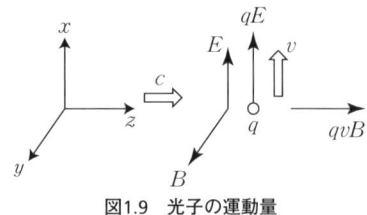

図1.9 光子の運動量

$$p = \frac{h\nu}{c} = \frac{h}{\lambda} \tag{1.9}$$

で与えられる運動量をもつ（章末問題 1.2 参照）。光子のエネルギー $E = h\nu$ を用いると，エネルギー E と運動量 p の間に，

$$E = cp \tag{1.10}$$

が成り立つ。

光子の運動量 (1.9) を用いて現象を見事に説明した例に，コンプトン効果がある。

コンプトン効果

1923 年，コンプトンは，可視光より波長の短い X 線を石墨に当て，散乱 X 線の波長を求める実験をしたところ，その中に，入射 X 線より波長の長い X 線が混じることを見出した。そして，その結果を，光子のエネルギーの表式 (1.8) と運動量の表式 (1.9) を用いて説明することに成功した。

例題1.4 コンプトン効果の説明

簡単のため，石墨中の電子は静止しているとする。

図 1.10(a), (b) のように，石墨に波長 λ の X 線を入射させると，石墨中の電子がはじき飛ばされると同時に，波長 λ' の X 線が散乱される。このとき，入射 X 線光子が石墨中で静止している電子と弾性衝突し，入射方向と角 θ をなす方向へ進み，電子は角 ϕ の方向へはじき飛ばされるとする。この衝突を厳密に扱うために相対論を用いる。光子のエネルギーと運動量の表式 (1.8) と (1.9) は，もともと相対論的な式と考えられる。ここでは説明しないが，相対論において，電子のエネルギー E と運動量 p の間には，電子の(静止)質量を m_e，真空中の光速を c として，

$$E^2 = m_e^2 c^4 + c^2 p^2 \tag{1.11}$$

の関係が成り立つことが知られている。

(1) はじき飛ばされた電子の運動エネルギーを $K = E - m_e c^2$，運動量の大きさを p として，衝突において成り立つエネルギー保存則と運動量保存則を表す関係式を書き下せ。

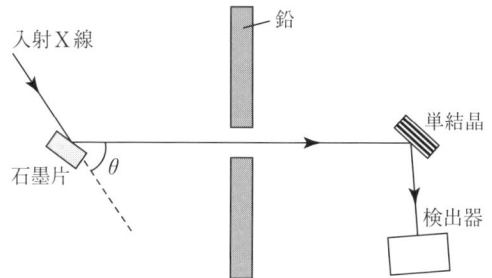

図1.10(a) コンプトン効果の実験装置の概念図

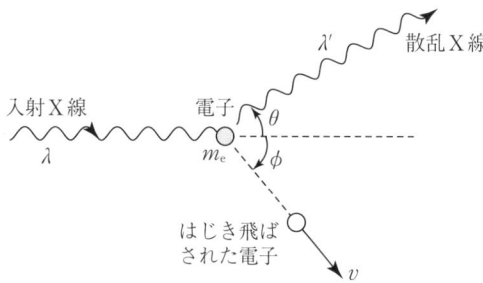

図1.10(b) コンプトン散乱（電子によるX線光子の散乱）

(2) (1) で書いた関係式より，散乱 X 線の波長の伸び $\Delta\lambda$ が，

$$\Delta\lambda = \lambda' - \lambda = \frac{h}{m_e c}(1 - \cos\theta) \tag{1.12}$$

で与えられることを示せ。この式は，実験結果をうまく説明する。また，コンプトン効果は，光量子の存在を決定づけた実験としても知られている。

解

(1) エネルギー保存則は，

$$\frac{hc}{\lambda} = \frac{hc}{\lambda'} + K \tag{1.13}$$

運動量保存則は，

$$入射方向: \frac{h}{\lambda} = \frac{h}{\lambda'}\cos\theta + p\cos\phi \tag{1.14}$$

$$垂直方向: 0 = \frac{h}{\lambda'}\sin\theta - p\sin\phi \tag{1.15}$$

となる。

(2) (1.14)，(1.15) 式より ϕ を消去すると，

$$p^2 = \left(\frac{h}{\lambda}\right)^2 + \left(\frac{h}{\lambda'}\right)^2 - 2\frac{h^2}{\lambda\lambda'}\cos\theta \tag{1.16}$$

となる。一方，(1.11) 式より，

$$c^2 p^2 = E^2 - m_e^2 c^4 = (E - m_e c^2)(E + m_e c^2)$$
$$= K(K + 2m_e c^2) \tag{1.17}$$

となるから，(1.13)，(1.16)，(1.17) 式から，K と p^2 を消去すると，

$$\frac{1}{\lambda} - \frac{1}{\lambda'} = \frac{h}{m_e c \lambda \lambda'}(1 - \cos\theta)$$

と書ける。こうして，(1.12) 式を得る。 ■

10分補講

コンプトン効果の計算

例題 1.4 で求めたように，コンプトン効果による散乱 X 線の波長の伸び $\Delta\lambda$ を与える (1.12) 式は，相対論を用いた厳密な計算で与えられる。ところがこの

式は,相対論を用いることなしに,X線光子により散乱された質量 m_e の電子の速さを v として,次のように導くことができる。

非相対論的計算

電子の運動エネルギーと運動量を,それぞれ $K = \frac{1}{2}m_e v^2$, $p = m_e v$ とすると,図1.10 (b) より,エネルギー保存則と運動量保存則はそれぞれ,

$$\frac{hc}{\lambda} = \frac{hc}{\lambda'} + \frac{1}{2}m_e v^2 \tag{1.18}$$

$$\frac{h}{\lambda} = \frac{h}{\lambda'}\cos\theta + m_e v \cos\phi, \quad 0 = \frac{h}{\lambda'}\sin\theta - m_e v \sin\phi \tag{1.19}$$

となる(h はプランク定数,c は真空中の光速)。(1.19) の2式から ϕ を消去すると,

$$\begin{aligned}m_e^2 v^2 &= \left(\frac{h}{\lambda} - \frac{h}{\lambda'}\cos\theta\right)^2 + \left(\frac{h}{\lambda'}\sin\theta\right)^2 \\ &= \left(\frac{h}{\lambda}\right)^2 + \left(\frac{h}{\lambda'}\right)^2 - \frac{2h^2}{\lambda\lambda'}\cos\theta\end{aligned}$$

となり,これと (1.18) 式から v を消去して,

$$\frac{1}{\lambda} - \frac{1}{\lambda'} = \frac{h}{2m_e c}\left(\frac{1}{\lambda^2} + \frac{1}{\lambda'^2} - \frac{2\cos\theta}{\lambda\lambda'}\right) \tag{1.20}$$

を得る。最後に,(1.20) 式の両辺に $\lambda\lambda'$ をかける。ここで,実験から,波長の伸び $\Delta\lambda = \lambda' - \lambda$ に対して,$\Delta\lambda/\lambda \ll 1$ であることがわかっているから,そのとき成り立つ近似式 $\frac{\lambda'}{\lambda} + \frac{\lambda}{\lambda'} \approx 2$ を用いて,波長の伸び (1.12) 式を得る。

相対論的エネルギーと運動量

相対論において,速さ v で運動している電子のエネルギー E と運動量 p は,

$$E = \frac{m_e c^2}{\sqrt{1 - \frac{v^2}{c^2}}}, \quad p = \frac{m_e v}{\sqrt{1 - \frac{v^2}{c^2}}} \tag{1.21}$$

で与えられる。(1.21) の2式から v を消去すると (1.11) 式が得られる。ここで,$v/c \ll 1$ として近似公式「$|x| \ll 1$ のとき,$(1+x)^a \approx 1 + ax$ (a:実数)」を用いると,運動エネルギー K と運動量 p は,

$$K = E - m_\mathrm{e}c^2 = m_\mathrm{e}c^2\left(1 - \frac{v^2}{c^2}\right)^{-1/2} - m_\mathrm{e}c^2$$
$$\approx m_\mathrm{e}c^2\left(1 + \frac{v^2}{2c^2}\right) - m_\mathrm{e}c^2 = \frac{1}{2}m_\mathrm{e}v^2$$
$$p \approx m_\mathrm{e}v$$

と近似できる。こうして，非相対論（ニュートン力学）で用いられている運動エネルギーと運動量の表式は，電子の速さ v が光速 c に比べて小さいときに成り立つ近似式であることがわかる。

コンプトン効果の計算のトリック

　上の非相対論による計算では，もともと近似理論である非相対論を用いて，さらに，途中でもう1回近似を行って相対論を用いた厳密な結果と同じ式を導いたのである。これは，高校物理で普通に行われている計算であるが，不思議な気がしないだろうか。近似を2回行うことにより，厳密な結果からのずれが打ち消されて厳密な結果に戻ったということである。この種のトリックは，物理学の実際的な研究において，いろいろなところで起こっていることに，将来，気付くであろう。

章末問題

1.1 絶対温度 T の壁で囲まれた空洞内の単位体積あたりの電磁波のエネルギー $U(T)$ は T^4 に比例することを，プランク放射の公式 (1.2) を用いて示せ。これを，**シュテファン-ボルツマンの法則**という。ただし，積分公式

$$\int_0^\infty \frac{x^3}{e^x - 1}\,\mathrm{d}x = \frac{\pi^4}{15}$$

を用いてよい。

1.2 図1.11のような容積 V ($=L^3$，L は1辺の長さ）の立方体容器内に振動数 ν の光波が充満しており，光波は器壁を節とする定常波をつくっているとしよう。ここで，外部からの熱の出入りを断っ

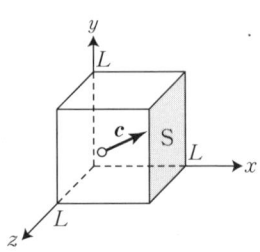

図1.11　立方体容器中の光子

て，容器を x, y, z の各方向へ一様にゆっくり膨張させて各辺の長さを $\Delta L (\ll L)$ だけ増加させ，体積を $\Delta V = (L + \Delta L)^3 - L^3$ だけ大きくさせたところ，定常波の節の数に変化がなく，光波の振動数が $\Delta \nu (\ll \nu)$ だけ変化した．

(1) 運動量 p の光子の速度を $\boldsymbol{c} = (c_x, c_y, c_z)$ とする．光速度の x 成分の，容器内全光子に関する 2 乗平均が $\langle c_x^2 \rangle = \dfrac{1}{3} c^2$ と表されることを用いて，壁面 S が受ける圧力 P を，c, p, V および全光子数 N を用いて表せ．

(2) x 軸方向へ進む振動数 ν の定常波ができているとする．$\dfrac{\Delta \nu}{\nu}$ と $\dfrac{\Delta V}{V}$ の間の関係を，それらの 1 次の項までの精度で求めよ．

(3) 上の過程で光子数に変化がないものとする．エネルギー保存則を用いて光子の運動量 p が (1.9) 式で与えられることを示せ．

第 2 章

「あらゆる物質は原子からできている」ということは，20世紀になると一般的に信じられるようになったが，原子構造に関する研究は行き詰まってしまった。それを解決したのがボーアである。

量子条件とド・ブロイ波

2.1　量子条件の発見

20世紀初頭では，ほとんどの科学者はすべてのものは原子からできているということを確信していた。しかし，原子はどんな構造をしているのかということになると，簡単な模型では説明できない状況が生まれていた。ニュージーランド出身ながらイギリスで研究生活を送っていたラザフォードは，1911年，助手のガイガーと学生のマースデンの金箔による α 粒子の散乱実験の結果より，

「原子の中心には，その質量のほとんどを有する正電荷をもつ原子核があり，その周囲を負電荷をもつ電子が回っている」

という原子構造しかあり得ないと結論した（図2.1(a)，(b) およびその説明参照）。しかし，このような原子構造には理論的欠陥があった。19世紀に完成した古典電磁気学によれば，電荷をもつ電子が円運動をすると，加速度をもつため電磁波を放射してエネルギーを失う。その結果，電子は中心の原子核に吸収されて，原子は潰れてしまう（例題2.2参照）。

ここで登場したのがボーアである。ボーアは1913年，

「電子の角運動量が $\dfrac{h}{2\pi}$ の自然数倍のとき，電子は定常状態にあり，電磁波を放射せず安定して原子核のまわりを回ることができる」

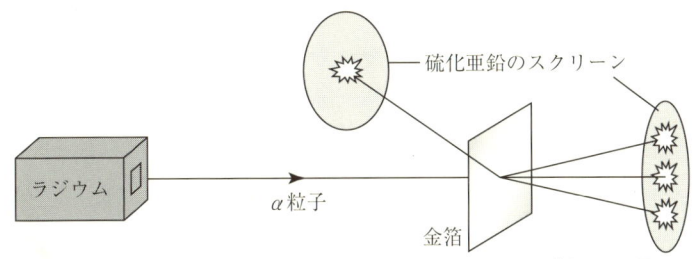

図2.1(a) ラザフォード散乱実験の概念図：ラザフォードは，ラジウムから発せられる α 粒子を金箔に照射し，金箔を通過したり大きく曲げられたりした粒子をスクリーンに当てることにより，α 粒子の散乱を測定した。

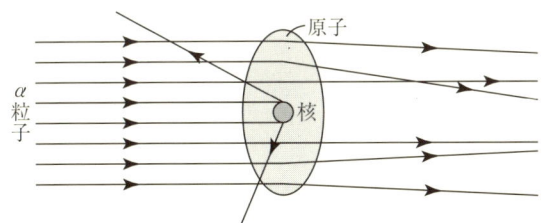

図2.1(b) ラザフォード散乱：ほとんどの α 粒子は進路をあまり曲げられることなく，2万回に1回くらいの割合で α 粒子がその進路を大きく曲げられた。このことから，原子にはその中心に原子の質量のほとんどを担っている非常に小さい核があり，その周囲はほとんど真空であることがわかる。

という条件(これを**量子条件**という)，および，

「電子は1つの定常状態から他の定常状態に移るとき，そのエネルギー差に等しい光子を吸収あるいは放射する」

という条件(これを**振動数条件**という)を仮定して，水素原子から発せられる光のスペクトル分布(波長の列の分布)を見事に説明することに成功したのである。

ボーアの量子条件

ボーアによる量子条件を用いて，水素原子模型を少し定量的に考えよう。

質量 m_e，負電荷 $-e$ をもつ電子が，正電荷 e をもつ原子核のまわりを半径 r，速さ v で等速円運動しているとする(図2.2)。原子核の質量は電子の質量より十分大きいため原子核は動かない。このとき，原子核のまわ

りを回る電子の角運動量は$m_e vr$と表されるので，量子条件は，

$$m_e vr = n\frac{h}{2\pi} \quad (n = 1, 2, 3, \cdots) \qquad (2.1)$$

となる。ここで，自然数nを**量子数**という。

(2.1) 式は，

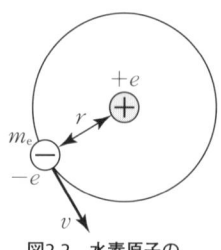

図2.2 水素原子の古典的モデル

$$2\pi r = n\frac{h}{m_e v} \qquad (2.2)$$

と書き直せる。この条件は，後にド・ブロイが提出した物質波(これを**ド・ブロイ波**という)の考えを使うと説得力のあるものとなる。また，ド・ブロイ波の波長λは，粒子の運動量pを用いて$\lambda = \dfrac{h}{p}$で与えられる。電子の運動量は$p = m_e v$であるから，(2.2) 式は，

$$2\pi r = n\lambda \qquad (2.3)$$

となる。これは，ボーアの量子条件が

「電子の円軌道の長さが電子波（ド・ブロイ波）の波長の整数倍となり，定常波(定在波ともいう)ができる条件」

であることを表しており，その場合，原子は安定して存在することができるであろう。こうしてド・ブロイの考えは，量子条件に説得力を与えることになった。

例題2.1 ボーアの水素原子模型

負電荷$-e$，質量m_eをもつ1個の電子が，正電荷eをもつ原子核のまわりを半径rで等速円運動しているとする。

(1) ボーアの量子条件(2.1)を用いて，原子核のまわりを回る電子のもつことのできるエネルギーの値（これを水素原子の**エネルギー準位**という）を求めよ。

(2) ボーアは，「水素原子がエネルギーの高い状態から低い状態に落ちるとき，そのエネルギー差に等しい光子を放出することにより，水素原子は発光する」(振動数条件)と考えた。実験により，水素原子が発する光の波長λは，$n = 1, 2, 3, \cdots$，$m = n+1, n+2, n+3, \cdots$として，

$$\frac{1}{\lambda} = R\left(\frac{1}{n^2} - \frac{1}{m^2}\right) \qquad (2.4)$$

で与えられることが知られていた。ここで，Rは**リュードベリ定数**と呼

ばれる定数である。(1) の結果を用いてリュードベリ定数 R を求め，その数値を計算せよ。ただし，$m_e = 9.1 \times 10^{-31}$ kg，$e = 1.6 \times 10^{-19}$ C，$h = 6.6 \times 10^{-34}$ J·s，真空の誘電率：$\varepsilon_0 = 8.9 \times 10^{-12}$ F/m，$c = 3.0 \times 10^8$ m/s とする。

解

(1) 速さ v で円運動している電子の運動方程式は，電子にはたらくクーロン力を用いて，

$$m_e \frac{v^2}{r} = \frac{1}{4\pi\varepsilon_0} \frac{e^2}{r^2} \tag{2.5}$$

と書ける。量子条件 (2.1) を用いると，許される軌道半径 $r = r_n$ は次のように飛び飛びの値となる。

$$r_n = \frac{\varepsilon_0 h^2}{\pi m_e e^2} n^2 \tag{2.6}$$

電子のもつことのできるエネルギー E_n は，運動エネルギーとクーロン力に対するポテンシャルエネルギー（無限遠を基準）の和として，

$$E_n = \frac{1}{2} m_e v^2 - \frac{e^2}{4\pi\varepsilon_0 r_n} = -\frac{e^2}{8\pi\varepsilon_0 r_n}$$

$$= -\frac{m_e e^4}{8\varepsilon_0^2 h^2} \cdot \frac{1}{n^2} \tag{2.7}$$

と求められる。ここで，(2.5)，(2.6) 式を用いた。

$n = 1$ のとき，電子のエネルギーは最も低くなり，その状態を**基底状態**という。そのときの電子軌道の半径 $\left(r_0 = \frac{\varepsilon_0 h^2}{\pi m_e e^2} \simeq 0.53 \times 10^{-10} \text{ m} \right)$ を**ボーア半径**という。

(2) 波長 λ の光子のエネルギーは $\frac{hc}{\lambda}$（$= h\nu$，ν：振動数）と書けるから，振動数条件は，

$$E_n - E_m = \frac{hc}{\lambda}$$

と書ける。ここに (2.4) 式を代入して，

$$R = \frac{m_e e^4}{8\varepsilon_0^2 c h^3} \simeq \underline{1.1 \times 10^7 \text{ m}^{-1}}$$

を得る。こうして量子条件を用いて求めたリュードベリ定数の値は，実験結果と非常によく一致する。■

例題2.2 水素原子が潰れる時間

古典電磁気学によると，電荷 q をもつ荷電粒子が，真空中で大きさ a の加速度をもって運動するとき，粒子からは単位時間あたり，

$$P = \frac{q^2 a^2}{6\pi \varepsilon_0 c^3} \tag{2.8}$$

のエネルギーが電磁波として放射される。ここで，ε_0 は真空の誘電率であり，c は真空中の光速である。

(1) 例題2.1で考えたボーアの水素原子模型を考える。円運動する電子は，加速度をもつので電磁波を放射してその分のエネルギーを失い，軌道半径が減少する。電子の軌道半径が減少する割合 $\dfrac{dr}{dt}$ を r の関数として表せ。ただし，電子が1周する時間の間に軌道半径が減少する割合はきわめて小さいので，各瞬間，電子は円運動しているとみなすことができる。

(2) ボーア半径 $r_0 \simeq 0.53 \times 10^{-10}$ m で円運動している電子の軌道半径が 0 になり，水素原子が潰れるまでの時間 T を求めよ。必要なら，例題2.1で与えた数値を用いよ。

解

(1) 電子の力学的エネルギー E は，(2.7) 式より，$E = -\dfrac{1}{8\pi \varepsilon_0} \dfrac{e^2}{r}$ と表されるから，

$$P = -\frac{dE}{dt} = -\frac{1}{8\pi \varepsilon_0} \frac{e^2}{r^2} \frac{dr}{dt} \tag{2.9}$$

となる。一方，円運動している電子の加速度の大きさ a は，(2.5) 式より，$a = \dfrac{e^2}{4\pi \varepsilon_0 m_e r^2}$ と表されるから，これを (2.8) 式 ($q = e$ とする) へ代入し，(2.9) 式より，

$$\frac{dr}{dt} = -\frac{4}{3c^3} \left(\frac{e^2}{4\pi \varepsilon_0 m_e} \right)^2 \frac{1}{r^2} \tag{2.10}$$

を得る。

(2) (2.10) 式で，$A = \dfrac{4}{3c^3} \left(\dfrac{e^2}{4\pi \varepsilon_0 m_e} \right)^2$ とおいて，両辺を t に関して $t = 0$ から $t = T$ まで積分する。(2.10) 式より

$$T = \int_0^T dt = -\frac{1}{A}\int_0^T r^2 \frac{dr}{dt} dt = -\frac{1}{A}\int_{r_0}^0 r^2 dr = \frac{r_0^3}{3A}$$

となる。ここで，与えられた数値を代入して $A = 3.12 \times 10^{-21}$ m^3/s となることから，

$$T = \underline{1.6 \times 10^{-11} \text{ s}}$$

を得る。　　　　　　　　　　　　　　　　　　　　　　　　　　■

2.2　量子条件の一般化

(2.1) 式は，電子の運動量 $p = m_e v$ を用いると，
$$p \cdot 2\pi r = nh \tag{2.11}$$
と書くことができる。前節では，電子が原子核のまわりを等速円運動していると考えたので，その運動量の大きさは一定であった。そのため，(2.11) 式の左辺は p と円周の長さの積と書けたのである。一般に，電子が楕円軌道を描いて運動していた場合，その運動量の大きさは，その位置によって変化する。そのような場合にも適用できるようにするには，どのようにしたらよいのであろうか。このように考えて，ボーアの量子条件の一般化を行ったのがゾンマーフェルトである。電子が位置 q でもつ運動量を p として，ゾンマーフェルトは量子条件を，

$$\oint_C p\, dq = nh \tag{2.12}$$

と表した。(2.12) 式の左辺は，電子が軌道を 1 周する間の運動量 p の位置 q に関する積分であり，(2.12) 式は，その積分がプランク定数の自然数倍であることを表している。これは，**ボーア-ゾンマーフェルトの量子条件**と呼ばれる。

この条件 (2.12) を用いて考察した成功例を 1 つ挙げよう。それは 1 次元調和振動子(単振動する粒子系)の問題である。

1 次元調和振動子を考え，量子条件 (2.12) を用いて，その許される状態を調べてみよう。質量 m の調和振動子（粒子）の運動量を p，位置座標を $q = x$，復元力の比例定数を k とすると，振動子の運動エネルギーは $\frac{p^2}{2m}$，ポテンシャルエネルギーは $\frac{1}{2}kx^2$ であるから，調和振動子の全エネ

ルギー E は，

$$E = \frac{p^2}{2m} + \frac{1}{2}kx^2 \tag{2.13}$$

と表される。今，調和振動子の角振動数 ω は $\sqrt{\dfrac{k}{m}}$ である。よって，$k = m\omega^2$ を用いると，（2.13）式は，

$$\left(\frac{x}{\sqrt{\dfrac{2E}{m\omega^2}}}\right)^2 + \left(\frac{p}{\sqrt{2mE}}\right)^2 = 1 \tag{2.14}$$

となる。エネルギー E が一定のとき，（2.14）式は，横軸に x，縦軸に p をとった座標系（これを**位相空間**という）で，図2.3に示される楕円を表している。

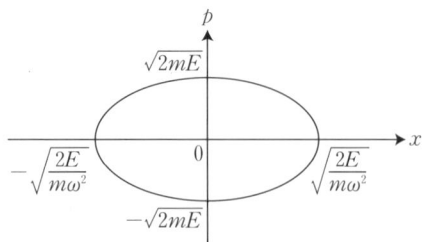

図2.3　1次元調和振動子の位相空間

例題2.3 調和振動子のエネルギー準位

全エネルギーが（2.13）式で表される調和振動子では，量子条件（2.12）の左辺の積分は $\oint p\,\mathrm{d}x$ と表され，これは図2.3に示した楕円の面積を意味する。このことを用いて，調和振動子のエネルギー準位を求めよ。

解　方程式 $\dfrac{x^2}{a^2} + \dfrac{y^2}{b^2} = 1$ で表される楕円で囲まれた図形の面積 S は，$S = \pi ab$ と表される。したがって，

$$\oint p\,\mathrm{d}x = \pi\sqrt{\frac{2E}{m\omega^2}} \cdot \sqrt{2mE} = \frac{2\pi E}{\omega}$$

$$= \frac{E}{\nu}$$

（2.12）式より，調和振動子のエネルギー準位

$$E_n = nh\nu \tag{2.15}$$

を得る。すなわち，振動数 ν の調和振動子のエネルギーは，$h\nu$ の整数倍

の値のみをとる。

振動数 ν の電磁波を1つの調和振動子と考えると，例題 2.3 の結果は，プランクの量子仮説 (1.1) 式を表している。こうして，量子仮説がボーア-ゾンマーフェルトの量子条件から導かれたことになり，当時の人々にとても強い印象を与えた。また，後に見るように，零点振動（ゼロ）と呼ばれる基底状態のエネルギーを除けば，(2.15) 式は，第 3 章以降で述べる量子力学から導かれる結果と完全に一致しており，量子力学の発展の基礎となったのである。

2.3　ド・ブロイの考え

1924 年，ド・ブロイは博士論文の中で，「動いている粒子はすべて，粒子的性質と相補的に波動的性質を併わせもつ」と主張した。この考えは，それ以前にアインシュタインによって提案されていた「波動と考えられていた光は**光子**と呼ばれる粒子としての性質を併わせもつ」という光量子論の裏返しである。すなわち，「波が粒子としての性質を併わせもつならば，粒子も波としての性質を併わせもつはずである」と考えたのである。

アインシュタインによる光量子論によれば，波長 λ の光子の運動量 p は，振動数を ν とすると，光速 c，プランク定数 h，$\hbar \equiv \dfrac{h}{2\pi}$ を用いて，

$$p = \frac{h\nu}{c} = \frac{h}{\lambda}$$
$$= \hbar k \tag{2.16}$$

と表される。ここで，高校物理でおなじみの関係式 $\nu\lambda = c$ を用いた。また，$k \equiv \dfrac{2\pi}{\lambda}$ で定義される k は**波数**と呼ばれる。波数とは，長さ 2π に入る波の数を表す量であり，波動論や量子力学ではしばしば用いられる重要な物理量である。また，$\hbar$ は量子力学で用いられる重要な定数であることを述べておこう。

ド・ブロイは，(2.16) 式が動いている粒子にもそのまま適用できるはずだと考えた。すなわち，粒子の波長 λ はその運動量 p により，

$$\lambda = \frac{h}{p} \tag{2.17}$$

で与えられる。(2.17) 式で与えられる波長を**ド・ブロイ波長**という。速度 v で動いている質量 m の粒子の運動量は，ニュートン力学で $p = mv$ と書けるから，これを (2.17) 式へ代入すると，$\lambda = \dfrac{h}{mv}$ となる。

さらに光量子論では，振動数 ν，角振動数 $\omega = 2\pi\nu$ の光子のエネルギー E は，

$$E = h\nu = \hbar\omega \tag{2.18}$$

で与えられる。そこでド・ブロイは，関係式 (2.18) も動いている粒子に適用されるはずだと考えた。このように，波長 λ と振動数 ν が (2.17)，(2.18) 式で与えられる粒子の波を，**ド・ブロイ波**（あるいは**物質波**）という。

(2.18) 式で与えられるエネルギー E を，速度 v で動いている質量 m の粒子のニュートン力学での運動エネルギー $\dfrac{1}{2}mv^2$ に等しいとおくと，

$$E = \frac{1}{2}mv^2 = \frac{p^2}{2m}$$

$$= \frac{\hbar^2 k^2}{2m} \tag{2.19}$$

となる。(2.19) 式と (2.18) 式より，

$$\omega = \frac{\hbar}{2m} k^2 \tag{2.20}$$

を得る。(2.20) 式のように，角振動数 ω と波数 k の間に成り立つ関係式を，波動論では，**分散関係**という。(2.20) 式はド・ブロイ波の分散関係であり，次章でシュレーディンガー方程式を考える際，重要な役割を果たす。

例題2.4 **ド・ブロイ波の位相速度**

動いている粒子を波動と考えると，波の速度は $u = \nu\lambda$ で与えられる。この速度を**位相速度**という。次の 2 つの場合について，波の位相速度 u は，粒子の速度 v を用いて，それぞれどのように表されるかを求め，位相速度 u の意味を考察せよ。

(1) 粒子のエネルギーと運動量がニュートン力学で与えられる場合。

(2) 相対論によると，粒子のエネルギー E と運動量 p は，

$$E = \frac{mc^2}{\sqrt{1 - \dfrac{v^2}{c^2}}}, \quad p = \frac{mv}{\sqrt{1 - \dfrac{v^2}{c^2}}} \tag{2.21}$$

で与えられる。エネルギー E と運動量 p が (2.21) 式で与えられる場合。

[解] (2.17), (2.18) 式より，位相速度 u は，粒子のエネルギー E と運動量 p を用いて，

$$u = \nu\lambda = \frac{E}{p} \tag{2.22}$$

と書ける。

(1) $E = \frac{1}{2}mv^2$, $p = mv$ を (2.22) 式へ代入して，$\underline{u = \frac{v}{2}}$

(2) (2.21) 式を (2.22) 式へ代入して，$\underline{u = \frac{c^2}{v}}$

粒子の速度は，相対論より，光速度 c を超えることができない。したがって，(1) の場合，位相速度は $u = \frac{v}{2} < v < c$ となる。他方，(2) の場合，$v < c$ より，$u = \frac{c^2}{v} > c$ となり，u は光速を超えてしまう。以上より，ド・ブロイ波の位相速度 u は粒子の速度 v とまったく別物であり，実際的な意味をもっていないと考えられる。 ∎

例題2.5 粒子の速度と群速度

音波の速度(位相速度)は波長によらないが，ド・ブロイ波の位相速度 u は波長 λ によって異なる。粒子のエネルギーと運動量がニュートン力学で与えられる場合を考える。

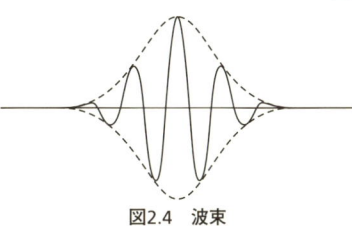

図2.4 波束

(1) u は λ にどのように依存するか求めよ。

(2) わずかに波長の異なる多くの波が重なると，図 2.4 のような **波束** が形成される。波束が動く速度は **群速度** と呼ばれ，

$$v_g = \frac{d\omega}{dk} \tag{2.23}$$

で与えられる（章末問題 2.1 参照）。粒子の速度はド・ブロイ波の群速度に等しいことを示せ。

[解]

(1) (2.20) 式に，$\omega = 2\pi\nu$, $k = \frac{2\pi}{\lambda}$ を代入すると，

$$2\pi\nu = \frac{h}{2m} \cdot \frac{1}{2\pi} \left(\frac{2\pi}{\lambda}\right)^2$$

$$\therefore \quad u = \nu\lambda = \underline{\frac{h}{2m}\frac{1}{\lambda}} = \frac{\hbar k}{2m} = \frac{p}{2m} = \frac{v}{2}$$

となり，再び，例題 2.4(1) の結果を得る。

(2) (2.20) 式を用いて，

$$v_g = \frac{d\omega}{dk} = \frac{\hbar k}{m} = \frac{p}{m} = v$$

となり，粒子の速度は群速度に等しいことがわかる。これより，粒子はド・ブロイ波の波束であると考えられる。■

では，このようなド・ブロイの考えを身のまわりの例にあてはめてみよう。たとえば，「ピストルの弾」は本当に波の性質を示すのであろうか。(2.17) 式にしたがってド・ブロイ波長を計算してみよう。

ピストルから質量 $m = 0.015$ kg の弾丸が，速さ $v = 400$ m/s で発射されたとすると，そのド・ブロイ波長 λ は，$h = 6.6 \times 10^{-34}$ J·s として，

$$\lambda = \frac{h}{mv} = \frac{6.6 \times 10^{-34}}{0.015 \times 400} = 1.1 \times 10^{-34} \text{ m}$$

となる。ピストルの弾丸の場合，ド・ブロイ波長は超弦理論に現れるプランクの長さ 1.6×10^{-35} m に近くなる。これは，現在の技術力で観測できる長さではない。したがって，ピストルの弾丸の波動的性質を観測することは不可能である。

例題2.6　電子のド・ブロイ波長

質量 $m_e = 9.1 \times 10^{-31}$ kg，電荷 $-e = -1.6 \times 10^{-19}$ C をもつ静止した電子を，電圧 $V = 100$ V で加速したとき，電子のド・ブロイ波長はいくらか。ただし，$h = 6.6 \times 10^{-34}$ J·s とする。

解　電圧 V で加速したときの電子の運動量を p とすると，

$$\frac{p^2}{2m_e} = eV \quad \therefore \quad p = \sqrt{2m_e eV}$$

となるから，ド・ブロイ波長は，

$$\lambda = \frac{h}{p} = \frac{h}{\sqrt{2m_e eV}} = \underline{1.2 \times 10^{-10} \text{ m}}$$

となる。■

例題 2.6 の結果は，電子のド・ブロイ波長が X 線の波長と同程度であり，結晶の格子間隔程度であることを示している。つまり，電子が結晶に入射すると回折現象を起こし，回折模様が観測されるはずである。そこで，1927 年，デビッソンとガーマーにより Ni の結晶で実験が行われ（図

2.5(a), (b)とその説明参照), また, トムソンは金箔で, 菊池正士と西川正治は雲母で同様な実験を行い, 電子も波動性をもつことが示された。この事実は, 「粒子はすべて粒子的性質と相補的に波動的性質をもつ」という2重性の問題を私たちに突きつけることになった。

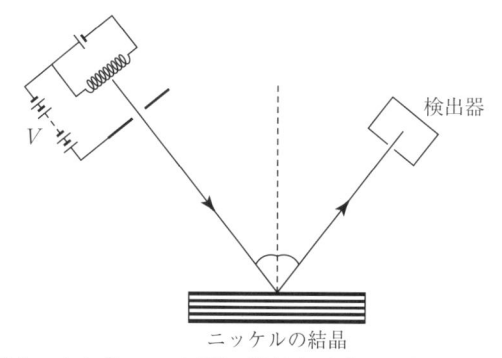

図2.5(a) デビッソンとガーマーの実験の概念図：デビッソンとガーマーは, 上のような装置を用いてニッケルの結晶に電子線を照射し, その反射強度を測定することにより, 電子が波動性をもつことを実証した。

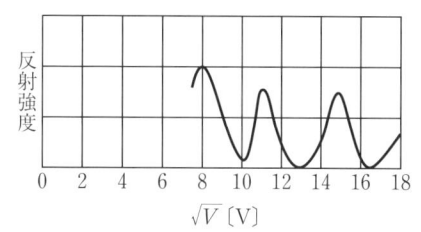

図2.5(b) デビッソンとガーマーの実験結果：電子の加速電圧 V〔V〕を変化させると, 反射電子線の強度は図のように変化する。電子をド・ブロイ波と考えて, その反射波が干渉した結果, このような強度分布が現れる。

2.4 不確定性原理 I

粒子が波動的性質をもつとどのようなことが起こるのであろうか。ニュートン力学では, 粒子の位置と運動量は, つねに決まった値をもつ。しかし, 粒子が波動的性質をもつと, 位置と運動量を同時に正確に決められなくなる。それには, 波動に特徴的な性質である回折現象が関係している。

図2.6のように, 幅 Δx のスリットに垂直に平面波（波面が平面となっ

ている波）を入射させると，スリット幅が波長に比べて広い場合，波はスリットを通過後も入射波の進行方向へほぼ直進するが，スリット幅を狭くしていくと，スリット通過後，波はスリットの裏側に回りこみ，**回折現象**を起こす。この波を粒子のド・ブロイ波と考えると，粒子に関してどのようなことが成り立つのであろうか。

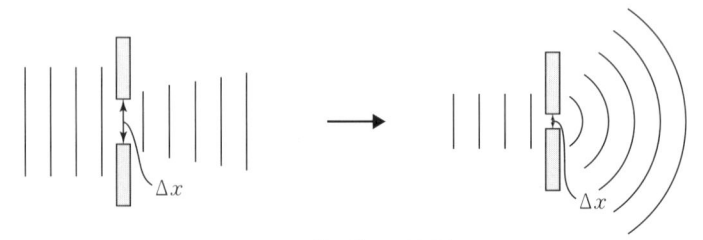

図2.6　粒子線の回折現象

スリットにド・ブロイ波を当てるということは，粒子線を当てる（次々に粒子を照射する）ことである。図2.7のように，スリットに沿ってx軸をとる。粒子はスリットのどの位置を通過するかわからないので，粒子のx座標にはΔxの不確かさがある。一方，スリットを通過したド・ブロイ波は広がるから，粒子の運動量のx成分には，Δp_xだけの不確かさがある。このことは，粒子の位置の不確かさΔxを大きくすると，運動量の不確かさΔp_xは小さくなるが，Δxを小さくするとΔp_xは大きくなることを示している。

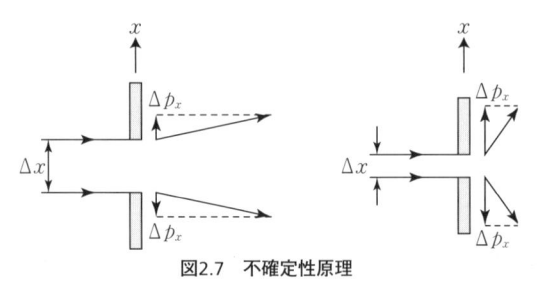

図2.7　不確定性原理

これは，量子力学における最も重要な原理の１つである**不確定性原理**を表している。不確定性原理は，ハイゼンベルクによって1927年に提出されたものであり，次章以降においてこの関係を定量的に考察する。

例題2.7　不確定性関係

入射波の進行方向とスリット通過後の回折波の進行方向のなす角 θ を**回折角**という。図 2.8(a) のように，幅 Δx のスリットに，ド・ブロイ波長 λ の粒子線を入射させると，回折角 θ の回折波の強度分布は図 2.8(b) で与えられる（章末問題 2.2 参照）。このことは，スリットを通過した回折波は $\Delta x |\sin \theta| \sim \lambda$（$\sim \lambda$ は「λ の程度」を意味する）の範囲に広がることを示している。これより，Δp_x と Δx の間に成り立つ関係，すなわち，不確定性関係

$$\Delta p_x \Delta x \sim h \tag{2.24}$$

を導け。

解　スリットに垂直に照射した粒子の運動量の大きさ $p = \dfrac{h}{\lambda}$ を用いると，

$$\Delta p_x = p|\sin \theta| \sim \frac{p\lambda}{\Delta x} = \frac{h}{\Delta x}$$

となる。これより不確定性関係 (2.24) を得る。■

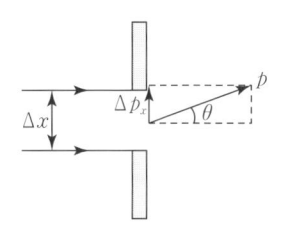

図2.8(a)　不確定性関係：位置と運動量

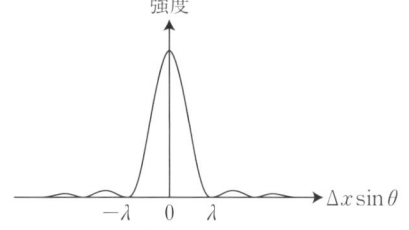

図2.8(b)　不確定性関係：回折波の強度分布

ド・ブロイと物質波

10分補講

ド・ブロイは，1892 年，フランスの貴族の家に生まれた。兄は実験物理学者であり，兄との議論を通して粒子の波動性という考えに至ったといわれている。

それまで波動と考えられていた光が光量子という粒子としての性格をもつのであれば，光の粒子が「付随波」を伴い，その波が回折などの現象を起こすと考えられる。そうであれば，物質としての粒子

も「付随波」を伴うはずであり，この波も回折を起こすと考えられる。また，付随波の群速度は粒子の速度に一致するから，粒子のエネルギーは波の振動数 ν を用いて $h\nu$（h：プランク定数）と表されるはずである。

このようなことをまとめた論文が指導教官であったランジュヴァンに提出された。ランジュヴァンがこれをただちにアインシュタインに送ったところ，アインシュタインによって絶賛され，すぐに実験に回されて確認されたのである。さらに，ド・ブロイの考えた波動は，第3章で述べるシュレーディンガーの波動論へつながり，1929年，ノーベル物理学賞を受賞した。後に，アンリポアンカレ研究所教授，パリ大学教授となり，兄の死後，爵位を継いだ。

章末問題

2.1 わずかに異なる波数 k_1, k_2，角振動数 ω_1, ω_2 をもつ2つの1次元波動を重ね合わせることにより，その群速度が，

$$v_\mathrm{g} = \frac{\mathrm{d}\omega}{\mathrm{d}k}$$

で与えられることを説明せよ。

2.2 幅 a のスリットに垂直に波長 λ の平面波の単色光（波長の決まった光）を入射させたとき，回折角 θ の光波の強度分布が図2.8(b)で与えられることを，以下のようにして考えてみよう。

(1) 図2.9のように，幅 a のスリット CD に垂直に波長 λ の光波を入射させる。スリット CD を2等分した点を M とし，点 C, M, D を通る光をそれぞれ，L_1, L_2, L_3 とする。これより，$a\sin\theta = \lambda$ で強度が0になることを説明せよ。

(2) $a\sin\theta = 0$ での光波の強度を1とするとき，$a\sin\theta = \lambda$ と

図2.9 平面波の回折

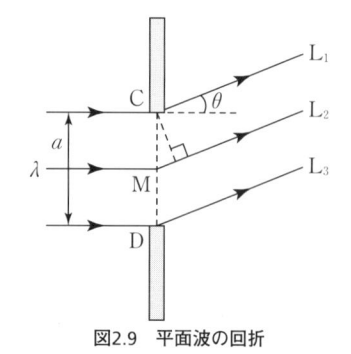

$a\sin\theta = 2\lambda$ の間の強度の極大（これを**第 1 副極大**という）の値を定性的に考察し，スリット幅による回折光の変化を説明せよ。
以下，$a > 3\lambda$ とする。

(3) 図 2.10 のように，スリットの上端 C から距離 x のスリット間の位置を N とする。点 N の近傍の幅 $\mathrm{NN}' = \mathrm{d}x$ を通過する回折角 θ の光波を考えることにより，以下のことを考察せよ。
スリットに入射した光波のスリット上での振動を $u(t) = A\sin\omega t$ とおいて，スリット CD 間を通過した光波の合成波の振動を求め，合成波の強度が

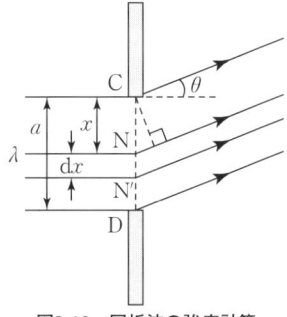

図2.10　回折波の強度計算

$$I_\theta = \left(\frac{\sin\alpha}{\alpha}\right)^2 I_0$$

と表されることを示せ。ここで，$I_0 = \lim_{\theta \to 0} I_\theta$ であり，$\alpha = \dfrac{ka}{2}\sin\theta$，$k = \dfrac{2\pi}{\lambda}$ である。

(4) 第 1 副極大，第 2 副極大（$a\sin\theta = 2\lambda$ と $a\sin\theta = 3\lambda$ の間の極大）の強度をそれぞれ I_1, I_2 として，$\dfrac{I_1}{I_0}$ および $\dfrac{I_2}{I_0}$ の値を求めよ。
ただし，$x = \tan x$ の解が，$\dfrac{\pi}{2} < x < \dfrac{3}{2}\pi$，$\dfrac{3}{2}\pi < x < \dfrac{5}{2}\pi$ の範囲で，それぞれ $x \approx 1.43\pi, x \approx 2.46\pi$ で与えられることを用いよ。

第3章

粒子性と波動性を併せもつ物質を表す方程式は，どのような形に書くことができるのか。この問いに答えたのはシュレーディンガーであった。彼は，波動方程式と波動関数の両方に虚数 i を含ませることにより解決した。

シュレーディンガー方程式と波動関数

3.1　粒子性と波動性

　ド・ブロイの考えた「物質の粒子性と波動性」の問題は，その後の人々を大いに悩ませた。ここでは，この問題を2重スリットを例にして説明しよう。図3.1のように，2重スリットにピストルの弾を何発も発射すると，壁に当たった弾痕のパターンは，それぞれのスリットを通ったピストルの弾痕の重ね合わせとなり，強め合ったり，弱め合ったりという干渉は起きない。一方，光波を2重スリットに入射すれば，2つのスリットを通った波は干渉し，壁の位置に干渉縞を描く。この現象はヤングの干渉実験として高校物理でも習い，不思議には思わないであろう。

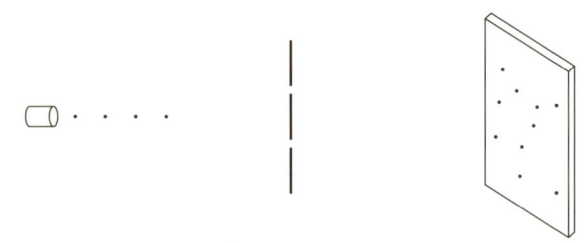

図3.1　2重スリットでの弾痕パターン

最近の技術の進歩により，電子を1個1個送り出すことができるようになった。電子線を一様に送り出すだけであれば，当然のことながら，スクリーン上には各電子の跡が見られるだけで，何の干渉縞も観測されない。ところが，電子線を二手に分けて重ね合わせると干渉縞が観測されるのである。図3.2(a) 〜 (d) は，このようにして得られた干渉縞の形成過程を示している。電子数が少ないときは，各電子のスクリーン上での位置はデタラメであり，干渉縞の形成は見られない（図3.2(a), (b)）。しかし，電子の数が多くなると，しだいに干渉縞が現れるようになる（図3.2(c), (d)）。この事実は，一方の領域を通過する電子が他方の領域をも感じており，「1個の電子が自分自身と干渉する」と解釈する以外には説明できない。

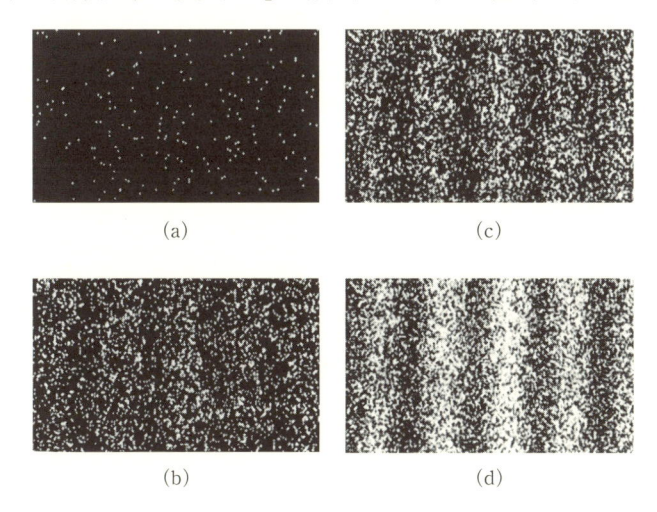

図3.2 電子線の干渉縞の形成（日立製作所 外村彰氏提供）
(a) から (d) へ進むにつれて，照射される電子数が増加する。
電子数の増加に伴い，干渉縞がしだいに形成される。

発射される電子は粒子であり，1つ1つ区別することができる。また，スクリーン上に達した電子も粒子であり，その跡を観測することができる。しかし，その途中では波動としての性質を示していることになる。

このような事実を定式化する理論として，量子力学が誕生することになった。

3.2 ド・ブロイ波の波動方程式 —— 1次元シュレーディンガー方程式

第2章で述べたように，粒子の波動性がド・ブロイによって提唱されたが，それは波動論と呼べるようなものではなかった。この点に注目して，ド・ブロイ波の波動論を展開しようと考えたのがシュレーディンガーである。彼が考えた波動方程式とそれを満たす波動関数は，それまでにはなかった重要な概念を含み，現代物理学に大きな一歩を記すことになった。

ド・ブロイ波の波動論を考える前に，典型的な波動の例として電磁波を考えてみよう。

電磁波の波動方程式

電磁波は，互いに垂直な方向へ振動する電場と磁場の波である。真空中で，x方向へ伝播する1次元電磁波を考える。電磁誘導の法則を用いると，y方向へ振動する電場$E_y(x, t)$とz方向へ振動する磁場（磁束密度）$B_z(x, t)$の間に成り立つ関係式

$$\frac{\partial E_y(x, t)}{\partial x} = -\frac{\partial B_z(x, t)}{\partial t} \tag{3.1}$$

が導かれる（章末問題3.1参照）。(3.1)式は，磁場B_zが時間的に変化すると，空間的に変化する電場E_yが生じることを示している。また，マクスウェル–アンペールの法則を用いると，

$$\frac{\partial B_z(x, t)}{\partial x} = -\varepsilon_0\mu_0\frac{\partial E_y(x, t)}{\partial t} \tag{3.2}$$

が導かれる（章末問題3.1参照）。ここで，ε_0は真空の誘電率であり，μ_0は真空の透磁率である。(3.2)式は，電場E_yが時間的に変化すると，空間的に変化する磁場B_zが生じることを示している。

(3.1)式の両辺をxで微分し，(3.2)式の両辺をtで微分して，$\dfrac{\partial^2 B_z}{\partial x \partial t}$を消去すると，

$$\frac{\partial^2 E_y(x, t)}{\partial t^2} = \frac{1}{\varepsilon_0\mu_0}\frac{\partial^2 E_y(x, t)}{\partial x^2} \tag{3.3}$$

となる。次に，(3.1)式をtで微分し，(3.2)式をxで微分して$\dfrac{\partial^2 E_y}{\partial x \partial t}$を消去すると，

$$\frac{\partial^2 B_z(x,t)}{\partial t^2} = \frac{1}{\varepsilon_0 \mu_0} \frac{\partial^2 B_z(x,t)}{\partial x^2} \tag{3.4}$$

となる。(3.3) 式と (3.4) 式は，それぞれ電場と磁場に対する**波動方程式**であり，合わせて電磁波の方程式となる。

波の式（波動関数）

波動方程式 (3.3) を満たす電場の波の式，すなわち，波動関数 $E_y(x,t)$ は，E_0, ω, k, ϕ を定数として，

$$E_y(x,t) = E_0 \sin(kx - \omega t + \phi) \tag{3.5}$$

と表される。ここで，ω は角振動数，k は波数であり，振動数 ν と波長 λ を用いて，それぞれ $\omega = 2\pi\nu$，$k = \dfrac{2\pi}{\lambda}$ となる。実際，(3.5) 式を (3.3) 式へ代入すると，任意の E_0, ϕ に対して，

$$\omega = ck, \quad c = \frac{1}{\sqrt{\varepsilon_0 \mu_0}} \tag{3.6}$$

のとき，(3.3) 式が満たされることがわかる。ここで，$c = \dfrac{\omega}{k} = \nu\lambda$ であり，c は電場の波の速度（位相速度）である。

波動方程式 (3.4) を満たす磁場の波の式（波動関数）$B_z(x,t)$ も同様に書くことができ，波の速さは電場の波の速さと同じ c となることは明らかであろう。こうして電場と磁場の波，すなわち電磁波が得られる。c が (3.6) の第 2 式で与えられるから，真空中を伝わる電磁波の速度は，真空の誘電率 ε_0 と透磁率 μ_0 で決まり，電磁波の振動数や波長によらないことがわかる。

一般に，位相速度 u が振動数や波長によらない波を**分散のない波**と呼び，その波動方程式は，

$$\frac{\partial^2 \varphi}{\partial t^2} = u^2 \frac{\partial^2 \varphi}{\partial x^2}$$

と表され，波動方程式の解である波動関数 $\varphi(x,t)$ は正弦関数で表される。

例題3.1　電磁波

電場の波の式 (3.5) を用いて，電場と磁場の波が同位相で伝播することを示せ。また，電磁波の概形を描け。

解　(3.5) 式を (3.2) 式へ代入すると，

$$\frac{\partial B_z}{\partial x} = \varepsilon_0 \mu_0 \omega E_0 \cos(kx - \omega t + \phi)$$

となり，積分して，

$$B_z(x, t) = \varepsilon_0 \mu_0 c E_0 \sin(kx - \omega t + \phi) = \frac{1}{c} E_y(x, t)$$

を得る。これは電磁波が，y 方向へ振動する電場と z 方向へ振動する磁場が同位相で伝わる波であることを示している。これより，図 3.3 を描くことができる。∎

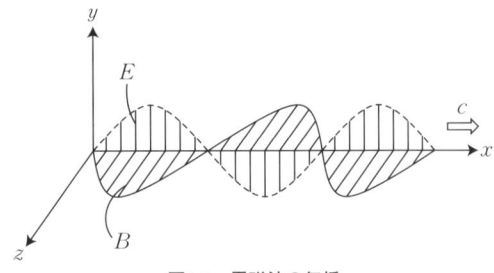

図3.3 電磁波の伝播

ド・ブロイ波の満たす波動方程式と波動関数

ド・ブロイ波の波動関数はどんなだろうか。第 2 章で述べたように，ド・ブロイ波の分散関係は，非相対論において，

$$\omega = \frac{\hbar}{2m} k^2 \tag{2.20}$$

で与えられ，位相速度は波数 k に依存する。今，波動関数を電磁波の式（電場あるいは磁場の式）と同様に，A を定数として，

$$\psi(x, t) = A \sin(kx - \omega t + \phi) \tag{3.7}$$

とおいてみると，分散関係 (2.20) を得るには，時間 t に関する 1 階微分と位置 x に関する 2 階微分をした式が等しいとおかねばならない。ところが，(3.7) 式の 1 階微分は cos の形になり，2 階微分は sin の形になって，決して等しくはならない。この困難を解決するには，波動関数を複素数にする必要がある。

オイラーの公式

$$e^{i\theta} = \cos\theta + i\sin\theta \tag{3.8}$$

を用いて，ド・ブロイ波の波動関数を平面波（波長すなわち波数の定まった波）として，

$$\psi(x, t) = A \exp[i(kx - \omega t)] \tag{3.9}$$

とおいてみる。ここで，振幅 A は複素定数である。そうすると，1 階微

分であっても 2 階微分であっても，式の形は変わらない．そこで波動方程式を，

$$i\hbar \frac{\partial}{\partial t}\psi(x,t) = -\frac{\hbar^2}{2m}\frac{\partial^2}{\partial x^2}\psi(x,t) \qquad (3.10)$$

と書けば，分散関係 (2.20) が成り立つとき，波動関数 (3.9) が波動方程式 (3.10) を満たすことがわかる．(3.10) 式を**1 次元自由粒子のシュレーディンガー方程式**という．

例題3.2　シュレーディンガー方程式を満たす波動関数

分散関係 (2.20) が成り立つとき，波動関数 (3.9) がシュレーディンガー方程式 (3.10) を満たすことを示せ．

解

$$i\hbar \frac{\partial}{\partial t}\psi(x,t) = i\hbar \frac{\partial}{\partial t}\{A\exp[i(kx-\omega t)]\}$$
$$= \hbar\omega \cdot A\exp[i(kx-\omega t)] = \hbar\omega \cdot \psi(x,t)$$
$$-\frac{\hbar^2}{2m}\frac{\partial^2}{\partial x^2}\psi(x,t) = -\frac{\hbar^2}{2m}\frac{\partial^2}{\partial x^2}\{A\exp[i(kx-\omega t)]\}$$
$$= \frac{\hbar^2 k^2}{2m}\cdot A\exp[i(kx-\omega t)] = \frac{\hbar^2 k^2}{2m}\psi(x,t)$$

より，分散関係 $\omega = \frac{\hbar}{2m}k^2$ が成り立つとき，(3.10) 式が成り立つ．■

エネルギー演算子と運動量演算子

微分演算子 $i\hbar \frac{\partial}{\partial t}$ を波動関数 (3.9) へ作用させると，

$$i\hbar \frac{\partial}{\partial t}\psi(x,t) = \hbar\omega\psi(x,t) = E\psi(x,t)$$

となり，粒子のエネルギー E が求められる．また，微分演算子 $-i\hbar\frac{\partial}{\partial x}$ を波動関数 (3.9) へ作用させると，

$$-i\hbar\frac{\partial}{\partial x}\psi(x,t) = \hbar k\psi(x,t) = p\psi(x,t)$$

となり，粒子の運動量 p が得られる．ここで，ド・ブロイの関係 (2.16)，(2.18) を用いた．

$$i\hbar\frac{\partial}{\partial t} \text{ をエネルギー演算子}$$

$$-i\hbar\frac{\partial}{\partial x}\text{ を}\textbf{運動量演算子}$$

と呼ぶ。

保存力を受けた粒子のシュレーディンガー方程式

1次元自由粒子のシュレーディンガー方程式 (3.10) は，質量 m の自由粒子のエネルギーが $E = \dfrac{p^2}{2m}$ と書けることに由来する。ポテンシャルエネルギー（位置エネルギー）$V(x)$ の中を運動する粒子のエネルギーは，

$$E = \frac{p^2}{2m} + V(x) \tag{3.11}$$

と表される。そこで，(3.11) 式において，エネルギー E と運動量 p を，

$$E \to i\hbar\frac{\partial}{\partial t}, \quad p \to -i\hbar\frac{\partial}{\partial x} \tag{3.12}$$

と置き換えると，波動方程式（これを**1次元シュレーディンガー方程式**という）は，

$$i\hbar\frac{\partial}{\partial t}\psi(x,t) = \left(-\frac{\hbar^2}{2m}\frac{\partial^2}{\partial x^2} + V(x)\right)\psi(x,t) \tag{3.13}$$

となる。

ここで，置き換え (3.12) は，古典的な関係式 (3.11) に対する**量子化の手続き**と呼ばれる。ただし，量子化の手続きによりシュレーディンガー方程式が導かれたと考えてはならない。シュレーディンガー方程式は，古典力学における運動方程式と同様に，量子力学の基本法則であり，これが何かから導かれるというものではない。この方程式が正しいか否かの判定は，実験事実をどれだけ説明できるかによってなされる。

時間に依存しないシュレーディンガー方程式

シュレーディンガー方程式 (3.13) の解 $\psi(x,t)$ が，

$$\psi(x,t) = \varphi(x)f(t) \tag{3.14}$$

と位置と時間の関数の積で書けるとすると，

$$i\hbar\varphi(x)\frac{\mathrm{d}}{\mathrm{d}t}f(t) = f(t)\left(-\frac{\hbar^2}{2m}\frac{\mathrm{d}^2}{\mathrm{d}x^2} + V(x)\right)\varphi(x)$$

となる．ここで，両辺を $\psi(x,t) = \varphi(x)f(t)$ でわって[1]，

$$i\hbar \frac{1}{f(t)}\frac{\mathrm{d}f(t)}{\mathrm{d}t} = \frac{1}{\varphi(x)}\left(-\frac{\hbar^2}{2m}\frac{\mathrm{d}^2}{\mathrm{d}x^2} + V(x)\right)\varphi(x) \qquad (3.15)$$

を得る．

この方程式 (3.15) をよく眺めてみよう．左辺は時間 t だけの関数であり，右辺は位置座標 x だけの関数である．このような左辺と右辺が等しくなるのは，その値が定数の場合だけである．そこで，その値を E とおくと，

$$\left(-\frac{\hbar^2}{2m}\frac{\mathrm{d}^2}{\mathrm{d}x^2} + V(x)\right)\varphi(x) = E\varphi(x) \qquad (3.16)$$

$$i\hbar \frac{\mathrm{d}f(t)}{\mathrm{d}t} = Ef(t) \qquad (3.17)$$

となる．こうして，位置座標 x と時間 t に依存した偏微分方程式 (3.13) を x と t に関する微分方程式に分離することができた．このような操作は**変数分離**と呼ばれ，物理学の中でしばしば用いられる重要な方法である．

(3.17) 式は 1 階の変数分離型常微分方程式であるから，両辺を $f(t)$ でわって時間 t で積分することにより，その解は，

$$f(t) = C\exp\left(-\frac{i}{\hbar}Et\right) \quad (C\text{ は積分定数}) \qquad (3.18)$$

と求められる．

(3.16) 式は，独立変数として座標 x だけを含み，時間を含まないので，**時間に依存しないシュレーディンガー方程式**と呼ばれる．この式を，

$$\hat{H}\varphi(x) = E\varphi(x) \qquad (3.19)$$

と書いて，演算子

$$\hat{H} = -\frac{\hbar^2}{2m}\frac{\mathrm{d}^2}{\mathrm{d}x^2} + V(x) \qquad (3.20)$$

を**ハミルトニアン**と呼ぶ（$\hat{H}$ は，エイチ・ハットと読み，^ は演算子であることを表す）．これは古典解析力学で，エネルギーを運動量と座標で表した量を**ハミルトン関数**と呼ぶことに由来している．

---

[1] 量子力学では方程式の中に演算子が含まれる．演算子はその右側の関数には作用するが，その左側の関数にははたらかない．したがって，量子力学におけるわり算には注意が必要で，通常わり算は逆数の積としてとり扱い，とくに注意しない限り左側からかけ算する．

第3章 シュレーディンガー方程式と波動関数

3.3　波動関数の確率解釈

　古典的な力学や電磁気学でも複素数を用いることはあるが，物理量は必ず実数であり，計算の便宜上，複素数を用いるだけであった。実際の物理量は，複素数で表された量の実数部分で表されると考えてきた。ところが，ド・ブロイ波では，波動関数そのものが複素数であり，さらに，波動関数の満たす波動方程式にも虚数 i が入ることになった。このことは，ド・ブロイ波の波動関数は何を表し，実際の物理量，たとえば，粒子はどのように表されるのかという，大きな問題を我々に課すことになった。この問題に答えたのがボルンである。

　1926 年，ボルンは，
「時刻 t において，位置 x と $x+\mathrm{d}x$ の間に粒子が見出される確率は，
$$|\psi(x,t)|^2 \mathrm{d}x \tag{3.21}$$
に比例する」
と考えた。

　今，波動関数 $\psi(x,t)$ がシュレーディンガー方程式 (3.13) を満たすとき，$\psi(x,t)$ に定数をかけた量も (3.13) 式を満たす。そこで，
$$\int_{-\infty}^{\infty} |\psi(x,t)|^2 \mathrm{d}x = 1 \tag{3.22}$$
という条件を付けて $\psi(x,t)$ を決めれば，(3.21) 式は，$\mathrm{d}x$ の範囲に粒子が見出される絶対確率を与える。ここで，
$$\rho(x,t) = |\psi(x,t)|^2 = \psi^*(x,t)\psi(x,t) \tag{3.23}$$
は**確率密度関数**と呼ばれる。条件 (3.22) は，全空間のどこかに粒子が見出される確率が 1 であることを課しており，**規格化条件**と呼ばれる。(3.23)式で，$\psi^*(x,t)$ は，複素数である波動関数 $\psi(x,t)$ の複素共役である[2]。

　前節 3.2 で，ド・ブロイ波の波動関数 $\psi(x,t)$ を平面波 (3.9) 式で表したが，これを (3.22) 式へ代入すると，$|\exp[i(kx-\omega t)]|^2 = 1$ であるから，
$$\int_{-\infty}^{\infty} |A|^2 \mathrm{d}x = 1$$
でなければならない。このことは，振幅 A が有限の大きさをもつ限り，

---

[2]　複素数 $z = x+iy$ (x,y は実数) の複素共役は $z^* = x-iy$ である。

A は全空間にわたって一定値ではあり得ず，位置 x の関数であることを示している。したがって，ある範囲の位置 x で A は有限であるが，それ以外の範囲では $A=0$ となっている[3]。それは，古典的に考えれば，粒子はある範囲に局在しているのであるから当然である。

ド・ブロイ波は，どこまでも無限に続く平面波で表されるのではなく，局在した波で表されるはずである。このような波が例題2.5で述べた**波束**である（図2.4）。波束の振る舞いは，4.3節で詳しく考察するが，波束は少しだけ波長の異なる平面波の重ね合わせとして得ることができる。したがって，波束を表す波動関数は，各波数で表された平面波に重みを付けた積分として表される。

以上のことからわかるように，波束で表されるド・ブロイ波の波動関数は平面波ではなく，無限遠で十分に速く 0 になり，

$$\left.\frac{\partial \psi}{\partial x}\right|_{x \to \pm\infty} = 0, \quad \left. x^n \psi(x,t)\right|_{x \to \pm\infty} = 0 \quad (n=0,1,2,\cdots) \tag{3.24}$$

が成り立つ。

例題3.3　連続の方程式

(1) 関数 $j(x,t)$ を次のように定義する。

$$j(x,t) = \frac{\hbar}{2im}\left[\psi^*(x,t)\frac{\partial \psi(x,t)}{\partial x} - \frac{\partial \psi^*(x,t)}{\partial x}\psi(x,t)\right] \tag{3.25}$$

1次元シュレーディンガー方程式 (3.13) を用いて，

$$\frac{\partial \rho(x,t)}{\partial t} + \frac{\partial j(x,t)}{\partial x} = 0 \tag{3.26}$$

が成り立つことを示せ。(3.25) 式は**確率密度の流れ**と呼ばれ，(3.26) 式は**連続の方程式**と呼ばれる。ただし，$\rho(x,t)$ は確率密度関数であり，(3.23) 式で与えられる。

(2) 連続の方程式を用いて，粒子の全存在確率が保存することを示せ。ただし，ド・ブロイ波の波動関数に対する無限遠での境界条件 (3.24) を用いよ。

解

(1) (3.13) 式より，

---

[3] 前節で (3.9) 式は，決まった波長をもつ平面波であり，全空間に一様に広がっているとした。そのとき A は，一定値であるが，その大きさは無限小である。

第 3 章　シュレーディンガー方程式と波動関数

$$\begin{cases} \dfrac{\partial \psi}{\partial t} = \dfrac{1}{i\hbar}\left[-\dfrac{\hbar^2}{2m}\dfrac{\partial^2 \psi}{\partial x^2} + V(x)\psi\right] \\ \dfrac{\partial \psi^*}{\partial t} = -\dfrac{1}{i\hbar}\left[-\dfrac{\hbar^2}{2m}\dfrac{\partial^2 \psi^*}{\partial x^2} + V(x)\psi^*\right] \end{cases} \quad (3.27)$$

と書けるから[4]，次のようになる。

$$\begin{aligned}\dfrac{\partial \rho}{\partial t} &= \dfrac{\partial \psi^*}{\partial t}\psi + \psi^*\dfrac{\partial \psi}{\partial t} = -\dfrac{\hbar}{2im}\left(\psi^*\dfrac{\partial^2 \psi}{\partial x^2} - \dfrac{\partial^2 \psi^*}{\partial x^2}\psi\right) \\ &= -\dfrac{\hbar}{2im}\dfrac{\partial}{\partial x}\left(\psi^*\dfrac{\partial \psi}{\partial x} - \dfrac{\partial \psi^*}{\partial x}\psi\right)\end{aligned}$$

ここで，確率密度の流れ $j(x,t)$ を用いて，連続の方程式 (3.26) を得る。

(2) 連続の方程式 (3.26) の両辺を $-\infty$ から ∞ まで積分する。

$$\dfrac{\partial}{\partial t}\int_{-\infty}^{\infty}\rho(x,t)\,dx = -\int_{-\infty}^{\infty}\dfrac{\partial j(x,t)}{\partial x}\,dx = -\{j(\infty,t) - j(-\infty,t)\}$$

ここで，(3.25)，(3.24) 式より，

$$j(\pm\infty,t) = \dfrac{\hbar}{2im}\left[\psi^*(\pm\infty,t)\dfrac{\partial \psi(x,t)}{\partial x}\bigg|_{x\to\pm\infty} - \dfrac{\partial \psi^*(x,t)}{\partial x}\bigg|_{x\to\pm\infty}\psi(\pm\infty,t)\right]$$

$$= 0$$

となるから，

$$\dfrac{\partial}{\partial t}\int_{-\infty}^{\infty}\rho(x,t)\,dx = 0$$

となり，粒子の全存在確率 $\int_{-\infty}^{\infty}\rho(x,t)\,dx$ は一定に保たれることがわかる。
したがって，時刻 $t=0$ において，

$$\int_{-\infty}^{\infty}\rho(x,0)\,dx = \int_{-\infty}^{\infty}|\psi(x,0)|^2\,dx = 1$$

と規格化しておけば，任意の時刻 t で規格化条件

$$\int_{-\infty}^{\infty}\rho(x,t)\,dx = 1$$

が成り立つ。　■

---

[4]　ポテンシャルエネルギー $V(x)$ は実数である。

3.4　古典論との関係　——エーレンフェストの定理

「粒子が位置 x と $x + \mathrm{d}x$ の間に見出される確率は $|\psi(x,t)|^2 \mathrm{d}x$ に比例する」というボルンの確率解釈にしたがえば，粒子の位置を何回も測定したときの平均値，すなわち粒子の位置 x の期待値は，

$$\langle x \rangle = \int_{-\infty}^{\infty} x|\psi|^2 \mathrm{d}x = \int_{-\infty}^{\infty} \psi^*(x,t) x \psi(x,t) \mathrm{d}x \tag{3.28}$$

で与えられる。ここで，(3.28) 式は時間 t の関数であり，時間とともに粒子の位置 x が変化すれば，その期待値 $\langle x \rangle$ も変化する。粒子は波束で表され，波動関数 $\psi(x,t)$ は波束を表すので，期待値 $\langle x \rangle$ は，波束の中心の位置を示すことになる。すなわち，粒子の位置は波束の中心の位置 $\langle x \rangle$ で表される。

また，粒子の位置 x で与えられるポテンシャルエネルギー $V(x)$ の期待値も同様に，

$$\langle V(x) \rangle = \int_{-\infty}^{\infty} \psi^*(x,t) V(x) \psi(x,t) \mathrm{d}x \tag{3.29}$$

で与えられる。

例題3.4　運動量の期待値

微分の関係式

$$\frac{\partial^2}{\partial x^2}(x\psi) = \frac{\partial}{\partial x}\left(\psi + x\frac{\partial \psi}{\partial x}\right) = 2\frac{\partial \psi}{\partial x} + x\frac{\partial^2 \psi}{\partial x^2} \tag{3.30}$$

を用いて，質量 m の粒子の運動量 $p = m\dfrac{\mathrm{d}x}{\mathrm{d}t}$ の期待値

$$\langle p \rangle = m\frac{\mathrm{d}}{\mathrm{d}t}\langle x \rangle = m\frac{\mathrm{d}}{\mathrm{d}t}\int_{-\infty}^{\infty} \psi^*(x,t) x \psi(x,t) \mathrm{d}x \tag{3.31}$$

が，

$$\langle p \rangle = \int_{-\infty}^{\infty} \psi^*(x,t)\left(-i\hbar \frac{\partial}{\partial x}\right)\psi(x,t) \mathrm{d}x \tag{3.32}$$

と表されることを示せ。

解　位置の期待値 $\langle x \rangle$ の時間微分は，x と t とが独立であるので，

$$\frac{\mathrm{d}}{\mathrm{d}t}\langle x \rangle = \int_{-\infty}^{\infty}\left[\frac{\partial \psi^*(x,t)}{\partial t}x\psi(x,t) + \psi^*(x,t)x\frac{\partial \psi(x,t)}{\partial t}\right]\mathrm{d}x$$

と書ける。ここで，シュレーディンガー方程式 (3.27) を代入すると，例

題 3.3 の場合と同様にポテンシャル V を含む項は消えて,
$$\frac{\mathrm{d}}{\mathrm{d}t}\langle x \rangle = \frac{i\hbar}{2m}\int_{-\infty}^{\infty}\left[\psi^*(x,t)x\frac{\partial^2 \psi(x,t)}{\partial x^2} - \frac{\partial^2 \psi^*(x,t)}{\partial x^2}x\psi(x,t)\right]\mathrm{d}x$$
となる。(3.30) 式を用いて,
$$\psi^*(x,t)x\frac{\partial^2 \psi(x,t)}{\partial x^2} = \psi^*(x,t)\frac{\partial^2}{\partial x^2}\{x\psi(x,t)\} - 2\psi^*(x,t)\frac{\partial \psi(x,t)}{\partial x}$$
となるから,
$$\frac{\mathrm{d}}{\mathrm{d}t}\langle x \rangle = \frac{i\hbar}{2m}\int_{-\infty}^{\infty}\left[\psi^*(x,t)\frac{\partial^2}{\partial x^2}\{x\psi(x,t)\} - \frac{\partial^2 \psi^*(x,t)}{\partial x^2}x\psi(x,t)\right]\mathrm{d}x$$
$$+ \frac{1}{m}\int_{-\infty}^{\infty}\psi^*(x,t)\left(-i\hbar\frac{\partial}{\partial x}\right)\psi(x,t)\mathrm{d}x \tag{3.33}$$
となる。この式の右辺第 1 項を,無限遠での境界条件 (3.24) を用いて 2 回部分積分する。

$$\int_{-\infty}^{\infty}\psi^*(x,t)\frac{\partial^2}{\partial x^2}\{x\psi(x,t)\}\mathrm{d}x$$
$$= \left[\psi^*(x,t)\frac{\partial}{\partial x}\{x\psi(x,t)\}\right]_{-\infty}^{\infty} - \int_{-\infty}^{\infty}\frac{\partial \psi^*(x,t)}{\partial x}\frac{\partial}{\partial x}\{x\psi(x,t)\}\mathrm{d}x$$
$$= -\int_{-\infty}^{\infty}\frac{\partial \psi^*(x,t)}{\partial x}\frac{\partial}{\partial x}\{x\psi(x,t)\}\mathrm{d}x$$
$$= -\left[\frac{\partial \psi^*(x,t)}{\partial x}x\psi(x,t)\right]_{-\infty}^{\infty} + \int_{-\infty}^{\infty}\frac{\partial^2 \psi^*(x,t)}{\partial x^2}x\psi(x,t)\mathrm{d}x$$
$$= \int_{-\infty}^{\infty}\frac{\partial^2 \psi^*(x,t)}{\partial x^2}x\psi(x,t)\mathrm{d}x$$

となる。これを (3.33) 式へ代入して,
$$\frac{\mathrm{d}}{\mathrm{d}t}\langle x \rangle = \frac{1}{m}\int_{-\infty}^{\infty}\psi^*(x,t)\left(-i\hbar\frac{\partial}{\partial x}\right)\psi(x,t)\mathrm{d}x$$

こうして,運動量の平均値は (3.32) 式で表されることが示された。■

例題3.5　運動方程式

(3.32) 式の両辺を時間 t で微分することにより,ニュートン力学の運動方程式に対応する方程式
$$\frac{\mathrm{d}}{\mathrm{d}t}\langle p \rangle = \langle F \rangle \tag{3.34}$$
を導け。ここで,保存力 F は,ポテンシャルエネルギー $V(x)$ により,

$F = -\dfrac{\mathrm{d}V}{\mathrm{d}x}$ で与えられる。

解 (3.32) 式を時間 t で微分し，シュレーディンガー方程式 (3.27) を用いると，

$$\begin{aligned}\dfrac{\mathrm{d}}{\mathrm{d}t}\langle p\rangle &= -i\hbar \int_{-\infty}^{\infty}\left(\dfrac{\partial \psi^*}{\partial t}\dfrac{\partial \psi}{\partial x} + \psi^*\dfrac{\partial}{\partial t}\dfrac{\partial \psi}{\partial x}\right)\mathrm{d}x \\ &= -i\hbar \int_{-\infty}^{\infty}\left(\dfrac{\partial \psi^*}{\partial t}\dfrac{\partial \psi}{\partial x} + \psi^*\dfrac{\partial}{\partial x}\dfrac{\partial \psi}{\partial t}\right)\mathrm{d}x \\ &= -\dfrac{\hbar^2}{2m}\int_{-\infty}^{\infty}\left(\dfrac{\partial^2\psi^*}{\partial x^2}\dfrac{\partial \psi}{\partial x} - \psi^*\dfrac{\partial}{\partial x}\dfrac{\partial^2\psi}{\partial x^2}\right)\mathrm{d}x \\ &\quad + \int_{-\infty}^{\infty}\left\{V\psi^*\dfrac{\partial \psi}{\partial x} - \psi^*\dfrac{\partial}{\partial x}(V\psi)\right\}\mathrm{d}x\end{aligned}$$

となる。上式最右辺の第 1 項は，例題 3.4 と同様に，境界条件 (3.24) を用いた部分積分を 2 回行うことにより 0 となることがわかる。ここで，$\psi^*\dfrac{\partial^2\psi}{\partial x^2}\bigg|_{x\to\pm\infty} = 0$ である。また，第 2 項は，$\dfrac{\partial}{\partial x}(V\psi) = \dfrac{\mathrm{d}V}{\mathrm{d}x}\psi + V\dfrac{\partial \psi}{\partial x}$ を用いると，

$$\int_{-\infty}^{\infty}\psi^*\left(-\dfrac{\mathrm{d}V}{\mathrm{d}x}\right)\psi\mathrm{d}x = \left\langle -\dfrac{\mathrm{d}V}{\mathrm{d}x}\right\rangle = \langle F\rangle$$

となり，(3.34) 式を得る。 ■

例題 3.5 の結果は，どのようなことを意味しているのであろうか。
ポテンシャル中で運動する粒子のニュートンの運動方程式は，

$$m\dfrac{\mathrm{d}^2 x}{\mathrm{d}t^2} = -\dfrac{\mathrm{d}V(x)}{\mathrm{d}x} \tag{3.35}$$

であり，(3.34) 式は，

$$m\dfrac{\mathrm{d}^2}{\mathrm{d}t^2}\langle x\rangle = \left\langle -\dfrac{\mathrm{d}V(x)}{\mathrm{d}x}\right\rangle \tag{3.36}$$

と書けるから，粒子の位置 x を期待値 $\langle x\rangle$ とみなせば，(3.35) 式と (3.36) 式が一致する条件は，

$$\left\langle -\dfrac{\mathrm{d}V(x)}{\mathrm{d}x}\right\rangle = -\dfrac{\mathrm{d}V(\langle x\rangle)}{\mathrm{d}x} \tag{3.37}$$

となる。今，$\langle\ \rangle$ は波束の存在範囲での平均を意味するから，粒子の位置（波束の中心）でのポテンシャル V が波束の範囲でほとんど変化しなければ，すなわち，V の変化がゆっくりで，波束程度の大きさでの変化が無視

できれば，$\langle V(x)\rangle = V(\langle x\rangle)$ が成り立ち，(3.37) 式は成立する。こうして次の定理が成り立つことがわかる。

「波束の拡がりの範囲で，ポテンシャル V の変化が無視できるほどゆっくりであれば，波束の運動は，ニュートンの運動方程式にしたがう」

これを，**エーレンフェストの定理**という。

章末問題

3.1 (1) 電磁誘導の法則は，積分形で，

$$\int_{C_1} \boldsymbol{E}\cdot d\boldsymbol{s} = -\frac{d}{dt}\int_{S_1} \boldsymbol{B}\cdot d\boldsymbol{S} \tag{3.38}$$

と表される。ここで，左辺は閉曲線 C_1 に沿って電場を 1 周積分（このような積分を**線積分**という）することを意味し，右辺は，閉曲線 C_1 で囲まれた曲面 S_1 を貫く磁束，すなわち，磁束密度 $\boldsymbol{B}$ を曲面 S_1 全体にわたって積分（このような積分を**面積分**という）したものの時間変化に負号を付けた量である。ただし，太字はベクトル量である。図 3.4 のように，閉曲線 C_1 として，各辺の長さが $\Delta x, \Delta y$ の微小な長方形 PQRS をとることにより，(3.1) 式を導け。ただし，電場は y 方向にのみ生じ，x, z 方向には生じないとする。

(2) マクスウェル-アンペールの法則は，積分形で，

$$\int_{C_2} \boldsymbol{B}\cdot d\boldsymbol{s} = \mu_0\left(I + \varepsilon_0 \int_{S_2} \frac{\partial \boldsymbol{E}}{\partial t}\cdot d\boldsymbol{S}\right)$$

と表される。ここで，I は電流である。

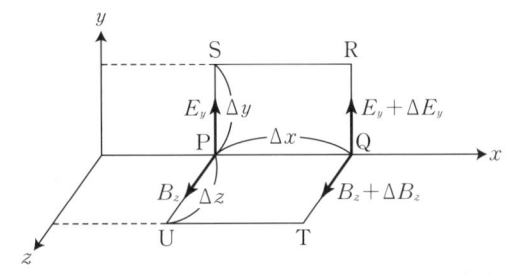

図3.4 電磁誘導の法則とマクスウェル-アンペールの法則の微分形の導出

図 3.4 のように，閉曲線 C_2 として各辺の長さが $\Delta x, \Delta z$ の微小な長方形 PQTU をとることにより，(3.2) 式を導け。ただし，磁場は z 方向にのみ生じ，x, y 方向には生じないとする。また，電流は流れていないとする。

3.2 波動関数として平面波の式 (3.9) を用いることにより，(3.25) 式で定義された $j(x, t)$ が，確率密度の速度 v の流れを表していることを示せ。

第4章

量子力学では,運動量空間で物理量を考えることが多い。運動量空間での波動関数を考える際,ディラックのデルタ関数が登場する。また,粒子の位置と運動量の間に成り立つ不確定性関係を,波動関数を用いて考察する。

運動量空間と不確定性原理

4.1 運動量空間での波動関数

これまでは,実空間,すなわち座標空間でのみ波動関数を考え,その波動関数を用いて位置や運動量の期待値を計算してきたが,これらの量は,運動量(波数)空間で考えることもできる。量子力学では,運動量空間で物理量を考察するとわかりやすい場合も多い。そこでここでは,運動量空間での波動関数を説明しよう。そのための準備として,まず,フーリエ変換とディラックのデルタ関数を説明する。

フーリエ変換[1]

xの関数$f(x)$に関する次の積分で与えられるkの関数

$$F(k) = \frac{1}{\sqrt{2\pi}} \int_{-\infty}^{\infty} e^{-ikx} f(x) \, \mathrm{d}x \tag{4.1}$$

を,$f(x)$の**フーリエ変換**という。また,積分

$$f(x) = \frac{1}{\sqrt{2\pi}} \int_{-\infty}^{\infty} e^{ikx} F(k) \, \mathrm{d}k \tag{4.2}$$

を,**フーリエの逆変換**という。

---

[1] 基礎物理学シリーズ『物理のための数学入門』第11章参照。

例題4.1 ガウス関数のフーリエ変換

積分公式
$$\int_{-\infty}^{\infty} \cos bx \cdot e^{-ax^2} dx = \sqrt{\frac{\pi}{a}} \exp\left(-\frac{b^2}{4a}\right) \quad (a>0) \tag{4.3}$$
を用いて(例題4.2参照)，a を正の定数として，x に関するガウス関数
$$f(x) = C \exp\{-\alpha(x-x_0)^2\} \tag{4.4}$$
のフーリエ変換を求めよ．ただし，C, x_0 も定数である．

解 (4.4)式で与えられる関数 $f(x)$ を (4.1)式へ代入して，$x-x_0 = t$ とおくと，
$$F(k) = \frac{C}{\sqrt{2\pi}} \int_{-\infty}^{\infty} e^{-ikx} \exp\{-\alpha(x-x_0)^2\} dx$$
$$= \frac{C}{\sqrt{2\pi}} e^{-ikx_0} \int_{-\infty}^{\infty} e^{-ikt} e^{-\alpha t^2} dt$$
$$= \frac{C}{\sqrt{2\pi}} e^{-ikx_0} \int_{-\infty}^{\infty} (\cos kt - i\sin kt) e^{-\alpha t^2} dt$$
ここで，$-i\sin kt e^{-\alpha t^2}$ は奇関数なのでその積分値は 0 である．よって，
$$F(k) = \frac{C}{\sqrt{2\pi}} e^{-ikx_0} \int_{-\infty}^{\infty} \cos kt \cdot e^{-\alpha t^2} dt = \frac{C}{\sqrt{2\alpha}} \exp\left(-ikx_0 - \frac{k^2}{4\alpha}\right)$$
となり，$F(k)$ もガウス関数となることがわかる．■

例題4.2 ガウス型の積分公式

(1) $\displaystyle\int_{-\infty}^{\infty} e^{-ax^2} dx = \sqrt{\frac{\pi}{a}} \quad (a>0)$ (4.5)

(2) $n = 1, 2, 3, \cdots$ として，
$$\int_{-\infty}^{\infty} x^{2n} e^{-ax^2} dx = \frac{1\cdot 3 \cdots (2n-3)(2n-1)}{2^n} \sqrt{\frac{\pi}{a^{2n+1}}} \quad (a>0) \tag{4.6}$$

(3) $\displaystyle\int_{-\infty}^{\infty} \cos bx \cdot e^{-ax^2} dx = \sqrt{\frac{\pi}{a}} \exp\left(-\frac{b^2}{4a}\right) \quad (a>0)$ (4.7)

を導け．

解 複素積分を用いるなど，いろいろな求め方があるが，ここでは，実関数の積分を用いる典型的な方法を示しておこう．

(1) $I = \displaystyle\int_{-\infty}^{\infty} e^{-ax^2} dx = \int_{-\infty}^{\infty} e^{-ay^2} dy$ とおくと，
$$I^2 = \left(\int_{-\infty}^{\infty} e^{-ax^2} dx\right)^2 = \int_{-\infty}^{\infty}\int_{-\infty}^{\infty} e^{-a(x^2+y^2)} dx dy$$

となる。ここで，$x = r\cos\theta, y = r\sin\theta \quad (0 \leqq r < \infty, 0 \leqq \theta < 2\pi)$ とおき，積分変数の変換 $\mathrm{d}x\mathrm{d}y = \dfrac{\partial(x, y)}{\partial(r, \theta)}\mathrm{d}r\mathrm{d}\theta$ を用いる。そうすると，

$$\frac{\partial(x, y)}{\partial(r, \theta)} = \begin{vmatrix} \dfrac{\partial x}{\partial r} & \dfrac{\partial x}{\partial \theta} \\ \dfrac{\partial y}{\partial r} & \dfrac{\partial y}{\partial \theta} \end{vmatrix} = r \text{ となることから，}$$

$$I^2 = \int_0^\infty re^{-ar^2}\mathrm{d}r \int_0^{2\pi}\mathrm{d}\theta = -\frac{1}{2a}\left[e^{-ar^2}\right]_0^\infty \cdot 2\pi = \frac{\pi}{a}$$

となり，(4.5) 式を得る。

(2) $\int_{-\infty}^\infty e^{-ax^2}\mathrm{d}x = \sqrt{\dfrac{\pi}{a}}$ の両辺を a に関して順次微分すると，

$$\int_{-\infty}^\infty x^2 e^{-ax^2}\mathrm{d}x = \frac{1}{2}\sqrt{\frac{\pi}{a^3}}, \quad \int_{-\infty}^\infty x^4 e^{-ax^2}\mathrm{d}x = \frac{3}{2^2}\sqrt{\frac{\pi}{a^5}}, \cdots$$

となり，(4.6) 式を得る。

(3) $I = \displaystyle\int_{-\infty}^\infty \cos bx \cdot e^{-ax^2}\mathrm{d}x$ とおき，b に関して微分すると，

$$\frac{\mathrm{d}I}{\mathrm{d}b} = -\int_{-\infty}^\infty \sin bx (xe^{-ax^2})\mathrm{d}x$$

$$= \frac{1}{2a}\left\{\left[\sin bx \cdot e^{-ax^2}\right]_{-\infty}^\infty - b\int_{-\infty}^\infty \cos bx \cdot e^{-ax^2}\mathrm{d}x\right\} = -\frac{b}{2a}I$$

よって，$\dfrac{1}{I}\dfrac{\mathrm{d}I}{\mathrm{d}b} = -\dfrac{b}{2a}$ となるから，b に関して積分し，積分定数を C として，

$$I = C\exp\left(-\frac{b^2}{4a}\right)$$

となる。ここで，$b = 0$ のとき，$\displaystyle\int_{-\infty}^\infty e^{-ax^2}\mathrm{d}x = \sqrt{\dfrac{\pi}{a}}$ となるから，$C = \sqrt{\dfrac{\pi}{a}}$ となる。こうして，(4.7) 式を得る。 ■

ディラックのデルタ関数

a を任意の実数として，

$$\delta(x - a) = \begin{cases} \infty & (x = a) \\ 0 & (x \neq a) \end{cases} \tag{4.8}$$

$$\int_{-\infty}^{\infty} \delta(x-a)\,\mathrm{d}x = 1 \tag{4.9}$$

を満たす関数 $\delta(x)$ を**ディラックのデルタ関数**という。これは，物理学者ディラックによって導入された関数で，次の関係を満たす。

$$\int_{-\infty}^{\infty} \varphi(x)\delta(x-a)\,\mathrm{d}x = \varphi(a) \tag{4.10}$$

$$\frac{1}{2\pi}\int_{-\infty}^{\infty} e^{-ik(x-a)}\,\mathrm{d}k = \delta(x-a) \tag{4.11}$$

デルタ関数は，クロネッカーのデルタ

$$\delta_{ij} = \begin{cases} 1 & (j=i) \\ 0 & (j \neq i) \end{cases} \tag{4.12}$$

の離散的変数 j を連続変数 x に拡張したものということができる。また，デルタ関数は，普通の関数と異なるので，**超関数**と呼ばれる[2]。

例題4.3 運動量（波数）空間での運動量，エネルギーの期待値

波動関数のフーリエ逆変換

$$\psi(x,t) = \frac{1}{\sqrt{2\pi}}\int_{-\infty}^{\infty} e^{ikx}\Psi(k,t)\,\mathrm{d}k \tag{4.13}$$

を用いて，運動量の期待値

$$\langle p \rangle = \int_{-\infty}^{\infty} \psi^*(x,t)\left(-i\hbar\frac{\partial}{\partial x}\right)\psi(x,t)\,\mathrm{d}x \tag{4.14}$$

および，運動エネルギーの期待値

$$\left\langle \frac{p^2}{2m} \right\rangle = \int_{-\infty}^{\infty} \psi^*(x,t)\left(-\frac{\hbar^2}{2m}\frac{\partial^2}{\partial x^2}\right)\psi(x,t)\,\mathrm{d}x \tag{4.15}$$

を，それぞれ波数空間の波動関数 $\Psi(k,t)$ を用いて表せ。

解 (4.13) 式および，

$$\psi^*(x,t) = \frac{1}{\sqrt{2\pi}}\int_{-\infty}^{\infty} e^{-ikx}\Psi^*(k,t)\,\mathrm{d}k$$

を (4.14) 式へ代入すると，

$$\int_{-\infty}^{\infty} \psi^*(x,t)\left(-i\hbar\frac{\partial}{\partial x}\right)\psi(x,t)\,\mathrm{d}x$$

$$= -\frac{i\hbar}{2\pi}\int_{-\infty}^{\infty}\int_{-\infty}^{\infty} \mathrm{d}k\,\mathrm{d}k'\,\Psi^*(k',t)\Psi(k,t)\int_{-\infty}^{\infty} \mathrm{d}x\,e^{-ik'x}\left(\frac{\partial}{\partial x}e^{ikx}\right)$$

---

[2] 基礎物理学シリーズ『物理のための数学入門』第12章参照。

$$= \int_{-\infty}^{\infty}\int_{-\infty}^{\infty} dk dk' \Psi^*(k',t) \hbar k \Psi(k,t) \frac{1}{2\pi}\int_{-\infty}^{\infty} e^{-i(k'-k)x} dx$$

$$= \int_{-\infty}^{\infty} \Psi^*(k,t)(\hbar k)\Psi(k,t) dk$$

と表される。ここで，(4.11) 式と (4.10) 式を用いた。よって，

$$\langle p \rangle = \int_{-\infty}^{\infty} \Psi^*(k,t)(\hbar k)\Psi(k,t) dk \tag{4.16}$$

を得る。

同様に，

$$\int_{-\infty}^{\infty} \psi^*(x,t)\left(-\frac{\hbar^2}{2m}\frac{\partial^2}{\partial x^2}\right)\psi(x,t) dx = \int_{-\infty}^{\infty} \Psi^*(k,t)\left(\frac{\hbar^2 k^2}{2m}\right)\Psi(k,t) dk$$

となり，

$$\left\langle \frac{p^2}{2m} \right\rangle = \int_{-\infty}^{\infty} \Psi^*(k,t)\left(\frac{\hbar^2 k^2}{2m}\right)\Psi(k,t) dk \tag{4.17}$$

を得る。こうして，運動量 $p = \hbar k$，運動エネルギー $\frac{p^2}{2m} = \frac{\hbar^2 k^2}{2m}$ の期待値は，運動量（波数）空間の波動関数の期待値として表されることがわかる。∎

4.2　不確定性原理 II

2.4 節で述べたように，粒子の位置と運動量の間に不確定性関係が現れる原因は，粒子が波動性をもつためである。不確定性関係を，ここでは波動関数を用いて詳しく考察してみよう。不確定性関係を一般的に考えるために，不確かさの大きさを明確に定義する。

位置と運動量の不確かさ Δx と Δp を，2乗偏差の平均（すなわち，分散）を用いて，次のように定義する。

$$\Delta x \equiv \sqrt{\langle (x-\langle x \rangle)^2 \rangle} = \sqrt{\langle x^2 \rangle - 2x\langle x \rangle + \langle x \rangle^2}$$
$$= \sqrt{\langle x^2 \rangle - \langle x \rangle^2} \tag{4.18}$$

$$\Delta p \equiv \sqrt{\langle (p-\langle p \rangle)^2 \rangle} = \sqrt{\langle p^2 \rangle - \langle p \rangle^2} \tag{4.19}$$

ここで，座標系を，$\langle x \rangle = 0$, $\langle p \rangle = 0$ となるようにとることにする。そうすると，

$$\Delta x = \sqrt{\langle x^2 \rangle}, \quad \Delta p = \sqrt{\langle p^2 \rangle} \tag{4.20}$$

となり，$\langle x^2 \rangle$ と $\langle p^2 \rangle$ はそれぞれ，

$$\langle x^2 \rangle = \int_{-\infty}^{\infty} \psi^*(x,t) x^2 \psi(x,t) \,\mathrm{d}x \tag{4.21}$$

$$\langle p^2 \rangle = \int_{-\infty}^{\infty} \psi^*(x,t) \left(-\hbar^2 \frac{\partial^2}{\partial x^2} \right) \psi(x,t) \,\mathrm{d}x \tag{4.22}$$

で与えられる．

例題4.4　不確定性関係

積分

$$I(\lambda) = \int_{-\infty}^{\infty} \left| \lambda x \psi(x,t) + \frac{\partial \psi(x,t)}{\partial x} \right|^2 \mathrm{d}x \tag{4.23}$$

が任意の実数 λ に対して，$I(\lambda) \geq 0$ となることから，運動量と位置の間の不確定性関係，

$$\Delta x \cdot \Delta p \geq \frac{\hbar}{2} \tag{4.24}$$

を導け．

解　積分 $I(\lambda)$ を λ に関して展開すると，λ^2 の係数は，

$$A = \int_{-\infty}^{\infty} \psi^* x^2 \psi \,\mathrm{d}x = \langle x^2 \rangle = (\Delta x)^2 > 0$$

λ の係数は部分積分により，

$$B = \int_{-\infty}^{\infty} x \left(\frac{\partial \psi^*}{\partial x} \psi + \psi^* \frac{\partial \psi}{\partial x} \right) \mathrm{d}x = \int_{-\infty}^{\infty} x \frac{\partial}{\partial x} (\psi^* \psi) \,\mathrm{d}x$$

$$= \left[x \psi^* \psi \right]_{-\infty}^{\infty} - \int_{-\infty}^{\infty} \psi^* \psi \,\mathrm{d}x = -1$$

となる．ここで，波動関数に対する無限遠での境界条件 (3.24) と規格化条件 (3.22) を用いた．また，定数項も部分積分により，

$$C = \int_{-\infty}^{\infty} \frac{\partial \psi^*}{\partial x} \frac{\partial \psi}{\partial x} \,\mathrm{d}x = \left[\psi^* \frac{\partial \psi}{\partial x} \right]_{-\infty}^{\infty} - \int_{-\infty}^{\infty} \psi^* \frac{\partial^2 \psi}{\partial x^2} \,\mathrm{d}x$$

$$= \frac{1}{\hbar^2} \int_{-\infty}^{\infty} \psi^* \left(-\hbar^2 \frac{\partial^2}{\partial x^2} \right) \psi \,\mathrm{d}x = \frac{1}{\hbar^2} \langle p^2 \rangle = \left(\frac{\Delta p}{\hbar} \right)^2$$

となる．$A > 0$ のとき，λ の2次式 $I(\lambda)$ が任意の実数 λ に対して負とならないためには，判別式が0以下でなければならない．よって，

$$B^2 - 4CA \leq 0 \quad \Leftrightarrow \quad 1 \leq 4 \times \left(\frac{\Delta p}{\hbar} \right)^2 (\Delta x)^2$$

となり，(4.24) 式を得る．　■

4.3 波束の運動

粒子の速度がド・ブロイ波の波束の速度に一致することから，波束が粒子を担っていると考えられる。それでは，波束はどのように表現され，どのような性質をもつのであろうか。

波束の表現

時刻 $t=0$ における波数 k_0 の 1 次元波束の波動関数を，$b>0$ として，

$$\psi(x,0) = C\exp\left(-\frac{b}{2}x^2\right)e^{ik_0 x}$$

（C は任意定数）　　(4.25)

と書いてみよう。この式は，時刻 $t=0$ において，粒子の存在確率が $|\psi(x,0)|^2 \propto e^{-bx^2}$ となり，原点 $x=0$ のまわりにガウス分布することを示している(図 4.1)。

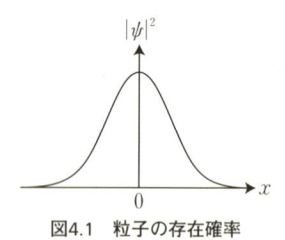

図4.1 粒子の存在確率

例題4.5 波束のフーリエ変換と最小波束

(1) 波動関数 (4.25) を規格化して定数 C を定めよ。

(2) (4.25) 式のフーリエ変換 $\Psi_0(k)$ を求め，$\psi(x,0)$ を平面波の重ね合わせとして表せ。

(3) 実空間 (x-空間) での波束の幅 Δx と，運動量空間 (k-空間) での波束の幅 Δp を求め，不確定性関係

$$\Delta x \cdot \Delta p = \frac{\hbar}{2} \tag{4.26}$$

が成り立つことを示せ。ただし，実空間での波束の波動関数は (4.25) 式で与えられ，運動量空間での波動関数は，(2) で求めた $\Psi_0(k)$ で与えられる。

これより，ガウス型波束 (4.25) は，不確定性原理で要請される不確かさの最小値を与える波束であり，このような波束を**最小波束**という。

【解】

(1) 規格化条件 (3.22) に (4.25) 式を代入して，(4.5) 式より，

$$1 = C^2\int_{-\infty}^{\infty} e^{-bx^2}\,dx = C^2\sqrt{\frac{\pi}{b}} \quad \therefore \quad \underline{C = \left(\frac{b}{\pi}\right)^{\frac{1}{4}}}$$

となる。

(2) (4.25)式のフーリエ変換は，
$$\Psi_0(k) = \frac{1}{\sqrt{2\pi}} \int_{-\infty}^{\infty} e^{-ikx} \psi(x,0) \, dx$$
$$= \frac{C}{\sqrt{2\pi}} \int_{-\infty}^{\infty} e^{-i(k-k_0)x} \exp\left(-\frac{b}{2}x^2\right) dx$$
$$= \frac{C}{\sqrt{2\pi}} \int_{-\infty}^{\infty} \cos[(k-k_0)x] \exp\left(-\frac{b}{2}x^2\right) dx$$
$$= \frac{1}{(\pi b)^{\frac{1}{4}}} \exp\left[-\frac{(k-k_0)^2}{2b}\right] \tag{4.27}$$

となる。ここで(4.7)式を用いた。フーリエ変換(4.27)は，$k=k_0$を中心としたガウス関数となる。

(4.27)式のフーリエ逆変換を求めると，
$$\psi(x,0) = \frac{1}{\sqrt{2\pi}} \frac{1}{(\pi b)^{\frac{1}{4}}} \int_{-\infty}^{\infty} e^{ikx} \exp\left[-\frac{(k-k_0)^2}{2b}\right] dk$$

となり，平面波e^{ikx}の$k=k_0$を中心としたガウス型の重みを付けた重ね合わせとして表されることがわかる。

(3) (4.25)式より，
$$\langle x \rangle = \int_{-\infty}^{\infty} \psi^*(x,0) x \psi(x,0) \, dx = 0$$

となるから，
$$(\Delta x)^2 = \langle x^2 \rangle - \langle x \rangle^2 = \langle x^2 \rangle$$

となる。よって(4.6)式を用いて，
$$(\Delta x)^2 = \langle x^2 \rangle = C^2 \int_{-\infty}^{\infty} x^2 e^{-bx^2} dx = \sqrt{\frac{b}{\pi}} \cdot \frac{1}{2b} \sqrt{\frac{\pi}{b}} = \frac{1}{2b}$$

を得る。

一方，$\Psi_0(k)$の表式(4.27)を用いて，
$$\langle p \rangle = \int_{-\infty}^{\infty} \Psi_0^*(k)(\hbar k) \Psi_0(k) \, dk = \frac{\hbar}{\sqrt{\pi b}} \int_{-\infty}^{\infty} k \exp\left[-\frac{(k-k_0)^2}{b}\right] dk$$

となるから，$k-k_0 = k'$とおいて，
$$\langle p \rangle = \frac{\hbar}{\sqrt{\pi b}} \int_{-\infty}^{\infty} (k_0 + k') \exp\left[-\frac{k'^2}{b}\right] dk' = \hbar k_0 = p_0$$

となる。よって，

と書ける。さらに置き換え $k - k_0 = k'$ を用いると,

$$\langle p^2 \rangle = \int_{-\infty}^{\infty} \Psi_0^*(k)(\hbar k)^2 \Psi_0(k)\,\mathrm{d}k$$

$$= \frac{\hbar^2}{\sqrt{\pi b}} \int_{-\infty}^{\infty} k^2 \exp\left[-\frac{(k-k_0)^2}{b}\right]\mathrm{d}k$$

$$= \frac{\hbar^2}{\sqrt{\pi b}} \int_{-\infty}^{\infty} (k'^2 + k_0^2) \exp\left[-\frac{k'^2}{b}\right]\mathrm{d}k' = \frac{b}{2}\hbar^2 + p_0^2$$

となるから,

$$(\Delta p)^2 = \frac{b}{2}\hbar^2$$

と書ける。これより,

$$(\Delta p)^2 \cdot (\Delta x)^2 = \frac{\hbar^2}{4}$$

となり, (4.26) 式を得る。 ∎

波束の運動と崩壊

$t = 0$ において, (4.25) 式で与えられる 1 次元自由粒子の波束が, どのような運動をするか調べる。そのために, 時刻 t における波束の波動関数を,

$$\psi(x, t) = \frac{1}{\sqrt{2\pi}} \int_{-\infty}^{\infty} e^{ikx} \Psi(k, t)\,\mathrm{d}k \tag{4.28}$$

と書いて, 運動量空間での波動関数 $\Psi(k, t)$ を求め, 粒子の確率密度関数を求めてみる。その結果は,

$$|\psi(x, t)|^2 = \sqrt{\frac{b}{\pi\{1 + (b\hbar t/m)^2\}}} \exp\left[-\frac{b}{1 + (b\hbar t/m)^2}\left(x - \frac{\hbar k_0}{m}t\right)^2\right] \tag{4.29}$$

となる(例題 4.6 参照)。

これより, 次のようなことがわかる。

波束のピークの位置, すなわち粒子の存在確率の最も高い位置(群速度 v_g)は,

$$x - \frac{\hbar k_0}{m} t = 0 \quad \Leftrightarrow \quad v_{\mathrm{g}} = \frac{x}{t} = \frac{\hbar k_0}{m} = \frac{p_0}{m} = v_0$$

と表され，粒子の速度 v_0 に等しいことを示している．これは，例題 2.5 で述べたことを再現するものである．さらに，時間が経過するとともに，確率密度のピークの高さ $\sqrt{\dfrac{b}{\pi\{1+(b\hbar t/m)^2\}}}$ は減少し，その幅（確率密度が最大値の $\dfrac{1}{e}$ 倍に減少する幅）は，$\sqrt{\dfrac{1+(b\hbar t/m)^2}{b}}$ の 2 倍に増加する（図 4.2）．

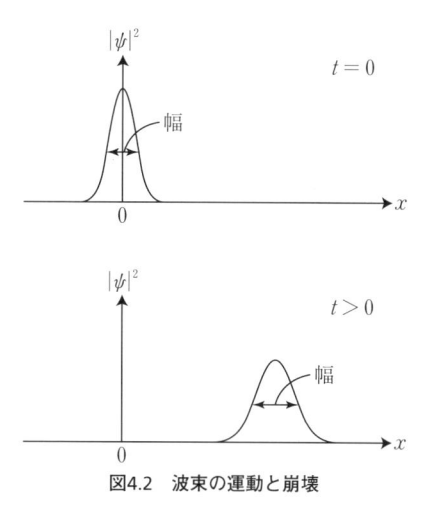

図4.2 波束の運動と崩壊

これは，波束の崩壊と呼ばれる現象である．波束を形成する運動量はわずかに異なるので，いったん波束が形成されても，時間とともに崩れていく．その崩壊過程の時間依存性が $\left(\dfrac{b\hbar}{m}t\right)^2$ で表されることから，次のようなことがいえる．t を 0 から正方向へ増加させても，負方向へ減少させても同様であるから，波束の形成と崩壊は，時間に関して対称である．また，b が小さく，形成される波束の空間的な広がりが大きいと，波束の崩壊には時間がかかり，なかなか崩壊しない．それは，波束を形成している運動量の違いが小さいためである．逆に，波束の空間的広がりが小さい（b が大きい）と，運動量の違いが大きいため，波束は短時間のうちに崩壊する．

第4章 運動量空間と不確定性原理

例題4.6 波束の運動

時刻 $t=0$ での 1 次元自由粒子の波束の波動関数が (4.25) 式で与えられる場合を考える。このとき，そのフーリエ変換，すなわち運動量空間での波動関数 $\Psi_0(k)$ は (4.27) 式で与えられる。

(1) 1 次元自由粒子のシュレーディンガー方程式 (3.10) を用いて，時刻 t における波束の運動量空間での波動関数 $\Psi(k,t)$ を，$t=0$ での波動関数 $\Psi_0(k)$ を用いて表せ。

(2) 波動関数 (4.28) における k に関する積分を実行して $\psi(x,t)$ を求め，(4.29) 式を導け。

解

(1) (4.28) 式を，1 次元自由粒子のシュレーディンガー方程式 (3.10) へ代入すると，

$$i\hbar \int_{-\infty}^{\infty} e^{ikx} \frac{\partial \Psi(k,t)}{\partial t} dk = \frac{\hbar^2}{2m} \int_{-\infty}^{\infty} e^{ikx} k^2 \Psi(k,t) dk$$

となり，

$$i\hbar \frac{\partial \Psi(k,t)}{\partial t} = \frac{\hbar^2 k^2}{2m} \Psi(k,t) \tag{4.30}$$

が成り立てばよいことがわかる。

(4.30) 式は変数分離型微分方程式であり，簡単に解くことができる。$t=0$ での $\Psi(k,0)$ は，(4.27) 式で与えられる $\Psi_0(k)$ に一致するはずだから，(4.30) 式を t で積分すると，

$$\Psi(k,t) = \underline{\Psi_0(k) \exp\left[-i\frac{\hbar k^2}{2m}t\right]} \tag{4.31}$$

となる。(4.31) 式からわかるように，運動量（波数）空間では，時間がたっても波束に変化は起きないことを注意しておこう。すなわち，運動量の分布に意味のある変化は起きない。

(2) (4.31), (4.27) 式を (4.28) 式へ代入して，

$$\psi(x,t) = \frac{1}{\sqrt{2\pi}} \frac{1}{(\pi b)^{\frac{1}{4}}} \int_{-\infty}^{\infty} e^{i(kx-\omega(k)t)} \exp\left[-\frac{(k-k_0)^2}{2b}\right] dk \tag{4.32}$$

を得る。ここで，$\omega(k)$ は，ド・ブロイの関係式

$$\omega(k) = \frac{\hbar}{2m} k^2 \tag{2.20}$$

で与えられる。

(4.32) 式の右辺の k に関する積分を計算すれば，$t=0$ でのガウス型波束 (4.25) が時間とともにどのように変化していくかが求められる。(4.32) 式右辺の指数部分を平方完成すると，

$$-\frac{1}{2b}\left(1+i\frac{b\hbar}{m}t\right)k^2+\left(\frac{k_0}{b}+ix\right)k-\frac{k_0^2}{2b}=-\alpha\kappa^2+\zeta$$

と書ける。ここで，

$$\alpha=\frac{1}{2b}\left(1+i\frac{b\hbar}{m}t\right),\quad \kappa=k-\frac{k_0+ibx}{1+i\frac{b\hbar}{m}t}$$

$$\zeta=\frac{-\frac{1}{2}bx^2+i\left(k_0x-\frac{\hbar}{2m}k_0^2t\right)}{1+i\frac{b\hbar}{m}t}$$

である。κ は複素数であり，積分は複素平面上でのものになるが，被積分関数に発散する点（特異点）がないので，κ の積分は，実軸上の $-\infty$ から $+\infty$ の積分に等しい。こうして，

$$\int_{-\infty}^{\infty}e^{-\alpha\kappa^2+\zeta}\,d\kappa=\sqrt{\frac{\pi}{\alpha}}\,e^{\zeta}$$

より，

$$\psi(x,t)=\frac{\left(\frac{b}{\pi}\right)^{\frac{1}{4}}}{\sqrt{1+i\frac{b\hbar}{m}t}}\exp\left[\frac{-\frac{1}{2}bx^2+i\left(k_0x-\frac{\hbar}{2m}k_0^2t\right)}{1+i\frac{b\hbar}{m}t}\right] \quad (4.33)$$

を得る。この式は，$t=0$ のとき，(4.25) 式に帰着する。

a,c を実数とするとき，$|e^{a+ic}|^2=e^{2a}$ であることに注意すると，粒子の存在確率密度 $|\psi(x,t)|^2$ は，(4.29) 式で与えられることがわかる。■

10分補講

ハイゼンベルク

「不確定性原理」を唱え，量子力学の祖の一人といわれるハイゼンベルクは，1901 年，ドイツの地方都市ヴュルツブルクに生まれた。父がミュンヘン大学

の教授になると，ミュンヘンに引っ越してギムナジウムに入学した。少年時代のハイゼンベルクはピアノ演奏の名手であった。1920年，ミュンヘン大学に入学し，理論物理学のゾンマーフェルトのゼミに参加し，そこで最先端の量子論を学び，さらに良き友であると同時に良き批判者であったパウリに出会った。パウリは20歳のときに相対論の名著を書いた俊英である。また，1922年には，ゲッチンゲン大学でボーアの講義を聴き，直接議論する機会を得た。その後，ゲッチンゲン大学でボルンの助手になり，ここで数学的手法を身に付けた。

この頃には行き詰まりがはっきりしてきていた「ボーアの原子模型」に代わり，原子による光の吸収と放出を記述する「行列力学」を創造し，ボルンが完成させるための礎を築いた。そうこうするうちに，シュレーディンガーによる波動方程式が提出され，それが行列力学と同等であることが示された。自尊心の高いハイゼンベルクは，これをばねに，1927年，「不確定性原理」を発表した。その後，「強磁性体の理論」を発表して新たな固体物理学を発展させ，パウリと共同で素粒子論や物性論の基礎となる「場の量子論」，さらに，「原子核構造論」の論文を立て続けに発表し，1933年，ノーベル物理学賞を受賞した。同年，ナチスが政権を獲得すると，ボーアを含めた良心的科学者のドイツからの脱出が続く中，フェルミらによる脱出の勧めに応じることなく，ナチス下のドイツに留まった。このことにより，第2次世界大戦中，ナチスドイツに協力して原爆を製造するのではないかと疑われたが，結局，ドイツで原爆を製造することはできなかった。そのため大戦後，恩師ボーアらとの関係はギクシャクした。

章末問題

4.1 例題2.1で求めた水素原子の基底状態（量子数 $n=1$ の状態）のエネルギーは，不確定性原理により，とることのできる最低エネルギー状態であることを示せ。また，クーロンポテンシャルを受けた電子の軌道半径は，決して $r \to 0$ とならないことを示せ。

4.2 時刻 $t=0$ で1次元自由粒子の波束の波動関数を，β を正の定数として，
$$\psi_0(x) = \psi(x,0) = Ce^{-\beta|x|}$$
とする。ただし，C は定数である。

(1) $\psi_0(x)$ を規格化して，定数 C を定めよ。

(2) 運動量空間での波動関数 $\Psi_0(k)$ を求めよ。

(3) 位置の不確かさ Δx と，運動量の不確かさ Δp の積，$\Delta x \cdot \Delta p$ を計算せよ。この結果より，不確定性原理で要請される不確かさの最小値より，少し大きくなることがわかる。

第 5 章

粒子の状態は波動関数で表され，運動量やエネルギーという物理量の期待値は，対応する演算子を波動関数ではさんで積分することによって得られる。そこで，本章では，演算子と固有関数の性質について考える。

演算子と固有関数

5.1 演算子の性質

これまで述べてきたように，量子力学では，粒子の位置や運動量，さらにエネルギーの期待値という量が出てきた。期待値は実際の**観測量**の平均値である。また，粒子の状態を表すのは波動関数であり，波動関数は**状態関数**とも呼ばれる。ある物理量の期待値は，対応する演算子を波動関数(状態関数)ではさんで全空間にわたって積分することによって与えられる。たとえば，位置の期待値は (3.28) 式で，運動量の期待値は (3.32) 式で与えられる。ここで，これまでに出てきた物理量と演算子の関係を表 5.1 にまとめておく。

エルミート演算子

一般に，観測量 F に対する演算子 $\hat{F}$ が与えられると，その期待値 $\langle F \rangle$ は，波動関数 $\psi(x,t)$ を用いて，

$$\langle F \rangle = \int_{-\infty}^{\infty} \psi^*(x,t) \hat{F} \psi(x,t) \, \mathrm{d}x \qquad (5.1)$$

で与えられる。

任意の関数 ψ_1, ψ_2 に対して，任意定数を λ_1, λ_2 として，

表5.1　古典力学における物理量と対応する演算子

物理量	古典系での物理量	物理量演算子
位置	x	$\hat{x} = x$
運動量	$p = mv$	$\hat{p} = -i\hbar \dfrac{\partial}{\partial x}$
運動エネルギー	$K = \dfrac{p^2}{2m}$	$\hat{K} = \dfrac{\hat{p}^2}{2m} = -\dfrac{\hbar^2}{2m}\dfrac{\partial^2}{\partial x^2}$
ポテンシャルエネルギー	$V(x)$	$V(\hat{x})$
全エネルギー	$E = \dfrac{p^2}{2m} + V(x)$	$\hat{H} = -\dfrac{\hbar^2}{2m}\dfrac{\partial^2}{\partial x^2} + V(\hat{x})$
時間	t	$\hat{t} = t$
エネルギー	E	$\hat{E} = i\hbar \dfrac{\partial}{\partial t}$

$$\hat{L}(\lambda_1 \psi_1 + \lambda_2 \psi_2) = \lambda_1 \hat{L}\psi_1 + \lambda_2 \hat{L}\psi_2 \tag{5.2}$$

を満たす演算子 $\hat{L}$ を**線形演算子**という。また，2乗可積分，すなわち $\int_{-\infty}^{\infty} |\psi|^2 \mathrm{d}x$ が有限である[1] 任意の2つの関数 ψ_1, ψ_2 に対して，

$$\begin{aligned}\int_{-\infty}^{\infty} \psi_1^*(x,t) \hat{L}\psi_2(x,t)\,\mathrm{d}x &= \int_{-\infty}^{\infty} (\hat{L}\psi_1(x,t))^* \psi_2(x,t)\,\mathrm{d}x \\ &= \left(\int_{-\infty}^{\infty} \psi_2^*(x,t)\hat{L}\psi_1(x,t)\,\mathrm{d}x\right)^*\end{aligned} \tag{5.3}$$

あるいは，

$$\begin{aligned}\int_{-\infty}^{\infty} \psi^*(x,t)\hat{L}\psi(x,t)\,\mathrm{d}x &= \int_{-\infty}^{\infty} (\hat{L}\psi(x,t))^* \psi(x,t)\,\mathrm{d}x \\ &= \left(\int_{-\infty}^{\infty} \psi^*(x,t)\hat{L}\psi(x,t)\,\mathrm{d}x\right)^*\end{aligned} \tag{5.4}$$

を満たす線形演算子を**エルミート演算子**という。たとえば，位置，運動量，エネルギーの演算子はエルミート演算子である。

---

1) このとき，無限遠の境界条件

$$\left.\dfrac{\partial \psi}{\partial x}\right|_{x \to \pm\infty} = 0, \quad x^n \psi(x,t)|_{x \to \pm\infty} = 0 \tag{3.24}$$

が成り立つ。

第5章 演算子と固有関数

例題5.1 運動量演算子

定義式 (5.2) を用いて，運動量演算子 $\hat{p} = -i\hbar\dfrac{\partial}{\partial x}$ は，エルミート演算子であることを示せ。

解 部分積分を用いて，

$$\int_{-\infty}^{\infty}\psi_1^*\hat{p}\psi_2\mathrm{d}x = \int_{-\infty}^{\infty}\psi_1^*\left(-i\hbar\frac{\partial\psi_2}{\partial x}\right)\mathrm{d}x$$

$$= -i\hbar\left\{\left[\psi_1^*\psi_2\right]_{-\infty}^{\infty} - \int_{-\infty}^{\infty}\frac{\partial\psi_1^*}{\partial x}\psi_2\mathrm{d}x\right\}$$

ここで，無限遠での境界条件 (3.24) を用いると，

$$\int_{-\infty}^{\infty}\psi_1^*\hat{p}\psi_2\mathrm{d}x = i\hbar\int_{-\infty}^{\infty}\frac{\partial\psi_1^*}{\partial x}\psi_2\mathrm{d}x = \int_{-\infty}^{\infty}\left(-i\hbar\frac{\partial\psi_1}{\partial x}\right)^*\psi_2\mathrm{d}x$$

$$= \int_{-\infty}^{\infty}(\hat{p}\psi_1)^*\psi_2\mathrm{d}x$$

となり，エルミート演算子の条件 (5.3) を満たすことがわかる。■

例題5.2 物理量を表すエルミート演算子

物理量は実数だから，物理量を表す演算子の期待値は実数でなければならない。このことを用いて，物理量を表す演算子はエルミート演算子であることを示せ。

解 ある演算子 $\hat{A}$ の波動関数 ψ に関する期待値が，実数であるとしよう。演算子 $\hat{A}$ の期待値とその複素共役はそれぞれ，

$$\langle A\rangle = \int_{-\infty}^{\infty}\psi^*\hat{A}\psi\mathrm{d}x, \ \langle A\rangle^* = \left(\int_{-\infty}^{\infty}\psi^*\hat{A}\psi\mathrm{d}x\right)^* = \int_{-\infty}^{\infty}(\hat{A}\psi)^*\psi\mathrm{d}x$$

と表される。$\langle A\rangle$ が実数ならば，$\langle A\rangle = \langle A\rangle^*$ でなければならず，

$$\int_{-\infty}^{\infty}\psi^*\hat{A}\psi\mathrm{d}x = \int_{-\infty}^{\infty}(\hat{A}\psi)^*\psi\mathrm{d}x$$

となる。この式は，エルミート演算子の定義式 (5.4) と同一であるから，期待値が実数である演算子はエルミート演算子である。よって，物理量を表す演算子は，エルミート演算子である。■

エルミート共役演算子

無限遠での境界条件を有する任意の波動関数 ψ_1, ψ_2 に対して，

$$\int_{-\infty}^{\infty} \psi_2^*(x,t) \hat{A}^\dagger \psi_1(x,t) \mathrm{d}x = \int_{-\infty}^{\infty} (\hat{A}\psi_2(x,t))^* \psi_1(x,t) \mathrm{d}x$$
$$= \left(\int_{-\infty}^{\infty} \psi_1^*(x,t) \hat{A} \psi_2(x,t) \mathrm{d}x \right)^* \quad (5.5)$$

で定義される演算子 $\hat{A}^\dagger$（$\hat{A}$ ダガーと読む）を $\hat{A}$ の**エルミート共役**という。エルミート演算子は，その定義 (5.3) より，

$$\hat{A}^\dagger = \hat{A} \quad (5.6)$$

を満たす演算子である。

例題5.3　エルミート共役な演算子の性質

エルミート共役な演算子について，下記の性質が成り立つことを示せ。
(1) 　$(\hat{A}^\dagger)^\dagger = \hat{A}$ 　　　　　　　　　　　　　　　　　(5.7)
(2) 　$(\hat{A}\hat{B})^\dagger = \hat{B}^\dagger \hat{A}^\dagger$ 　　　　　　　　　　　　　　　(5.8)

解

(1) エルミート共役の定義式

$$\int_{-\infty}^{\infty} \psi_2^* \hat{A}^\dagger \psi_1 \mathrm{d}x = \int_{-\infty}^{\infty} (\hat{A}\psi_2)^* \psi_1 \mathrm{d}x = \left(\int_{-\infty}^{\infty} \psi_1^* \hat{A} \psi_2 \mathrm{d}x \right)^*$$

の両辺の複素共役をとると，

$$左辺 = \left(\int_{-\infty}^{\infty} \psi_2^* \hat{A}^\dagger \psi_1 \mathrm{d}x \right)^* = \int_{-\infty}^{\infty} (\hat{A}^\dagger \psi_1)^* \psi_2 \mathrm{d}x = \int_{-\infty}^{\infty} \psi_1^* (\hat{A}^\dagger)^\dagger \psi_2 \mathrm{d}x$$

$$右辺 = \left(\left(\int_{-\infty}^{\infty} \psi_1^* \hat{A} \psi_2 \mathrm{d}x \right)^* \right)^* = \int_{-\infty}^{\infty} \psi_1^* \hat{A} \psi_2 \mathrm{d}x$$

ここで，任意の複素数 z に対して，$(z^*)^* = z$ となることを用いた。これより，(5.7) 式を得る。

(2) エルミート共役の定義式 (5.5) より，

$$\int_{-\infty}^{\infty} \psi_2^* (\hat{A}\hat{B})^\dagger \psi_1 \mathrm{d}x = \int_{-\infty}^{\infty} (\hat{A}\hat{B}\psi_2)^* \psi_1 \mathrm{d}x$$
$$= \int_{-\infty}^{\infty} (\hat{B}\psi_2)^* \hat{A}^\dagger \psi_1 \mathrm{d}x = \int_{-\infty}^{\infty} \psi_2^* \hat{B}^\dagger \hat{A}^\dagger \psi_1 \mathrm{d}x$$

これより，(5.8) 式を得る。　■

5.2　固有値と固有関数

3.1 節で述べたように，量子力学では物理量を観測するたびに，その値

はばらつく。そこで、測定値のばらつきを表す量である分散を考えよう。

測定値の分散（の期待値）$\langle(\Delta A)^2\rangle$ に対応する演算子を、物理量 A に対応する演算子 $\hat{A}$ を用いて、

$$(\Delta \hat{A})^2 = (\hat{A} - \langle A \rangle)^2$$

とする。$\hat{A}$ はエルミート演算子であるから、$\Delta \hat{A} = \hat{A} - \langle A \rangle$ もエルミート演算子である。よって分散は、

$$\begin{aligned}\langle(\Delta A)^2\rangle &= \int_{-\infty}^{\infty} \psi^*(x,t)(\Delta \hat{A})^2 \psi(x,t)\,\mathrm{d}x \\ &= \int_{-\infty}^{\infty} (\Delta \hat{A}\psi(x,t))^*(\Delta \hat{A}\psi(x,t))\,\mathrm{d}x \\ &= \int_{-\infty}^{\infty} |\Delta \hat{A}\psi(x,t)|^2 \,\mathrm{d}x \geq 0\end{aligned}$$

と書ける。ここで、物理量 A にばらつきがなく、決まった値をもつとする。分散が 0 になるような状態関数、すなわち波動関数を $\psi_0(x,t)$ とおくと、$\langle(\Delta A)^2\rangle = 0$ であるから、

$$\Delta \hat{A}\psi_0(x,t) = \hat{A}\psi_0(x,t) - \langle A \rangle \psi_0(x,t) = 0$$

となる。これより、$\langle A \rangle = A_0$ とおいて、

$$\hat{A}\psi_0(x,t) = A_0\psi_0(x,t) \tag{5.9}$$

を得る。(5.9) 式を**固有値方程式**、A_0 をその**固有値**、$\psi_0(x,t)$ を**固有関数**という。固有値 A_0 は、エルミート演算子 $\hat{A}$ の期待値であるから実数である。つまり、**エルミート演算子の固有値は実数**である。

一般に、物理量を表す演算子には、いくつかの固有値 A_i と、それに対応する固有関数 $\psi_i(x,t)$ がある。固有値と固有関数を決める整数値 i を**量子数**という。また、固有値が飛び飛びの値をもつ場合、その固有値の列を**離散スペクトル**といい、連続的な値をとる場合、**連続スペクトル**という。

離散スペクトルの場合

固有値の列が離散スペクトルの場合、固有関数の性質を調べてみよう。

エルミート演算子 $\hat{A}$ の異なる固有値 A_i, A_j に対応する固有関数をそれぞれ ψ_i, ψ_j とする。すなわち、

$$\hat{A}\psi_i = A_i\psi_i, \ \hat{A}\psi_j = A_j\psi_j \tag{5.10}$$

とする。

例題5.4　固有関数の直交性

$A_j \neq A_i$ のとき，固有関数 $\psi_i(x,t)$ と $\psi_j(x,t)$ は直交する．すなわち，

$$\int_{-\infty}^{\infty} \psi_i{}^*(x,t)\psi_j(x,t)\,\mathrm{d}x = 0 \tag{5.11}$$

が成り立つことを示せ．

解　(5.10) 式の第 1 式の複素共役をとると，固有値 A_i は実数であるから，

$$(\hat{A}\psi_i)^* = \hat{A}^*\psi_i{}^* = A_i{}^*\psi_i{}^* = A_i\psi_i{}^* \tag{5.12}$$

となる．(5.10) 式の第 2 式の左から $\psi_i{}^*$ をかけて，(5.12) 式の右から ψ_j をかけて引き算し，$-\infty$ から ∞ まで積分すると，

$$\int_{-\infty}^{\infty} \psi_i{}^*\hat{A}\psi_j\,\mathrm{d}x - \int_{-\infty}^{\infty} (\hat{A}\psi_i)^*\psi_j\,\mathrm{d}x = (A_j - A_i)\int_{-\infty}^{\infty} \psi_i{}^*\psi_j\,\mathrm{d}x \tag{5.13}$$

となる．ここで，$\hat{A}$ はエルミート演算子であるから，(5.3) 式より (5.13) 式の左辺は 0 となる．こうして $A_j \neq A_i$ のとき，(5.11) 式が成り立つ．　■

エルミート演算子の固有関数は 2 乗可積分であるから，適当な定数をかければ，

$$\int_{-\infty}^{\infty} \psi_i{}^*(x,t)\psi_i(x,t)\,\mathrm{d}x = 1 \tag{5.14}$$

と規格化することができる．(5.11) 式と (5.14) 式を合わせると，

$$\int_{-\infty}^{\infty} \psi_i{}^*(x,t)\psi_j(x,t)\,\mathrm{d}x = \delta_{ij} \tag{5.15}$$

と表すことができる．(5.15) 式を満たす関数系を，**正規直交系**をなすという．異なる固有値に属する固有関数系は，正規直交系をなす．

1 つの固有値を与える固有関数がいくつかあるとき，この状態を**縮退状態**という．たとえば，固有値 A_i を与える固有関数が l 個あるとき，l **重に縮退している**という．

例題5.5　固有関数による展開

(1)　任意の波動関数を展開できる固有関数の全体を**完全系**という．演算子 $\hat{A}$ の固有関数系 $\{\psi_i\}$ が正規直交系をなし，完全系であるとする．任意の波動関数 $\psi(x,t)$ を，適当な定数 c_i （これを展開係数と呼ぶ）を用いて，

第5章 演算子と固有関数

$$\psi(x, t) = \sum_i c_i \psi_i(x, t) \tag{5.16}$$

と展開するとき, $\hat{A}$ の期待値

$$\langle A \rangle = \int_{-\infty}^{\infty} \psi^*(x, t) \hat{A} \psi(x, t) \, \mathrm{d}x \tag{5.17}$$

および, $\psi(x, t)$ の規格化条件を展開係数 c_i を用いて表せ。ただし, $\hat{A}$ の ψ_i に対する固有値を A_i とする。

(2) 固有関数系 $\{\psi_i\}$ が完全系をなすとき,

$$\sum_i \psi_i(x, t) \psi_i^*(x', t) = \delta(x - x') \tag{5.18}$$

を満たすことを示せ。

解

(1) (5.16) 式より, 正規直交系の条件 (5.15) を用いると,

$$\int_{-\infty}^{\infty} \psi^*(x, t) \psi_i(x, t) \, \mathrm{d}x = \sum_j c_j^* \int_{-\infty}^{\infty} \psi_j^*(x, t) \psi_i(x, t) \, \mathrm{d}x = c_i^* \tag{5.19}$$

となるから, (5.16) 式を (5.17) 式へ代入して,

$$\begin{aligned}\langle A \rangle &= \sum_i c_i \int_{-\infty}^{\infty} \psi^*(x, t) \hat{A} \psi_i(x, t) \, \mathrm{d}x \\ &= \sum_i A_i c_i \int_{-\infty}^{\infty} \psi^*(x, t) \psi_i(x, t) \, \mathrm{d}x = \underline{\sum_i A_i |c_i|^2}\end{aligned} \tag{5.20}$$

を得る。

$\psi(x, t)$ の規格化条件は,

$$1 = \int_{-\infty}^{\infty} \psi^*(x, t) \psi(x, t) \, \mathrm{d}x = \sum_i c_i \int_{-\infty}^{\infty} \psi^*(x, t) \psi_i(x, t) \, \mathrm{d}x = \sum_i |c_i|^2$$

$$\therefore \ \underline{\sum_i |c_i|^2 = 1} \tag{5.21}$$

となる。

(5.20), (5.21) 式は, 物理量 A を状態 ψ で測定したとき, A_i を得る確率が $|c_i|^2$ となることを示している。

(2) (5.19) 式の複素共役をとると, $c_i = \int_{-\infty}^{\infty} \psi_i^*(x, t) \psi(x, t) \, \mathrm{d}x$ となるから, この式を展開式 (5.16) へ代入すると,

$$\psi(x, t) = \sum_i \left[\int_{-\infty}^{\infty} \psi_i^*(x', t) \psi(x', t) \, \mathrm{d}x' \right] \psi_i(x, t)$$

となる。ここで, 和と積分の順序を交換すると,

$$\psi(x,t) = \int_{-\infty}^{\infty} \psi(x',t) \left[\sum_i \psi_i(x,t) \psi_i{}^*(x',t) \right] \mathrm{d}x' \quad (5.22)$$

となる．また，デルタ関数の性質 (4.10) は，

$$\psi(x,t) = \int_{-\infty}^{\infty} \psi(x',t) \delta(x'-x) \mathrm{d}x' \quad (5.23)$$

と書けるから，(5.22) と (5.23) 式を比較して (5.18) 式を得る．ここで，デルタ関数が偶関数であることを用いた．∎

物理量を表す演算子はエルミートであり，その固有値は実数である．また，ここで数学的な証明はしないが，一般に，**物理量を表す演算子の固有関数系は完全系をなす．**

縮退のある場合

1つの固有値 A_i に対して，l 個の固有関数 $\varphi_{i,1}, \varphi_{i,2}, \cdots, \varphi_{i,l}$ が存在するとする．このとき，一般的に，これらの固有関数は直交していない．しかし，これらの固有関数から，l 個の直交する関数系をつくることができる（章末問題 5.2 参照）．

連続スペクトルの場合

固有値が連続スペクトルをもつ物理量を表す演算子 $\hat{A}$ の固有関数を，離散スペクトルの場合に対応させて考えよう．

$\hat{A}$ の連続的固有値 a をもつ固有関数を $\psi_a(x,t)$ とすると，

$$\hat{A}\psi_a(x,t) = a\psi_a(x,t) \quad (5.24)$$

と書ける．固有関数系 $\{\psi_a\}$ は完全系をなすから，任意の波動関数 $\psi(x,t)$ は，(5.16) 式と同様に，a の適当な関数 $c(a)$ を用いて，

$$\psi(x,t) = \int c(a) \psi_a(x,t) \mathrm{d}a \quad (5.25)$$

と展開できる．ここで，(5.15) 式に対応する固有関数の正規直交条件を，

$$\int_{-\infty}^{\infty} \psi_a{}^*(x,t) \psi_{a'}(x,t) \mathrm{d}x = \delta(a-a') \quad (5.26)$$

とすると，展開係数 $c(a)$ の複素共役は，(5.19) 式と同様に，

$$c^*(a) = \int_{-\infty}^{\infty} \psi^*(x,t) \psi_a(x,t) \mathrm{d}x \quad (5.27)$$

となり，
$$\langle A \rangle = \int_{-\infty}^{\infty} \psi^*(x,t) \hat{A} \psi(x,t) \mathrm{d}x$$
$$= \int c(a) \int_{-\infty}^{\infty} \psi^*(x,t) \hat{A} \psi_a(x,t) \mathrm{d}x \mathrm{d}a = \int a |c(a)|^2 \mathrm{d}a \quad (5.28)$$

を得る．また，$\psi(x,t)$ の規格化条件より，
$$\int_{-\infty}^{\infty} \psi^*(x,t) \psi(x,t) \mathrm{d}x = \int |c(a)|^2 \mathrm{d}a = 1 \quad (5.29)$$

となる．また，完全性の条件は，
$$\int \psi_a(x,t) \psi_a^*(x',t) \mathrm{d}a = \delta(x-x') \quad (5.30)$$

となる．

例題5.6 完全系をなす条件

連続スペクトルの固有関数系 $\{\psi_a\}$ が完全系をなすとき，(5.30) 式を満たすことを示せ．

解 (5.27) 式の複素共役をとると，
$$c(a) = \int_{-\infty}^{\infty} \psi_a^*(x,t) \psi(x,t) \mathrm{d}x$$

となるから，この式を展開式 (5.25) へ代入して積分の順序を交換すると，
$$\psi(x,t) = \int_{-\infty}^{\infty} \psi(x',t) \left[\int \psi_a(x,t) \psi_a^*(x',t) \mathrm{d}a \right] \mathrm{d}x'$$

これを (5.23) 式と比較して (5.30) 式を得る． ■

例題5.7 運動量固有関数の規格化と完全性

運動量演算子 $-i\hbar \dfrac{\mathrm{d}}{\mathrm{d}x}$ の固有関数
$$\varphi_p(x) = C_x \exp\left(\frac{i}{\hbar} px \right) \quad (5.31)$$

を規格化し，$\varphi_p(x)$ が完全性条件 (5.30) を満たすことを示せ．C_x は正の実数とする．

解 正規直交条件 (5.26) に固有関数 (5.31) を代入し，デルタ関数の性質 (4.11) を用いると，
$$\delta(p-p') = \int_{-\infty}^{\infty} \varphi_p^*(x) \varphi_{p'}(x) \mathrm{d}x = C_x^2 \int_{-\infty}^{\infty} \exp\left[-\frac{i}{\hbar}(p-p')x \right] \mathrm{d}x$$
$$= 2\pi \hbar C_x^2 \delta(p-p')$$

となる。これより，$C_x = \dfrac{1}{\sqrt{2\pi\hbar}}$ となり，
$$\varphi_p(x) = \frac{1}{\sqrt{2\pi\hbar}} \exp\left(\frac{i}{\hbar} px\right) \tag{5.32}$$
を得る。

(5.32) 式より，
$$\int_{-\infty}^{\infty} \varphi_p(x)\varphi_p{}^*(x')\,\mathrm{d}p = \frac{1}{2\pi\hbar}\int_{-\infty}^{\infty} \exp\left[\frac{i}{\hbar} p(x-x')\right]\mathrm{d}p = \delta(x-x')$$
となり，運動量固有関数は，完全性条件 (5.30) 式を満たすことがわかる。■

5.3 　交換関係と不確定性

演算子の交換関係

　量子力学では，演算子相互の関係が重要な役割を果たす。一般に，演算子の順序を入れ替えると結果は異なる。2つの演算子を $\hat{L}_1, \hat{L}_2$ として，
$$[\hat{L}_1, \hat{L}_2] \equiv \hat{L}_1\hat{L}_2 - \hat{L}_2\hat{L}_1$$
を**交換子**という。交換子がどのような演算子で与えられるかを示す関係式を**交換関係**という。$[\hat{L}_1, \hat{L}_2] = 0$ のとき，$\hat{L}_1, \hat{L}_2$ の積の順序を入れ替えても同じ結果を与える。このとき，$\hat{L}_1$ と $\hat{L}_2$ は**可換**であるという。$[\hat{L}_1, \hat{L}_2] \neq 0$ のとき，$\hat{L}_1$ と $\hat{L}_2$ は**非可換**であるという。

例題5.8　位置と運動量の交換関係

　任意関数 $\psi(x, t)$ を用いて，位置演算子 $\hat{x} = x$ と運動量演算子 $\hat{p} = -i\hbar\dfrac{\partial}{\partial x}$ の交換関係を求めよ。

解
$$\begin{aligned}
[\hat{x}, \hat{p}]\psi(x, t) &= \hat{x}\hat{p}\psi(x, t) - \hat{p}\hat{x}\psi(x, t) \\
&= x\left(-i\hbar\frac{\partial \psi(x, t)}{\partial x}\right) - \left\{-i\hbar\frac{\partial}{\partial x}(x\psi(x, t))\right\} \\
&= -i\hbar x\frac{\partial \psi(x, t)}{\partial x} + i\hbar\left\{\psi(x, t) + x\frac{\partial \psi(x, t)}{\partial x}\right\} \\
&= i\hbar\psi(x, t)
\end{aligned}$$

これより，交換関係

$$[\hat{x}, \hat{p}] = i\hbar \tag{5.33}$$

を得る。　∎

不確定性関係

ここで，不確定性関係を，交換関係を通して一般的に調べてみよう。

物理量 A, B に対応する 2 つのエルミート演算子 $\hat{A}$ と $\hat{B}$ の間に，

$$[\hat{A}, \hat{B}] \equiv \hat{A}\hat{B} - \hat{B}\hat{A} = i\hat{C} \tag{5.34}$$

の関係が成り立つとする。このとき，$\hat{C}$ はエルミート演算子となる（証明は章末問題 5.3）。

演算子 $\hat{A}, \hat{B}, \hat{C}$ の波動関数 $\psi(x, t)$ に関する期待値を，

$$\langle A \rangle = \int_{-\infty}^{\infty} \psi^*(x, t) \hat{A} \psi(x, t) \, \mathrm{d}x, \quad \langle B \rangle = \int_{-\infty}^{\infty} \psi^*(x, t) \hat{B} \psi(x, t) \, \mathrm{d}x$$

$$\langle C \rangle = \int_{-\infty}^{\infty} \psi^*(x, t) \hat{C} \psi(x, t) \, \mathrm{d}x$$

とし，偏差の演算子を，

$$\Delta \hat{A} = \hat{A} - \langle A \rangle, \quad \Delta \hat{B} = \hat{B} - \langle B \rangle$$

分散を，

$$\langle (\Delta A)^2 \rangle = \int_{-\infty}^{\infty} \psi^*(x, t) (\Delta \hat{A})^2 \psi(x, t) \, \mathrm{d}x$$

$$\langle (\Delta B)^2 \rangle = \int_{-\infty}^{\infty} \psi^*(x, t) (\Delta \hat{B})^2 \psi(x, t) \, \mathrm{d}x$$

とする。このとき，不確定性関係

$$\langle (\Delta A)^2 \rangle \langle (\Delta B)^2 \rangle \geq \frac{1}{4} \langle C \rangle^2 \tag{5.35}$$

が成立する（導出は例題 5.9 参照）。この式から，4.2 節で述べた位置と運動量の間の不確定性関係，また，後に説明する角運動量の間に成り立つ不確定性関係を得ることができる。

2 つのエルミート演算子 $\hat{A}$ と $\hat{B}$ が可換の場合，すなわち，$\hat{C} = 0$ の場合，$\langle C \rangle = 0$ となる。このとき，(5.35) 式より，物理量 A と B の間に不確定性関係は成り立たず，2 つの物理量 A と B の正確な値を，同時に測定することができる。

例題5.9　不確定性関係の導出

例題 4.4 で行った方法にならって，(5.35) 式を導け。

解　任意の実数 λ に関する関数

$$I(\lambda) = \int_{-\infty}^{\infty} |(\lambda \Delta \hat{A} - i \Delta \hat{B})\psi(x,t)|^2 \mathrm{d}x \geq 0$$

を考える。

$$I(\lambda) = \int_{-\infty}^{\infty} \{(\lambda \Delta \hat{A} - i \Delta \hat{B})\psi\}^* \{(\lambda \Delta \hat{A} - i \Delta \hat{B})\psi\} \mathrm{d}x$$

$\Delta \hat{A}, \Delta \hat{B}$ がエルミート演算子であることから，

$$I(\lambda) = \lambda^2 \int_{-\infty}^{\infty} \psi^* (\Delta \hat{A})^2 \psi \mathrm{d}x$$

$$- i\lambda \int_{-\infty}^{\infty} \psi^* (\Delta \hat{A} \Delta \hat{B} - \Delta \hat{B} \Delta \hat{A}) \psi \mathrm{d}x + \int_{-\infty}^{\infty} \psi^* (\Delta \hat{B})^2 \psi \mathrm{d}x$$

となる。ここで，

$$[\Delta \hat{A}, \Delta \hat{B}] = \Delta \hat{A} \Delta \hat{B} - \Delta \hat{B} \Delta \hat{A} = \hat{A}\hat{B} - \hat{B}\hat{A} = [\hat{A}, \hat{B}]$$

となるから，(5.34) 式より，

$$I(\lambda) = \langle (\Delta A)^2 \rangle \lambda^2 + \langle C \rangle \lambda + \langle (\Delta B)^2 \rangle$$

となり，これが任意の λ に対して 0 以上となる条件は，判別式が負となることである。

$$\langle C \rangle^2 - 4 \langle (\Delta A)^2 \rangle \langle (\Delta B)^2 \rangle \leq 0$$

これより，(5.35) 式を得る。　■

エネルギーと時間の間の不確定性関係

(3.12) 式のように，エネルギー演算子は $\hat{E} = i\hbar \dfrac{\partial}{\partial t}$ で表されるから，$\hat{E}$ と時間演算子 $\hat{t} = t$ の間には，位置演算子 $\hat{x} = x$ と運動量演算子 $\hat{p}$ について成り立つ交換関係 (5.33) と同様な関係

$$[\hat{E}, \hat{t}] = i\hbar \tag{5.36}$$

が成り立つ。したがって (5.35) 式より，エネルギーと時間の間に不確定性関係

$$\Delta E \cdot \Delta t \geq \frac{\hbar}{2} \tag{5.37}$$

が成り立つ。ここで，位置 x，運動量 p，エネルギー E は粒子の具体的な

物理量であるが，t は粒子の位置や運動量を観測する時刻であり，粒子の観測量ではない。それでは，(5.37) 式はどのような意味をもつのであろうか。

位置の幅 Δx をもち，運動量に幅 Δp のある粒子が，ある点 x_0 を通過する状況を考える。ド・ブロイの関係 $E = \hbar\omega$ と $p = \hbar k$ より，粒子の速度（群速度）は，$v = v_\mathrm{g} = \dfrac{\partial \omega}{\partial k} = \dfrac{\partial E}{\partial p} \approx \dfrac{\Delta E}{\Delta p}$ と書け，点 x_0 を通過する時間には，$\Delta t \approx \dfrac{\Delta x}{v}$ の不確かさがある。ここで，ΔE は粒子のエネルギーの不確かさである。これより，

$$\Delta E \cdot \Delta t \approx v \Delta p \cdot \Delta t \approx \Delta x \cdot \Delta p \geq \frac{\hbar}{2}$$

を得る。これが不確定性関係 (5.37) である。

この関係は，次のような場合に重要な意味をもつ。

ある状態から他の状態への変化を観測する場合を考える。ある状態を保つ時間（**寿命**と呼ぶ）を Δt とすると，この時間内に観測されるエネルギーには ΔE の不確かさが伴い，ΔE と Δt の間には (5.37) の関係式が成り立つ。

章末問題

5.1 １次元シュレーディンガー方程式

$$\hat{H}\varphi(x) = E\varphi(x) \tag{5.38}$$

において，固有関数 $\varphi(x)$ が，

$$\int_{-\infty}^{\infty} |\varphi(x)|^2 \mathrm{d}x = 1$$

と規格化されているとき，そのエネルギー固有値 E は離散スペクトルとなることを示せ。

5.2 エルミート演算子 $\hat{A}$ の固有値 A が，

$$\hat{A}\varphi_1(x) = A\varphi_1(x), \ \hat{A}\varphi_2(x) = A\varphi_2(x)$$

と２重に縮退していて，$\varphi_1(x)$ と $\varphi_2(x)$ が直交せず，

$$\int_{-\infty}^{\infty} \varphi_1{}^*(x)\varphi_2(x)\,\mathrm{d}x = Q \neq 0$$

であるとする。また，$\varphi_1(x), \varphi_2(x)$ は規格化されており，
$$\int_{-\infty}^{\infty}|\varphi_i(x)|^2 dx = 1 \quad (i=1, 2)$$
であるとする。このとき，$\varphi_2'(x) = a\varphi_1(x) + b\varphi_2(x)$ とおいて，$\varphi_1(x)$ と $\varphi_2'(x)$ に直交性を要求することにより，係数 a, b を Q を用いて定めよ。ただし，b を実数とし，$\varphi_2'(x)$ も規格化されているとする。こうして，2重に縮退している場合，正規直交関数系 $\varphi_1(x), \varphi_2'(x)$ をつくることができる。

同様に，
$$\hat{A}\varphi_1(x) = A\varphi_1(x),\ \hat{A}\varphi_2(x) = A\varphi_2(x),\ \hat{A}\varphi_3(x) = A\varphi_3(x)$$
と3重に縮退している場合，正規直交関数系 $\varphi_1(x), \varphi_2'(x), \varphi_3'(x)$ をつくれ。

5.3 2つのエルミート演算子 $\hat{A}$ と $\hat{B}$ の間に交換関係 (5.34) が成り立つとき，$\hat{C}$ はエルミート演算子であることを示せ。

5.4 ハミルトニアン $\hat{H}$ の固有値 E に対応する固有関数が縮退していないとする。このとき，$\hat{H}$ と $\hat{T}(a)$ が同時固有関数 $\varphi(x)$ をもつことと，$\hat{H}$ と $\hat{T}(a)$ が交換可能であること，すなわち，$[\hat{H}, \hat{T}(a)] = 0$ であることは同値であることを示せ。

第6章

1次元系での粒子の振る舞いとして，本章では，井戸型ポテンシャルによる粒子の束縛状態において，ポテンシャルが無限に深い場合と有限な深さの場合を考える。また，分子の共有結合についても考察する。

1次元系の粒子 I
── 井戸型ポテンシャル

6.1　井戸型ポテンシャル ── 無限に深い場合

　金属内の自由電子は，金属内を自由に飛び回っているが，そのままでは外部に飛び出してこない。これは，金属内での電子のポテンシャルが，図6.1に示すように，外部より低くなっているためであり，電子は金属内に局在している。このように，粒子が空間の一部分に局在し，そこから外へ出ることのできない状態を**束縛状態**という。本節では，両側の壁の高さが無限に高く，粒子がまったく外へ出ることのできない状態を考える。古典力学にしたがえば，粒子と壁の衝突が弾性衝突のとき，粒子は両側の壁の間を等速で往復運動をする。量子力学を用いると，粒子はどのような運動をすることになるのであろうか。

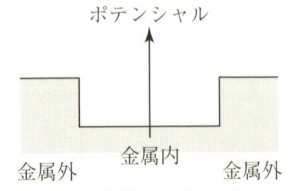

図6.1　金属内電子のポテンシャル

　a を正の定数として，質量 m の粒子のポテンシャルが，

$$V(x) = \begin{cases} \infty & (x < -a) \\ 0 & (-a < x < a) \\ \infty & (a < x) \end{cases} \quad (6.1)$$

で与えられる，1次元の**定常状態**と呼ばれる状態を考えよう。このポテン

シャルを図6.2に示す。定常状態とは，時間的に変化しない状態のことである。したがって，それは3.2節で述べた時間に依存しないシュレーディンガー方程式(3.16)によって表される。その場合，適当な境界条件のもとに恒等的に0ではない波動関数 $\varphi(x)$ が存在し，対応するエネルギー固有値 E は確定値をもつ。

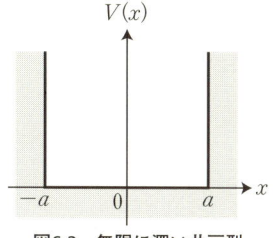

図6.2 無限に深い井戸型ポテンシャル

シュレーディンガー方程式は，$-a \leq x \leq a$ で自由粒子と同じになり，

$$-\frac{\hbar^2}{2m}\frac{d^2}{dx^2}\varphi(x) = E\varphi(x) \tag{6.2}$$

と表される。ただし，壁の高さが無限大なので，壁の中に粒子はまったく入り込まない。したがって，$|x| > a$ で $\varphi(x) = 0$ である。そこで (6.2) 式に $x = \pm a$ での境界条件

$$\varphi(a) = \varphi(-a) = 0 \tag{6.3}$$

を課す。境界条件については，次節6.2および8.1節でも議論する。

まず，ド・ブロイの関係にしたがって，エネルギーを，

$$E = \frac{\hbar^2 k^2}{2m} \quad (k > 0) \tag{6.4}$$

とおくと，(6.2) 式は，

$$\frac{d^2\varphi}{dx^2} = -k^2\varphi \tag{6.5}$$

となる。(6.5) 式は，よく知られた古典力学の調和振動子の運動方程式と同じである。

例題6.1 無限に深い井戸型ポテンシャル

境界条件 (6.3)，規格化条件を用いて (6.5) 式を解き，エネルギー固有値を求めよ。また，波動関数 $\varphi(x)$ のグラフを描け。

解 (6.5) 式の一般解は，A, B を任意定数として，

$$\varphi(x) = A\sin kx + B\cos kx$$

と表される。ここで，境界条件 (6.3) より，

$$A\sin ka + B\cos ka = -A\sin ka + B\cos ka = 0$$

となるから，

となる。

波動関数 $\varphi(x)$ が恒等的に 0 とならないためには，

$$B = 0, \ k = \frac{n\pi}{2a} \quad (n = 2, 4, \cdots), \ \varphi_n(x) = \underline{A \sin\left(\frac{n\pi}{2a}x\right)} \quad (6.6)$$

あるいは，

$$A = 0, \ k = \frac{n\pi}{2a} \quad (n = 1, 3, \cdots), \ \varphi_n(x) = \underline{B \cos\left(\frac{n\pi}{2a}x\right)} \quad (6.7)$$

とならなければならない。ここで，規格化条件 $\int_{-\infty}^{\infty}|\varphi(x)|^2\mathrm{d}x = 1$ を用いると，

$$\int_{-a}^{a}\sin^2\left(\frac{n\pi}{2a}x\right)\mathrm{d}x = \int_{-a}^{a}\cos^2\left(\frac{n\pi}{2a}x\right)\mathrm{d}x = a$$

より，

$$A = B = \sqrt{\frac{1}{a}}$$

を得る。

粒子のエネルギーは，

$$E_n = \frac{(n\pi\hbar)^2}{8ma^2} \quad (n = 1, 2, 3, \cdots) \quad (6.8)$$

となる。ここで，波動関数とエネルギーに，自然数 n を添え字として付けた。$\varphi_n(x)$ のグラフは，図 6.3 のようになる。

波動関数と零点エネルギー

まず，例題 6.1 で求めた波動関数のグラフ(図 6.3)を眺めてみよう。

このグラフは，両端を固定された弦の固有振動を表している。したがって，波動関数 $\varphi_n(x)$ は，n 倍振動の定常波を表す式である。

次に，エネルギー固有値を考えてみる。

古典論では，粒子は両側の壁で弾性衝突するので，エネルギーが最低の状態では，粒子は静止し，速度はゼロで粒子のエネルギーもゼロである。このような状態は，古典論では当然のことながら存在する。しかし，量子論では，$n = 0$ とすると，恒等的に $\varphi_0(x) \equiv 0$ となり，粒子が存在しなくなってしまう。したがって，最低エネルギー状態は $n = 1$ で与えられ，

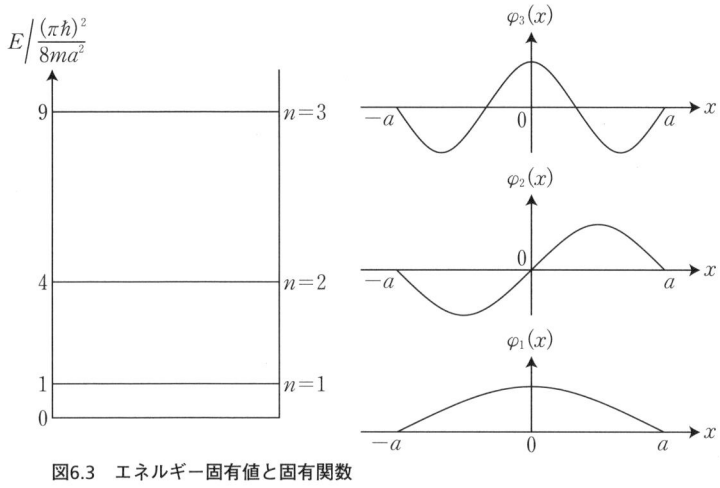

図6.3 エネルギー固有値と固有関数

$$\varphi_1(x) \propto \cos\left(\frac{\pi}{2a}x\right), \ \varphi_2(x) \propto \sin\left(\frac{\pi}{a}x\right), \ \varphi_3(x) \propto \cos\left(\frac{3\pi}{2a}x\right)$$

エネルギー固有値は，

$$E_1 = \frac{\pi^2 \hbar^2}{8ma^2} > 0$$

となる。エネルギー E_1 は**零点エネルギー**と呼ばれ，どんなにエネルギーの低い状態でも，粒子は有限のエネルギーをもって飛び回っていることを示している。そのエネルギーは，a が小さいほど大きい。したがって，粒子をより狭い空間に閉じ込めると，その最低エネルギーはより大きくなる。

最低エネルギーがゼロにならないのは，位置と運動量の間に不確定性関係があるためである。幅 $2a$ の井戸型ポテンシャル内にある粒子には，位置の不確かさ $\Delta x \approx a$ があるため，運動量の不確かさは $\Delta p \geq \frac{\hbar}{2\Delta x} = \frac{\hbar}{2a}$ となる。よって，粒子は，

$$E = \frac{(\Delta p)^2}{2m} \geq \frac{\hbar^2}{8ma^2}$$

程度の運動エネルギーをもつ。

6.2　井戸型ポテンシャル —— 有限な深さの場合

前節では，無限の深さの井戸型ポテンシャル内での定常状態における粒子の振る舞いを考えたが，本節では，有限な深さの井戸型ポテンシャル内での振る舞いを考察する。

V_0 と a を正の一定値として，井戸型ポテンシャル

$$V(x) = \begin{cases} V_0 & (x < -a) \\ 0 & (-a < x < a) \\ V_0 & (a < x) \end{cases} \quad (6.9)$$

を考える（図6.4）。質量 m の粒子のエネルギー E は，$0 < E < V_0$ とする。このとき，各領域でのシュレーディンガー方程式は，

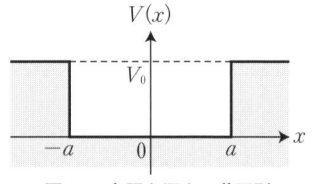

図6.4　有限な深さの井戸型ポテンシャル

$$\left(-\frac{\hbar^2}{2m}\frac{\mathrm{d}^2}{\mathrm{d}x^2} + V_0\right)\varphi(x) = E\varphi(x) \quad (|x| > a) \quad (6.10)$$

$$-\frac{\hbar^2}{2m}\frac{\mathrm{d}^2}{\mathrm{d}x^2}\varphi(x) = E\varphi(x) \quad (|x| < a) \quad (6.11)$$

となる。

前節で行ったのと同様に，(6.11) 式の一般解は，$E = \dfrac{\hbar^2 k^2}{2m}$ $(k > 0)$ とおいて，

$$\varphi(x) = A\sin kx + B\cos kx \quad (6.12)$$

となる。ここで，A, B は任意定数である。一方，$V_0 - E = \dfrac{\hbar^2 b^2}{2m}$ $(b > 0)$ とおくと，(6.10) 式は，

$$\frac{\mathrm{d}^2 \varphi}{\mathrm{d}x^2} = b^2 \varphi \quad (6.13)$$

となる。$x \to \pm\infty$ で $\varphi(x)$ が発散しない条件より，(6.13) 式の解は，C, D を任意定数として，

$$\varphi(x) = Ce^{-bx} \quad (a < x) \quad (6.14)$$

$$\varphi(x) = De^{bx} \quad (x < -a) \quad (6.15)$$

と書ける。

境界条件のおき方

ポテンシャルに有限な飛びがある場合，波動関数は境界において連続で

滑らかであるとすればよい．すなわち，境界 $x = a$ で，
$$\varphi(x)|_{x \to a-0} = \varphi(x)|_{x \to a+0}, \quad \frac{\mathrm{d}\varphi(x)}{\mathrm{d}x}\bigg|_{x \to a-0} = \frac{\mathrm{d}\varphi(x)}{\mathrm{d}x}\bigg|_{x \to a+0} \quad (6.16)$$
とおけばよい（章末問題 6.1 参照）．ここで，$x \to a-0$ は，x を小さい方から a に近づける極限を表し，$x \to a+0$ は，x を大きい方から a に近づける極限を表す．

ポテンシャルに無限大の飛びがある場合，波動関数は滑らかにはならない．すなわち，波動関数の 1 階微分は不連続となるため，境界条件としては，波動関数の連続性のみを考えればよい．

例題6.2　波動関数の性質

1 次元シュレーディンガー方程式
$$\left(-\frac{\hbar^2}{2m}\frac{\mathrm{d}^2}{\mathrm{d}x^2} + V(x)\right)\varphi(x) = E\varphi(x) \quad (6.17)$$
は，次の性質をもつことを示せ．

(1) エネルギー準位は縮退していない．したがって，1 つのエネルギー固有値 E に属する波動関数はただ 1 つである．ただし，2 つの波動関数 $\varphi(x)$ と $\varphi'(x)$ が異なるとは，c を適当な定数として，$\varphi'(x) \neq c\varphi(x)$ となることである．

(2) ポテンシャルが偶関数であるとき，波動関数は偶関数あるいは奇関数である．

解

(1) エネルギー準位 E が縮退し，同じエネルギー固有値 E に属する 2 つの波動関数 $\varphi_1(x), \varphi_2(x)$ が存在すると仮定すると，
$$-\frac{\hbar^2}{2m}\frac{\mathrm{d}^2\varphi_1(x)}{\mathrm{d}x^2} = (E - V(x))\varphi_1(x)$$
$$-\frac{\hbar^2}{2m}\frac{\mathrm{d}^2\varphi_2(x)}{\mathrm{d}x^2} = (E - V(x))\varphi_2(x)$$
となるから，辺々割り算して，
$$\frac{1}{\varphi_1(x)}\frac{\mathrm{d}^2\varphi_1(x)}{\mathrm{d}x^2} = \frac{1}{\varphi_2(x)}\frac{\mathrm{d}^2\varphi_2(x)}{\mathrm{d}x^2}$$
$$0 = \varphi_1(x)\frac{\mathrm{d}^2\varphi_2(x)}{\mathrm{d}x^2} - \varphi_2(x)\frac{\mathrm{d}^2\varphi_1(x)}{\mathrm{d}x^2}$$

$$= \frac{\mathrm{d}}{\mathrm{d}x}\left[\varphi_1(x)\frac{\mathrm{d}\varphi_2(x)}{\mathrm{d}x} - \varphi_2(x)\frac{\mathrm{d}\varphi_1(x)}{\mathrm{d}x}\right]$$

$$\Rightarrow \quad \varphi_1(x)\frac{\mathrm{d}\varphi_2(x)}{\mathrm{d}x} - \varphi_2(x)\frac{\mathrm{d}\varphi_1(x)}{\mathrm{d}x} = C \quad \text{(定数)}$$

となる。ここで，波束を考える限り，無限遠での境界条件 (3.24) が成り立つ。そうすると，$C = 0$ でなければならない。これより，

$$\frac{1}{\varphi_1(x)}\frac{\mathrm{d}\varphi_1(x)}{\mathrm{d}x} = \frac{1}{\varphi_2(x)}\frac{\mathrm{d}\varphi_2(x)}{\mathrm{d}x}$$

となり，両辺を積分すると，

$$\ln\varphi_1(x) = \ln\varphi_2(x) + C_1 \quad \therefore \quad \varphi_1(x) = C_2\varphi_2(x)$$

となる（C_1, C_2 は定数）。こうして，波動関数 $\varphi_1(x)$ は $\varphi_2(x)$ の定数倍であり，規格化すれば，同じ波動関数であることがわかる。よって，エネルギー準位は縮退していない。

(2) (6.17) 式で $x \to -x$ とすると，

$$\left(-\frac{\hbar^2}{2m}\frac{\mathrm{d}^2}{\mathrm{d}x^2} + V(-x)\right)\varphi(-x) = E\varphi(-x)$$

となる。今，ポテンシャルが偶関数であるから，$V(-x) = V(x)$ であり，

$$\left(-\frac{\hbar^2}{2m}\frac{\mathrm{d}^2}{\mathrm{d}x^2} + V(x)\right)\varphi(-x) = E\varphi(-x) \quad (6.18)$$

となる。ここで，エネルギー準位は縮退しないことから，(6.17), (6.18) 式より，c を定数として，

$$\varphi(-x) = c\varphi(x)$$

と書ける。さらにこの式で $x \to -x$ とおくと，

$$\varphi(x) = c\varphi(-x) = c[c\varphi(x)] = c^2\varphi(x)$$

となるから，$c = \pm 1$ となる。したがって，

$$\varphi(-x) = \pm\,\varphi(x)$$

となり，$\varphi(x)$ は偶関数あるいは奇関数であることがわかる。　■

波動関数の空間反転 ($x \to -x$) に対する変換性を**パリティ**という。波動関数が偶関数のとき，**正のパリティ**をもつといい，波動関数が奇関数のとき，**負のパリティ**をもつという。

正のパリティをもつ波動関数

(6.12), (6.14), (6.15) 式より, 正のパリティをもつ波動関数は,

$$\varphi(x) = \begin{cases} Ce^{-b|x|} & (|x| > a) \\ B\cos kx & (|x| < a) \end{cases}$$

と書ける。ここで, $x = a$ での境界条件 (6.16) を用いると, $\varphi(x)$ の連続条件に対して,

$$Ce^{-ba} = B\cos ka \tag{6.19}$$

$\varphi(x)$ が滑らか $\left(\dfrac{\mathrm{d}\varphi}{\mathrm{d}x} \text{が連続}\right)$ な条件に対して,

$$Cbe^{-ba} = Bk\sin ka \tag{6.20}$$

となるから, (6.19) 式と (6.20) 式を辺々わり算して, $\xi = ka$, $\eta = ba$ とおくと,

$$\eta = \xi \tan \xi \tag{6.21}$$

を得る。一方, $E = \dfrac{\hbar^2 k^2}{2m}$ と $V_0 - E = \dfrac{\hbar^2 b^2}{2m}$ より,

$$\xi^2 + \eta^2 = \frac{2mV_0 a^2}{\hbar^2} \tag{6.22}$$

が成り立つ。解析的計算はここまでである。しかし, 解の定性的性質は以下のように理解できる。

(6.21) 式と (6.22) 式のグラフは図 6.5 のように描かれ, グラフの交点が正のパリティをもつ波動関数の解を与える。これより, 正のパリティをもつ波動関数の数, すなわち可能な状態数は,

$\dfrac{a}{\hbar}\sqrt{2mV_0} < \pi \quad \Leftrightarrow \quad V_0 a^2 < \dfrac{h^2}{8m}$ のとき 1 個

$\pi \leq \dfrac{a}{\hbar}\sqrt{2mV_0} < 2\pi \quad \Leftrightarrow \quad \dfrac{h^2}{8m} \leq V_0 a^2 < \dfrac{h^2}{2m}$ のとき 2 個, $\cdots$,

$(n-1)\pi \leq \dfrac{a}{\hbar}\sqrt{2mV_0} < n\pi$

$\quad \Leftrightarrow \quad \dfrac{(n-1)^2 h^2}{8m} \leq V_0 a^2 < \dfrac{n^2 h^2}{8m}$ のとき n 個, $\cdots$,

とわかる。

第 6 章　1次元系の粒子 I

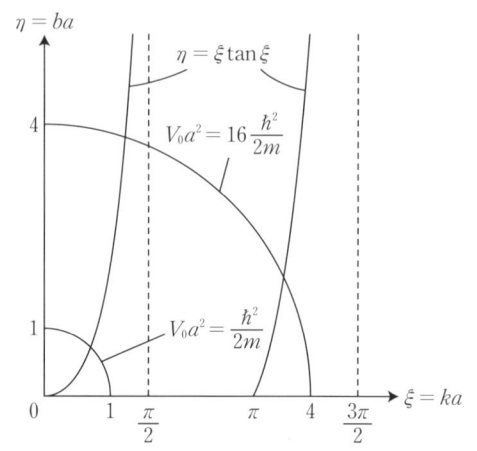

図6.5　正のパリティをもつ固有関数の解

例題6.3　負のパリティをもつ波動関数

1次元シュレーディンガー方程式 (6.17) を満たす，負のパリティをもつ波動関数の数を求めよ．

解　(6.12), (6.14), (6.15) 式より，負のパリティをもつ波動関数は，

$$\varphi(x) = \begin{cases} Ce^{-bx} & (a < x) \\ A\sin kx & (-a < x < a) \\ -Ce^{bx} & (x < -a) \end{cases} \quad (6.23)$$

と書くことができる．$x = a$ での境界条件より，2つの条件式

$$Ce^{-ba} = A\sin ka, \quad -Cbe^{-ba} = Ak\cos ka$$

を得る．これら2式を辺々割り算して，$\xi = ka$，$\eta = ba$ とおくと，

$$\eta = -\xi \cot \xi \quad (6.24)$$

を得る．(6.22), (6.24) 式のグラフは図6.6のようになり，グラフの交点の数より，

$$\frac{a}{\hbar}\sqrt{2mV_0} < \frac{\pi}{2} \quad \Leftrightarrow \quad V_0 a^2 < \frac{\hbar^2}{32m} \text{ のとき，}\underline{0}\text{ 個}$$

$$\frac{\pi}{2} \leq \frac{a}{\hbar}\sqrt{2mV_0} < \frac{3}{2}\pi \quad \Leftrightarrow \quad \frac{\hbar^2}{32m} \leq V_0 a^2 < \frac{9\hbar^2}{32m} \text{ のとき，}\underline{1}\text{ 個，…,}$$

$$\left(n - \frac{1}{2}\right)\pi \leq \frac{a}{\hbar}\sqrt{2mV_0} < \left(n + \frac{1}{2}\right)\pi$$

$$\Leftrightarrow \frac{\left(n-\frac{1}{2}\right)^2 h^2}{8m} \leq V_0 a^2 < \frac{\left(n+\frac{1}{2}\right)^2 h^2}{8m} \text{ のとき, } \underline{n} \text{ 個, } \cdots$$

となる。

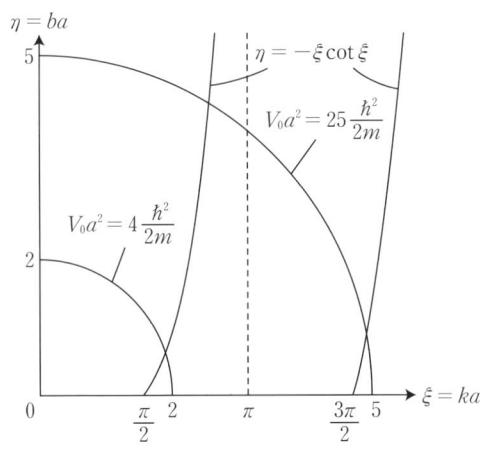

図6.6 負のパリティをもつ固有関数の解

エネルギー固有値と束縛状態

有限な深さの井戸型ポテンシャルでは，ポテンシャルの深さ V_0 とポテンシャルの幅 $2a$ がどんなに小さくても，必ず1個の正のパリティをもつ固有状態が存在する。$V_0 a^2$ の値が大きくなるにつれ，次のように固有状態の数は増加する。

$V_0 a^2 < \dfrac{h^2}{32m}$ のとき，1つの基底状態 φ_1 のみが存在する。

$\dfrac{h^2}{32m} \leq V_0 a^2 < \dfrac{h^2}{8m}$ のとき，基底状態に加えて，負のパリティをもつ1つの励起状態が存在する。$\dfrac{h^2}{8m} \leq V_0 a^2 < \dfrac{9h^2}{32m}$ のとき，もう1つの正のパリティをもつ第2励起状態が存在する。

6.3　2原子分子モデル

窒素分子 N_2 や酸素分子 O_2 など2原子分子の共有結合を，1次元空間でモデル化して考えてみよう。

図6.7のようなポテンシャル

$$V(x) = \begin{cases} +\infty & \left(x < -\dfrac{l+a}{2}\right) \\ 0 & \left(-\dfrac{l+a}{2} < x < -\dfrac{l-a}{2}\right) \\ V_0 & \left(-\dfrac{l-a}{2} < x < \dfrac{l-a}{2}\right) \\ 0 & \left(\dfrac{l-a}{2} < x < \dfrac{l+a}{2}\right) \\ +\infty & \left(\dfrac{l+a}{2} < x\right) \end{cases} \quad (6.25)$$

中で，質量 m_e の電子の運動を考える。ここで，$0 < a < l, V_0 > 0$ であり，l は2原子間の距離を，a は1原子内での電子の広がりを表している。ただし，電子は2原子の外には決して出ることはできない。(6.25) 式で与えられるポテンシャルは偶関数であるから，例題6.2で確かめたように，波動関数は，偶関数 (パリティ正) あるいは奇関数 (パリティ負) のどちらかである。

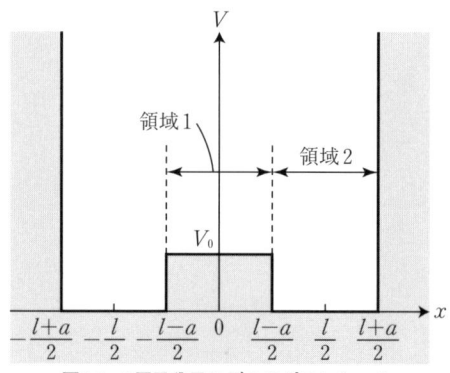

図6.7　2原子分子モデルのポテンシャル

例題6.4 束縛エネルギー

(6.25) 式で与えられるポテンシャル中を運動する電子のエネルギー E を, $0 < E < V_0$ とする。

(1) 領域 1 : $-\dfrac{l-a}{2} < x < \dfrac{l-a}{2}$ で正のパリティをもつ波動関数を $\varphi_{1+}(x)$, 負のパリティをもつ波動関数を $\varphi_{1-}(x)$, 領域 2 : $\dfrac{l-a}{2} < x < \dfrac{l+a}{2}$ の正負のパリティに対応する波動関数を $\varphi_{2\pm}(x)$, 対応するエネルギー固有値を $E_\pm$ とする。$x = \dfrac{l-a}{2}$, $x = \dfrac{l+a}{2}$ における境界条件を, パリティ正の場合とパリティ負の場合に分けて求めよ。

(2) パリティが正の場合と負の場合の, エネルギー固有値 $E_\pm$ を与える方程式をそれぞれ求めよ。

解

(1) 領域 1 と領域 2 におけるシュレーディンガー方程式はそれぞれ,

$$\left(-\frac{\hbar^2}{2m_e}\frac{d^2}{dx^2} + V_0\right)\varphi_{1\pm}(x) = E_\pm \varphi_{1\pm}(x) \tag{6.26}$$

$$-\frac{\hbar^2}{2m_e}\frac{d^2 \varphi_{2\pm}(x)}{dx^2} = E_\pm \varphi_{2\pm}(x) \tag{6.27}$$

である。ここで,

$$b_\pm = \sqrt{\frac{2m_e(V_0 - E_\pm)}{\hbar^2}}$$

$$k_\pm = \sqrt{\frac{2m_e E_\pm}{\hbar^2}}$$

とおくと, (6.26), (6.27) 式の一般解は, $A_\pm, B_\pm, C_\pm, D_\pm$ を任意定数として,

$$\varphi_{1\pm}(x) = A_\pm e^{b_\pm x} + B_\pm e^{-b_\pm x}$$

$$\varphi_{2\pm}(x) = C_\pm \sin k_\pm x + D_\pm \cos k_\pm x$$

と書ける。

パリティ正の場合, $\varphi_{1+}(-x) = \varphi_{1+}(x)$ より, $B_+ = A_+$, パリティ負の場合, $\varphi_{1-}(-x) = -\varphi_{1-}(x)$ より, $B_- = -A_-$ となるから,

$$\varphi_{1+}(x) = A_+(e^{b_+ x} + e^{-b_+ x}) = 2A_+ \cosh b_+ x \tag{6.28}$$

$$\varphi_{1-}(x) = A_-(e^{b_- x} - e^{-b_- x}) = 2A_- \sinh b_- x \tag{6.29}$$

となる。ここで, $\cosh x$ (ハイパボリックコサイン・エックス), $\sinh x$ (ハイパボリックサイン・エックス)は**双曲線関数**であり,

$$\cosh x = \frac{e^x + e^{-x}}{2}, \quad \sinh x = \frac{e^x - e^{-x}}{2}$$

で定義される。

領域 2 の波動関数 $\varphi_{2\pm}(x)$ の，$x = \dfrac{l+a}{2}$ での境界条件は，$\dfrac{l+a}{2} < x$ で $V(x) = +\infty$ であるから，

$$\varphi_{2\pm}\left(\frac{l+a}{2}\right) = 0$$

$$\Leftrightarrow \quad C_\pm \sin\frac{1}{2}k_\pm(l+a) + D_\pm \cos\frac{1}{2}k_\pm(l+a) = 0$$

となり，

$$\varphi_{2\pm}(x) = C_\pm \left[\sin k_\pm x - \tan\frac{1}{2}k_\pm(l+a)\cos k_\pm x\right]$$

$$\therefore \quad \varphi_{2\pm}(x) = C_\pm' \sin k_\pm\left(x - \frac{l+a}{2}\right), \quad C_\pm' = \frac{C}{\cos\dfrac{1}{2}k_\pm(l+a)}$$

(6.30)

を得る。

$x = \dfrac{l-a}{2}$ での境界条件として，(6.28)〜(6.30) 式より，

連続条件：$\varphi_{1\pm}\left(\dfrac{l-a}{2}\right) = \varphi_{2\pm}\left(\dfrac{l-a}{2}\right)$

$\Leftrightarrow$ 正のパリティに対して，

$$2A_+ \cosh b_+ \frac{l-a}{2} + C_+' \sin k_+ a = 0 \tag{6.31}$$

負のパリティに対して，

$$2A_- \sinh b_- \frac{l-a}{2} + C_-' \sin k_- a = 0 \tag{6.32}$$

滑らかの条件：$\left.\dfrac{\mathrm{d}\varphi_{1\pm}(x)}{\mathrm{d}x}\right|_{x=\frac{l-a}{2}} = \left.\dfrac{\mathrm{d}\varphi_{2\pm}(x)}{\mathrm{d}x}\right|_{x=\frac{l-a}{2}}$

$\Leftrightarrow$ 正のパリティに対して，

$$2A_+ b_+ \sinh b_+ \frac{l-a}{2} - C_+' k_+ \cos k_+ a = 0 \tag{6.33}$$

負のパリティに対して，

$$2A_- b_- \cosh b_- \frac{l-a}{2} - C_-' k_- \cos k_- a = 0 \tag{6.34}$$

を得る.

(2) 正のパリティをもつ波動関数が0 ($A_+ = C_+' = 0$) とならない条件は，(6.31)，(6.33) 式より，

$$\begin{vmatrix} 2\cosh b_+ \dfrac{l-a}{2} & \sin k_+ a \\ 2b_+ \sinh b_+ \dfrac{l-a}{2} & -k_+ \cos k_+ a \end{vmatrix} = 0$$

これより，エネルギー固有値 E_+ を与える方程式

$$\tan k_+ a = -\frac{k_+}{b_+} \coth b_+ \frac{l-a}{2} \tag{6.35}$$

を得る．同様に，(6.32)，(6.34) 式より，エネルギー固有値 E_- を与える方程式は，

$$\tan k_- a = -\frac{k_-}{b_-} \tanh b_- \frac{l-a}{2} \tag{6.36}$$

となる．ここで，$\coth x$（ハイパボリックコタンジェント・エックス），$\tanh x$（ハイパボリックタンジェント・エックス）はそれぞれ，

$$\coth x = \frac{\cosh x}{\sinh x} = \frac{e^x + e^{-x}}{e^x - e^{-x}}, \quad \tanh x = \frac{\sinh x}{\cosh x} = \frac{e^x - e^{-x}}{e^x + e^{-x}}$$

で与えられる． ∎

2原子分子のエネルギー

例題 6.4 で求めたように，電子のエネルギー固有値を与える方程式 (6.35)，(6.36) を得ることはできるが，基底状態，励起状態のエネルギーをこれから解析的に求めることはできない．前節で求めたように，(6.35)，(6.36) 式のグラフを描いてエネルギー固有値のようすを調べることはできる．ただしここでは，2原子分子のエネルギー準位が，原子間距離と原子間ポテンシャルにどのように依存するか，考えてみよう．

V_0 を一定として，2原子を無限遠に離す ($l \to \infty$)，あるいは原子間距離 l を一定にして，原子間ポテンシャル V_0 を無限に高くすると，$b_\pm (l-a) \to \infty$ となり，

$$\coth b_+ \frac{l-a}{2} \to 1, \quad \tanh b_- \frac{l-a}{2} \to 1$$

となる．このとき，(6.35)，(6.36) 式は同形の式であるから，$k_\pm \to k_0$，

第 6 章　1 次元系の粒子 I

$b_\pm \to b_0$ とおくと,

$$\tan k_0 a = -\frac{k_0}{b_0} \tag{6.37}$$

となる. したがって, パリティの正負にかかわらず, エネルギー固有値は $E_\pm \to E_0$ となる.

例題6.5　**エネルギー準位のずれ**

$b_\pm(l-a)$ は十分大きいが有限である場合を考える. このとき, エネルギー固有値は E_0 から少しずれるはずである. そこで $E_\pm$ を,

$$E_\pm = E_0(1 + \delta_\pm) \quad (\delta_\pm \ll 1) \tag{6.38}$$

とおく.

(1)　$k_0 = \dfrac{\sqrt{2m_e E_0}}{\hbar}$, $b_0 = \dfrac{\sqrt{2m_e(V_0 + E_0)}}{\hbar}$ を用いて,

$k_\pm$, $b_\pm$, $\tan k_\pm a$ の, $\delta_\pm$ の 1 次の項までの展開式を求めよ.

(2)　エネルギー準位のずれの割合 $\delta_\pm$ を, $b_0(l-a)$ の指数関数を用いて表せ.

解

(1)　$k_\pm, b_\pm$ を展開すると,

$$k_\pm = \frac{\sqrt{2m_e E_0(1+\delta_\pm)}}{\hbar} \approx k_0\left(1 + \frac{1}{2}\delta_\pm\right)$$

$$b_\pm = \frac{\sqrt{2m_e(V_0 - E_0(1+\delta_\pm))}}{\hbar} \approx b_0\left(1 - \frac{1}{2}\frac{E_0}{V_0 - E_0}\delta_\pm\right)$$

となる.

次に, $\tan k_\pm a$ の展開をする. 関数 $f(x)$ の Δx の 1 次の項までの展開

$$f(x + \Delta x) \approx f(x) + f'(x)\Delta x$$

を用いると,

$$\tan k_\pm a = \tan\left[k_0 a\left(1 + \frac{1}{2}\delta_\pm\right)\right]$$

$$\approx \tan k_0 a + \frac{k_0 a}{2\cos^2 k_0 a}\delta_\pm$$

$$= \tan k_0 a + \frac{k_0 a}{2}(1 + \tan^2 k_0 a)\delta_\pm$$

$$= -\frac{k_0}{b_0} + \frac{k_0 a}{2}\left(1 + \frac{k_0^2}{b_0^2}\right)\delta_\pm$$

$$= -\frac{k_0}{b_0} + \frac{k_0 a}{2}\frac{V_0}{V_0 - E_0}\delta_\pm$$

となる。

(2) まず，(1)の結果を用いると，次のようになる。

$$-\frac{k_\pm}{b_\pm} \approx -\frac{k_0}{b_0}\left(1 + \frac{1}{2}\delta_\pm\right)\left(1 - \frac{1}{2}\frac{E_0}{V_0 - E_0}\delta_\pm\right)^{-1}$$

$$\approx -\frac{k_0}{b_0}\left(1 + \frac{1}{2}\frac{V_0}{V_0 - E_0}\delta_\pm\right)$$

次に，$x \gg 1$ のとき $\coth x = \dfrac{1 + e^{-2x}}{1 - e^{-2x}} \approx 1 + 2e^{-2x}$, $\tanh x \approx 1 - 2e^{-2x}$ となることを用いて，$\coth b_+ \dfrac{l-a}{2}$ と $\tanh b_- \dfrac{l-a}{2}$ を指数関数 $e^{-b_0(l-a)}$ により，

$$\coth b_+ \frac{l-a}{2} \approx 1 + 2e^{-b_+(l-a)} \approx 1 + 2e^{-b_0(l-a)}$$

$$\tanh b_- \frac{l-a}{2} \approx 1 - 2e^{-b_0(l-a)}$$

と展開する。これらの結果を用いると，(6.35)，(6.36) 式は，

$$-\frac{k_0}{b_0} + \frac{k_0 a}{2}\frac{V_0}{V_0 - E_0}\delta_\pm$$

$$= -\frac{k_0}{b_0}\left(1 + \frac{1}{2}\frac{V_0}{V_0 - E_0}\delta_\pm\right)(1 \pm 2e^{-b_0(l-a)})$$

と書けることから，$e^{-b_0(l-a)} \ll 1$ に注意して，

$$\delta_\pm \approx \mp 4\frac{V_0 - E_0}{V_0(1 + b_0 a)}e^{-b_0(l-a)} \tag{6.39}$$

を得る。　　　　　　　　　　　　　　　　　　　　　　　■

原子間にはたらく力

例題 6.5 で得た (6.39) 式は，どのような物理的な意味をもっているのであろうか。$b_0(l-a)$ が無限大のとき，パリティ正と負の波動関数は同じエネルギー固有値をもち縮退しているが，$b_0(l-a)$ が有限の大きさになると，縮退はとれて，パリティ正のエネルギー固有値 E_+ は減少し，パリティ負のエネルギー固有値 E_- は増加する。原子間ポテンシャル V_0 を

一定とすると，$b_0(l-a)$ の減少は，2 原子が近づくことを意味する。したがって，**2 つの原子が近づくと**，パリティ正の基底状態のエネルギーは減少し，**原子間に引力が作用する**。ただし，2 原子が近づき過ぎると，原子間にはたらく力のために斥力がはたらく。

章末問題

6.1 有界なポテンシャル $V(x)$ に $x = x_0$ で有限の飛びがあるとき，波動関数 $\varphi(x)$ とその 1 階微分 $\dfrac{d\varphi(x)}{dx}$ は，ともに，$x = x_0$ で連続である。すなわち，$\varphi(x)$ は滑らかである。ポテンシャルに無限大の飛びがあると，1 階微分 $\dfrac{d\varphi(x)}{dx}$ は不連続である。このことを示せ。

6.2 図 6.8 の非対称な 1 次元ポテンシャル

$$V(x) = \begin{cases} +\infty & (x < 0) \\ 0 & (0 < x < a) \\ V_0 & (a < x) \end{cases}$$

$$(V_0 > 0)$$

を考える。V_0 の値によっては，このポテンシャル内に 1 つも束縛状態が存在しない場合がある。その条件を求めよ。

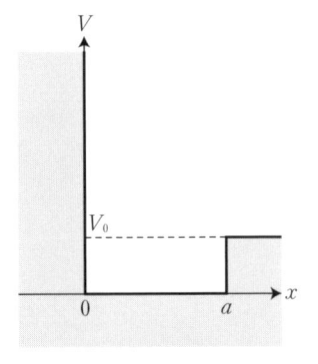

図6.8 非対称な1次元ポテンシャル

6.3 図 6.9 で与えられる 1 次元ポテンシャル（2 原子分子の有限ポテンシャルモデル）

$$V(x) = \begin{cases} V_0 & \left(x < -\dfrac{l+a}{2}\right) \\ 0 & \left(-\dfrac{l+a}{2} < x < -\dfrac{l-a}{2}\right) \\ V_0 & \left(-\dfrac{l-a}{2} < x < \dfrac{l-a}{2}\right) \\ 0 & \left(\dfrac{l-a}{2} < x < \dfrac{l+a}{2}\right) \\ V_0 & \left(\dfrac{l+a}{2} < x\right) \end{cases}$$

のもとでの電子の運動を考える。ここで，電子のエネルギー E は，$0 < E < V_0$ を満たすとする。波動関数のパリティが正あるいは負のとき，$x = \dfrac{l+a}{2}$ での境界条件を書き下せ。

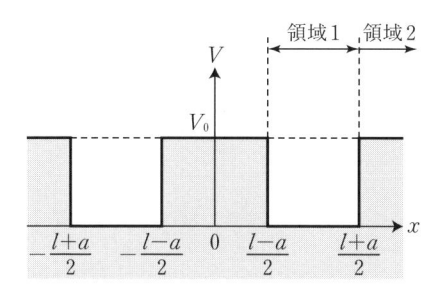

図6.9　2原子分子の有限ポテンシャルモデル

第7章

本章では，1次元系でのポテンシャルによる粒子の反射と透過について考える．まず，正の箱型ポテンシャルの場合を考え，粒子のエネルギーがポテンシャルより低くても，透過確率が正の値をもつことを示す．

1次元系の粒子 II
── 反射と透過

7.1 箱型ポテンシャルによる反射と透過

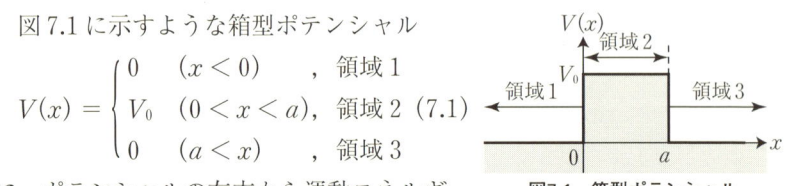

図7.1に示すような箱型ポテンシャル

$$V(x) = \begin{cases} 0 & (x < 0), \text{領域 1} \\ V_0 & (0 < x < a), \text{領域 2} \\ 0 & (a < x), \text{領域 3} \end{cases} \quad (7.1)$$

図7.1 箱型ポテンシャル

に，ポテンシャルの左方から運動エネルギー E の粒子が x 軸正方向へ進んでくる場合を考える．ただし，$V_0 > 0$ とする．

(i) $0 < E < V_0$ の場合

古典論では，粒子はポテンシャルではね返され，ポテンシャルを越えて右方へ進むことはない．しかし，量子論では，粒子はある程度ポテンシャル内に進入し，$x = a$ まで達すると，さらに運動エネルギー E をもって，x 軸正方向へ進行する．このように，量子論では，粒子がトンネルを掘ってポテンシャル内を進むように見えるので，**トンネル効果**という．

(7.1) 式で与えられるポテンシャルの場合，このようなトンネル効果を具体的に計算してみよう．

シュレーディンガー方程式

$$-\frac{\hbar^2}{2m}\frac{d^2}{dx^2}\varphi(x) = E\varphi(x) \quad (x<0,\ a<x)$$

$$\left(-\frac{\hbar^2}{2m}\frac{d^2}{dx^2}+V_0\right)\varphi(x) = E\varphi(x) \quad (0<x<a)$$

は，$E=\dfrac{\hbar^2 k^2}{2m}$ $(k>0)$, $V_0-E=\dfrac{\hbar^2 b^2}{2m}$ $(b>0)$ とおくと，

$$\frac{d^2\varphi}{dx^2} = -k^2\varphi \quad (x<0,\ a<x) \tag{7.2}$$

$$\frac{d^2\varphi}{dx^2} = b^2\varphi \quad (0<x<a) \tag{7.3}$$

と書ける。

領域1 $(x<0)$ では，右向きに進む入射波（平面波）e^{ikx} と，ポテンシャルで反射して，左向きに進む反射波（平面波）e^{-ikx} が存在するので[1]，(7.2) 式の一般解として波動関数は，

$$\varphi_1(x) = Ae^{ikx} + Be^{-ikx} \tag{7.4}$$

と表すことができる。領域3 $(a<x)$ では，ポテンシャルを通過した右向きに進む透過波（平面波）のみが存在するので，波動関数は，

$$\varphi_3(x) = Ce^{ikx} \tag{7.5}$$

と書ける。領域2 $(0<x<a)$ では，波動関数は (7.3) 式の一般解として，

$$\varphi_2(x) = De^{bx} + Fe^{-bx} \tag{7.6}$$

となる。

(7.4)〜(7.6) 式に，境界条件（波動関数とその1階微分の連続性）を用いると，

$$\begin{cases} A+B = D+F & \text{(a)} \quad Ce^{ika} = De^{ba} + Fe^{-ba} \quad \text{(c)} \\ ik(A-B) = b(D-F) & \text{(b)} \quad ikCe^{ika} = b(De^{ba} - Fe^{-ba}) \quad \text{(d)} \end{cases} \tag{7.7}$$

となる。これらより，反射率 R と透過率 T を，次のように計算することができる。粒子の存在確率は振幅の2乗だから，

---

[1] 時間に依存する波動関数には，つねに $\exp\left[-i\dfrac{E}{\hbar}t\right]$ がかけられるので，e^{ikx} は右向きに進む進行波を，e^{-ikx} は左向きに進む進行波を表す。

$$R = \left|\frac{B}{A}\right|^2 = \frac{(k^2+b^2)^2 \sinh^2 ba}{(k^2+b^2)^2 \sinh^2 ba + 4k^2b^2} \tag{7.8a}$$

$$= \left[1 + \frac{4E(V_0-E)}{V_0^2 \sinh^2 ba}\right]^{-1} \tag{7.8b}$$

$$T = \left|\frac{C}{A}\right|^2 = \frac{4k^2b^2}{(k^2+b^2)^2 \sinh^2 ba + 4k^2b^2} \tag{7.9a}$$

$$= \left[1 + \frac{V_0^2 \sinh^2 ba}{4E(V_0-E)}\right]^{-1} \tag{7.9b}$$

(7.9) 式より，透過率 T は，$0 < T < 1$ となり，粒子がポテンシャルを透過する確率が 0 でないことがわかる。

例題7.1　反射率と透過率

(1) 境界条件 (7.7) より，

$$\frac{B}{A} = \frac{(k^2+b^2)(e^{ba}-e^{-ba})}{(k+ib)^2 e^{ba} - (k-ib)^2 e^{-ba}} \tag{7.10}$$

$$\frac{C}{A} = \frac{4ikbe^{-ika}}{(k+ib)^2 e^{ba} - (k-ib)^2 e^{-ba}} \tag{7.11}$$

を導け。

(2) (7.10), (7.11) 式より，反射率 (7.8a, b) と透過率 (7.9a, b) を導け。

解

(1) (7.7)(c), (d) 式より，

$$D = i\frac{(k-ib)e^{i(k+ib)a}}{2b}C$$

$$F = -i\frac{(k+ib)e^{i(k-ib)a}}{2b}C$$

となる。(7.7)(a), (b) 式の比をとり，$\dfrac{1-\dfrac{B}{A}}{1+\dfrac{B}{A}} = -i\dfrac{b}{k}\dfrac{D-F}{D+F} = X$ と

おくと，$\dfrac{B}{A} = \dfrac{1-X}{1+X}$ より，(7.10) 式を得る。

同様に，(7.7)(a) 式より，

$$1 + \frac{B}{A} = \frac{D+F}{A} = i\frac{(k-ib)e^{i(k+ib)a} - (k+ib)e^{i(k-ib)a}}{2b}\frac{C}{A}$$

となり，(7.10) 式を用いて，(7.11) 式を得る。

(2) $R = \left|\dfrac{B}{A}\right|^2 = \left(\dfrac{B}{A}\right)^*\left(\dfrac{B}{A}\right)$

$= \dfrac{(k^2+b^2)\,(e^{ba}-e^{-ba})}{(k-ib)^2 e^{ba}-(k+ib)^2 e^{-ba}} \cdot \dfrac{(k^2+b^2)\,(e^{ba}-e^{-ba})}{(k+ib)^2 e^{ba}-(k-ib)^2 e^{-ba}}$

より，$(e^{ba}-e^{-ba})^2 = 4\sinh^2 ba$，$e^{2ba}+e^{-2ba} = 2 + 4\sinh^2 ba$ を用いて，(7.8a) 式を得る．さらに，分母，分子を $(k^2+b^2)^2 \sinh^2 ba$ でわって，$E = \dfrac{\hbar^2 k^2}{2m}$ と $V_0 - E = \dfrac{\hbar^2 b^2}{2m}$ を用いれば，(7.8b) 式となる．

同様に，

$T = \left|\dfrac{C}{A}\right|^2$

$= -\dfrac{4ikbe^{ika}}{(k-ib)^2 e^{ba}-(k+ib)^2 e^{-ba}} \cdot \dfrac{4ikbe^{-ika}}{(k+ib)^2 e^{ba}-(k-ib)^2 e^{-ba}}$

より，(7.9a) 式を得る．さらに，分母，分子を $4k^2b^2$ でわって，(7.9b) 式を得る．∎

(ii) $V_0 < E$ の場合

古典論では，領域 1 $(x<0)$ から x 軸正方向へ入射した粒子は，ポテンシャルで反射されることなく，必ず，領域 3 $(a<x)$ に達する．ところが量子論では，特別な場合を除いて，粒子がポテンシャルで反射される確率が存在する．このことを確かめてみよう．

$E - V_0 = \dfrac{\hbar^2 k'^2}{2m}$ $(k'>0)$ とおくと，領域 2 $(0<x<a)$ でのシュレーディンガー方程式は，

$$\dfrac{\mathrm{d}^2\varphi}{\mathrm{d}x^2} = -k'^2\varphi$$

となるから，波動関数は b を ik' に置き換えたものに等しくなる．したがって，

$$\sinh ba = \dfrac{e^{ba}-e^{-ba}}{2} \;\Rightarrow\; i\sin k'a = \dfrac{e^{ik'a}-e^{-ik'a}}{2}$$

と置き換えられ，反射率 R と透過率 T はそれぞれ，

$$R = \left[1 + \dfrac{4E(E-V_0)}{V_0^{\,2}\sin^2 k'a}\right]^{-1} \tag{7.12}$$

$$T = \left[1 + \frac{V_0^2 \sin^2 k'a}{4E(E - V_0)} \right]^{-1} \tag{7.13}$$

となる。

(7.12), (7.13) 式を見ると，一般的には，反射率 R は $0 < R < 1$ となり，粒子がポテンシャルで反射される確率が存在する。ところが，$k'a = n\pi$ ($n = 1, 2, \cdots$) のとき，$R = 0$, $T = 1$ となり，ポテンシャルへの入射波はすべて透過することがわかる。これは領域 2 で，間隔 a が半波長の整数倍となり，ポテンシャル上で粒子の定常波ができる場合である。

(7.8b), (7.12) 式より，反射率 R が，粒子のエネルギー E とともにどのように変化するかのグラフを描くと，図 7.2 のようになる。

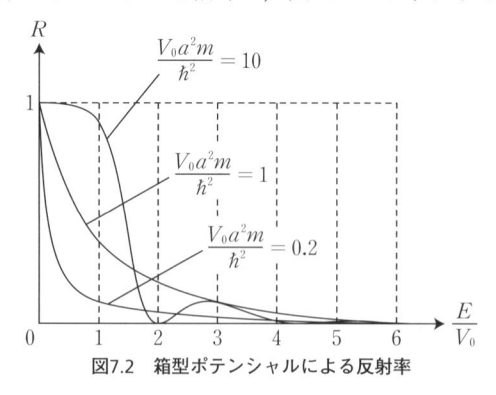

図7.2　箱型ポテンシャルによる反射率

7.2　透過率の近似的表式と一般の山型ポテンシャル

粒子のエネルギー E が，ポテンシャルの高さ V_0 より小さく，

$$ba = \frac{a}{\hbar}\sqrt{2m(V_0 - E)} \gg 1 \tag{7.14}$$

が成り立つ場合，箱型ポテンシャルによる透過率 T は，もう少し簡単に表すことができる。$ba \gg 1$ のとき，$\sinh ba \approx \frac{1}{2}e^{ba}$ となるから，透過率は，(7.9b) 式より，

$$T \approx \frac{16E(V_0 - E)}{V_0^2} \exp\left[-\frac{2a}{\hbar}\sqrt{2m(V_0 - E)} \right] \tag{7.15}$$

となる。

(7.15) 式を見ると，T のオーダーは，指数関数部分で決まることがわ

かる。したがって、粗っぽい近似では、
$$T \approx \exp\left[-\frac{2a}{\hbar}\sqrt{2m(V_0-E)}\right] \tag{7.16}$$
と表されるであろう。

例題7.2　透過率の近似式

$a = 1.0 \times 10^{-9}\,\mathrm{m}(= 1.0\,\mathrm{nm})$, $V_0 = 10\,\mathrm{eV}$ の箱型ポテンシャルに、エネルギー $E = 7\,\mathrm{eV}$ の電子が入射したとき、その透過率を、厳密な式 (7.9b) と近似式 (7.16) を用いて計算し、結果を比較せよ。ただし、電子の質量を $m_\mathrm{e} = 9.11 \times 10^{-31}\,\mathrm{kg}$, プランク定数を $\hbar = 1.05 \times 10^{-34}\,\mathrm{J\cdot s}$, 電子の電荷を $e = 1.60 \times 10^{-19}\,\mathrm{C}$ とする。

解　$ba = \dfrac{a}{\hbar}\sqrt{2m_\mathrm{e}(V_0-E)} = 8.9$ より、
$$T = \left[1 + \frac{V_0^2 \sinh^2 ba}{4E(V_0-E)}\right]^{-1} = \underline{6.25 \times 10^{-8}}$$
一方、$T \approx e^{-2ba} = \underline{1.9 \times 10^{-8}}$

この結果から、$T \approx e^{-2ba}$ は、粗っぽい近似としては妥当であることがわかる。　■

上の結果から、一般の山型ポテンシャルの透過率を表す近似公式を得ることができる。図7.3 のような山型ポテンシャルを、幅 Δx のいくつかの箱型ポテンシャルの連続とみなしてみる。箱型ポテンシャルの透過率は、(7.16)

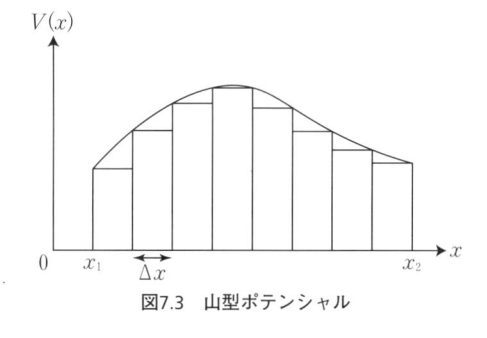

図7.3　山型ポテンシャル

式で与えられると近似する。そうすると、山型ポテンシャルの透過率 T は、各箱型ポテンシャルの透過率の積で与えられるはずだから、

$$T \approx \exp\left[-\frac{2}{\hbar}\sqrt{2m(V(x_1)-E)}\,\Delta x\right]$$
$$\times \exp\left[-\frac{2}{\hbar}\sqrt{2m(V(x_1+\Delta x)-E)}\,\Delta x\right] \times \cdots$$

$$\cdots \times \exp\left[-\frac{2}{\hbar}\sqrt{2m(V(x_1+n\cdot\Delta x)-E)}\,\Delta x\right]\times\cdots$$
$$=\exp\left[-\frac{2}{\hbar}\int_{x_1}^{x_2}\sqrt{2m(V(x)-E)}\,dx\right] \tag{7.17}$$

と表される。(7.17) 式は，**ガモフ因子**と呼ばれている。

ここで，(7.17) 式が使えるための条件をはっきりさせておくことは重要であろう。妥当な結果を与えるのは，各箱型ポテンシャルが (7.14) の条件を満たす場合であり，次のように言い表すことができる。

1. 粒子のエネルギー E が，ポテンシャルの最大値 V_0 より十分小さいこと。
2. 山型ポテンシャルを箱型ポテンシャルの和と近似したとき，その幅 a があまり小さくならないこと，すなわち，ポテンシャルの変化が緩やかであること。

7.3 トンネル効果の応用

トンネル効果の考え方は，原子核物理において重要な役割を果たした。**原子核の α 崩壊**の現象が，トンネル効果により説明されたのである。α 崩壊とは，原子核の内部から α 粒子（${}_2^4$He の原子核）が飛び出す現象である。その際，飛び出す α 粒子のエネルギーにより，原子核の半減期（崩壊により原子核の数が半分になる時間）に大きな違いがある。たとえば，同じ原子番号（原子核内の陽子数）84 の ${}^{210}_{84}$Po と ${}^{212}_{84}$Po から飛び出す α 粒子のエネルギーは，それぞれ $5.3\,\text{MeV}$ と $8.8\,\text{MeV}$（$1\,\text{MeV}=1.6\times10^{-13}\,\text{J}$）と近いが，半減期はそれぞれ約 1.4 日と 3×10^{-7} 秒と大きく異なる。このような α 崩壊を説明するトンネル効果による理論が，1928 年頃，ガモフらによって提出され，成功を収めた。

続いて，トンネル効果は，**エサキダイオード**（トンネル効果によって起こる現象なので，**トンネルダイオード**ともいわれる）や，超伝導における**ジョセフソン効果**などの説明に使われた。さらに，試料表面の原子 1 個ずつの配置を正確にとらえることのできる**走査型トンネル電子顕微鏡**の開発にもつながった。

α 崩壊の理論

α 粒子は，原子核内では核力による強い引力で閉じ込められているが，核外ではクーロン斥力を受ける。そこで，原子核の半径を R，原子核の中心から距離 r の位置にある α 粒子の受けるポテンシャルを，

$$V(r) = \begin{cases} -V_0 & (r < R) \\ \dfrac{1}{4\pi\varepsilon_0}\dfrac{2Ze^2}{r} & (R < r) \end{cases} \quad (7.18)$$

とおいてモデル化しよう（図 7.4）。ここで，V_0 は正の定数であり，Z は，α 粒子の抜けた原子核の原子番号である。すなわち，その原子核は電荷 Ze（e は電気素量）をもっている。また，Z の前の係数 2 は，α 粒子のもつ電荷が $2e$ であるためである。

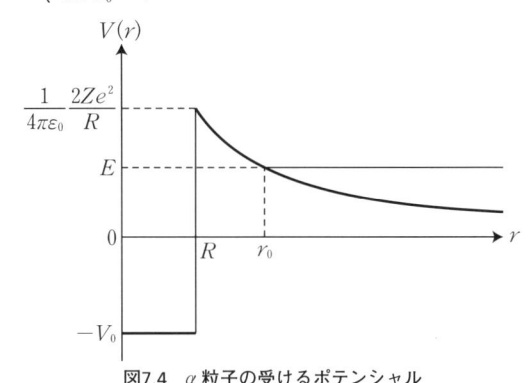

図7.4 α 粒子の受けるポテンシャル

α 粒子のエネルギー（原子核から無限遠に離れたときの運動エネルギー）を $E = \dfrac{1}{2}Mv^2$（M は α 粒子の質量）として，(7.18) 式を (7.17) 式へ用いて（$m \to M$），

$$T = \exp\left[-\frac{2}{\hbar}\int_R^{r_0}\sqrt{2M\left(\frac{1}{2\pi\varepsilon_0}\frac{Ze^2}{r} - E\right)}\,dr\right] = e^{-2G} \quad (7.19)$$

$$G = \frac{1}{\hbar}\int_R^{r_0}\sqrt{2M\left(\frac{1}{2\pi\varepsilon_0}\frac{Ze^2}{r} - E\right)}\,dr \quad (7.20)$$

とおく。ただし，$E = \dfrac{1}{2\pi\varepsilon_0}\dfrac{Ze^2}{r_0}$ である。

例題7.3　ガモフ因子の近似計算

$r = r_0 \sin^2\theta \ \left(0 \leq \theta \leq \dfrac{\pi}{2}\right)$ とおいて，(7.20) 式の積分を計算し，$\dfrac{R}{r_0} \ll 1$ として近似することにより，ガモフ因子 (7.19) を近似計算せよ。

解 求める積分は，$G = \dfrac{\sqrt{2ME}}{\hbar}\int_R^{r_0}\sqrt{\dfrac{r_0}{r} - 1}\,dr$ と書ける。

第7章 1次元系の粒子Ⅱ

$r = r_0 \sin^2 \theta$ より, $r_0 = r_0 \sin^2 \theta_0 \left(\theta_0 = \dfrac{\pi}{2}\right)$, $R = r_0 \sin^2 \theta_R$ とおくと,

$$\int_R^{r_0} \sqrt{\dfrac{r_0}{r} - 1}\, dr = 2r_0 \int_{\theta_R}^{\theta_0} \cos^2 \theta\, d\theta$$

$$= r_0 \left[\theta_0 - \theta_R + \dfrac{1}{2}(\sin 2\theta_0 - \sin 2\theta_R)\right]$$

$$= r_0 \left[\dfrac{\pi}{2} - \sin^{-1}\sqrt{\dfrac{R}{r_0}} - \sqrt{\dfrac{R}{r_0}\left(1 - \dfrac{R}{r_0}\right)}\right]$$

となる。ここで,エネルギー E が十分小さいとき,$\dfrac{R}{r_0} \ll 1$ となるから,

$$G \approx \dfrac{\sqrt{2ME}}{\hbar} r_0 \left(\dfrac{\pi}{2} - 2\sqrt{\dfrac{R}{r_0}}\right)$$

と書ける。こうしてガモフ因子 (7.19) は,

$$T = \exp\left[-\dfrac{\sqrt{2ME}}{\hbar} r_0 \left(\pi - 2\sqrt{\dfrac{R}{r_0}}\right)\right] \tag{7.21}$$

となる。■

原子核内を運動している α 粒子が,単位時間にポテンシャルの壁に衝突する回数を n_0 とすると,α 粒子が単位時間あたりに原子核内から外部へ飛び出す確率,すなわち,崩壊確率は,

$$\lambda = n_0 T = n_0 e^{-2G} \tag{7.22}$$

と表される。

例題7.4 $^{238}_{92}\mathrm{U}$ の α 崩壊

(1) $^{238}_{92}\mathrm{U}$ は,半減期 $T_0 = 4.5 \times 10^9$ 年で α 崩壊する。$^{238}_{92}\mathrm{U}$ が α 崩壊するとき,その崩壊確率 λ を求めよ。

(2) $^{238}_{92}\mathrm{U}$ が α 崩壊するとき飛び出した α 粒子の運動エネルギーは,$E = 4.2\,\mathrm{MeV}$ である。原子核内を運動している α 粒子が,単位時間にポテンシャルの壁に衝突する回数を $n_0 = 5.0 \times 10^{21}$ 回/s として,α 崩壊後の $^{234}_{90}\mathrm{Th}$ の原子核半径 R を求めよ。ただし,α 粒子の質量を $M = 6.7 \times 10^{-27}\,\mathrm{kg}$ とし,$\hbar = 1.05 \times 10^{-34}\,\mathrm{J \cdot s}$, $\varepsilon_0 = 8.9 \times 10^{-12}\,\mathrm{F/m}$, $e = 1.6 \times 10^{-19}\,\mathrm{C}$ とする。

解

(1) 時刻 t におけるある原子核の数を N とすると,崩壊確率 λ を用いて,$\dfrac{dN}{dt} = -\lambda N$ となるから,初期条件「$t = 0$ のとき,$N = N_0$」を用いて

積分すると,
$$N = N_0 e^{-\lambda t}$$
となる。半減期 T_0 は, $\dfrac{N_0}{2} = N_0 e^{-\lambda T_0}$ で与えられるから, $e^{-\lambda T_0} = \dfrac{1}{2}$ より, 1年 $= 365 \times 24 \times 3600 = 3.15 \times 10^7$ s を用いて,
$$\lambda = \frac{\ln 2}{T_0} = \underline{4.9 \times 10^{-18}}$$
を得る。

(2) (7.21)式を(7.22)式へ代入して, 崩壊確率は,
$$\lambda = n_0 \exp\left[-\frac{\sqrt{2ME}}{\hbar} r_0 \left(\pi - 2\sqrt{\frac{R}{r_0}}\right)\right]$$
と書ける。ここで, $\sqrt{2ME} = 9.5 \times 10^{-20}$ kg·m/s, $r_0 = \dfrac{1}{2\pi\varepsilon_0}\dfrac{Ze^2}{E} = 6.1 \times 10^{-14}$ m ($Z = 90$) を用いて,
$$R = \frac{r_0}{4}\left[\pi - \frac{\hbar}{r_0 \sqrt{2ME}} \ln \frac{n_0}{\lambda}\right]^2 = \underline{3.5 \times 10^{-14}\text{ m}}$$
を得る。 ■

走査型トンネル顕微鏡

10分補講

　走査型トンネル顕微鏡は, STM (Scanning Tunneling Microscope) と呼ばれ, レンズを全く使わない新しいタイプの顕微鏡である。図7.5のように, 金属針(探針)の先端を試料表面に数 nm (1 nm $= 1 \times 10^{-9}$ m) まで近づけ, 試料と針の間に1V程度の電圧を加えると, トンネル効果により, 針と試料の間に電流が流れる。このようにして流れるトンネル電流の強さ I は, 針の先端と試料の間の距離 d に対して, $I \propto \exp(-kd)$ (k は適当な定数)のように依存する。そこで試料を平面上に置き, 探針を平面に沿ってゆっくり移動させながら流れる電流の強さを測定すると, 針の先端と試料表面との間の距離に応じて電流の強さが大きく変化する。この電流の変化から試料表面のデコボコを nm のスケールで正確に測定することができる。このような

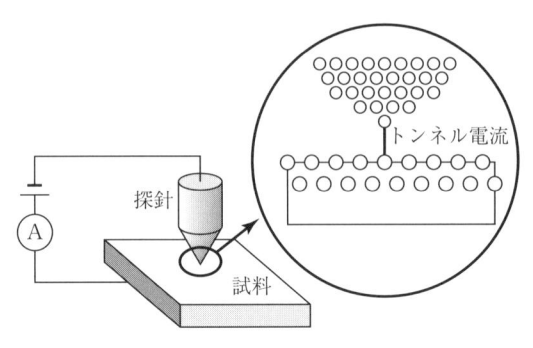

図7.5　走査型トンネル顕微鏡の原理

測定装置が STM である[1]。

現在では，探針と試料表面の距離を 0.01 nm の精度で維持することができ，STM を用いて，結晶表面上に並んだ原子を1つずつはっきり見ることができる（図7.6）。

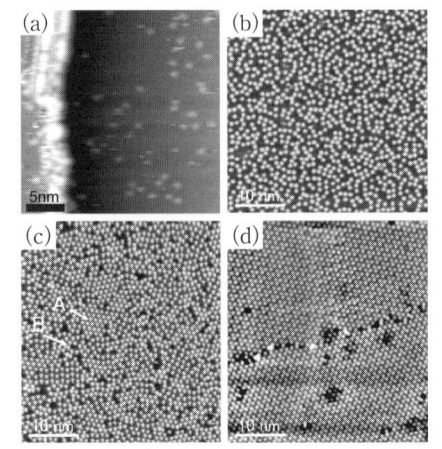

図7.6　シリコン（Si）結晶の表面にセシウム（Cs）原子を吸着させた状態を撮ったもの。(a) から (d) へ Cs 原子の量が増加する。(a) は気体状態，(b) は液体状態，(d) は固体状態で，(c) は中間状態である（長谷川修司著『見えないものをみる』（東京大学出版会）より）。

---

1)　長谷川修司著『見えないものをみる』（東京大学出版会）参照。

章末問題

7.1 粒子の受けるポテンシャル $V(x)$ が，

$$V(x) = \begin{cases} 0 & (x < 0) \\ V_0 & (0 < x,\ V_0 > 0) \end{cases}$$

で与えられる階段型ポテンシャル（図7.7）に，x 軸負方向からエネルギー E の粒子（質量 m）が入射する。このとき，次の2通りの場合について，反射率と透過率を求めよ。また，入射波に対する反射波の位相のずれを議論せよ。ただし，反射率は，反射波と入射波の確率密度の流れ (3.25) の比で，透過率は，透過波と入射波の確率密度の比で定義される。

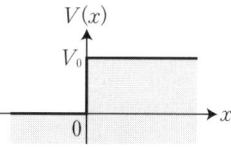

図7.7 階段型ポテンシャル

(1) $V_0 < E$ の場合
(2) $0 < E < V_0$ の場合

7.2 図7.8のように，質量 50 kg の人が，標高 0 m の地点を 10 m/s の速さで走っているとき，高さ 10 m の丘を通り抜けて反対側に達することのできる確率を，ガモフ因子 (7.17) を用いて計算せよ。ただし，位置 x での標高を $h(x) = 10 - x^2$ [m] （$-\sqrt{10} \leq x \leq \sqrt{10}$）とし，重力加速度の大きさを $g = 10$ m/s^2，プランク定数を $\hbar = 1.1 \times 10^{-34}$ J·s とする。

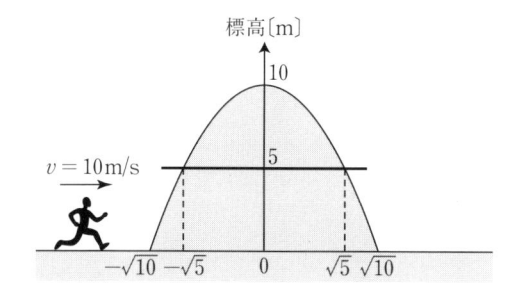

図7.8 人が丘を通り抜ける確率

第8章

本章では,まず,負のデルタ関数ポテンシャルによる粒子の束縛と散乱を考える。次に,1次元周期ポテンシャルを考える。これはクローニッヒ・ペニーモデルと呼ばれ,金属中の電子の状態を考える問題につながる。

1次元系の粒子Ⅲ
―― デルタ関数ポテンシャルと周期ポテンシャル

8.1 デルタ関数型ポテンシャルによる粒子の束縛と散乱

原点に1つの負のデルタ関数型ポテンシャル
$$V(x) = -V_0\delta(x) \quad (V_0 > 0) \tag{8.1}$$
がある場合の,質量 m の粒子の束縛と散乱について考えてみよう。このとき,シュレーディンガー方程式は,
$$\left(-\frac{\hbar^2}{2m}\frac{\mathrm{d}^2}{\mathrm{d}x^2} - V_0\delta(x)\right)\varphi(x) = E\varphi(x) \tag{8.2}$$
である。

波動関数の境界条件

デルタ関数は $x=0$ で無限大の飛びがある。このとき,波動関数にはどのような境界条件が課されるのであろうか。6.1節で見たように,ポテンシャルに無限大の飛びがある場合でも,波動関数の連続性 (6.3) を課すことができたので,$x=0$ で,
$$\text{連続条件:}\varphi(+0) = \varphi(-0) \tag{8.3}$$
を課してよいであろう。ただし,有限の飛びがあるときのもう1つの境界条件「$\dfrac{\mathrm{d}\varphi}{\mathrm{d}x}$ の連続性」(6.16) は,どうであろうか。

もう1つの境界条件を明らかにする一般的方法は，シュレーディンガー方程式を，境界の近傍で積分することである。そこで，(8.2)式の両辺を，$-\varepsilon$ から ε $(\varepsilon > 0)$ まで積分してみる。

$$\int_{-\varepsilon}^{\varepsilon} \left[-\frac{\hbar^2}{2m} \frac{d^2\varphi}{dx^2} - V_0 \delta(x)\varphi(x) \right] dx = E \int_{-\varepsilon}^{\varepsilon} \varphi(x)\, dx$$

ここで，左辺は，$-\dfrac{\hbar^2}{2m}\{\varphi'(\varepsilon) - \varphi'(-\varepsilon)\} - V_0\varphi(0)$ となる。また $\varphi(x)$ は有界であるから，$\varepsilon \to +0$ のとき，右辺は 0 となる。こうして $\varepsilon \to +0$ より，もう1つの境界条件

$$\varphi'(+0) - \varphi'(-0) = -\frac{2mV_0}{\hbar^2}\varphi(0) \tag{8.4}$$

を得る。

束縛状態

$E < 0$ の場合，原点以外でシュレーディンガー方程式は，

$$\frac{d^2}{dx^2}\varphi(x) = \frac{2m|E|}{\hbar^2}\varphi(x)$$

となるから，$b = \dfrac{\sqrt{2m|E|}}{\hbar}$ として，波動関数の一般解は，A, B を任意定数として，

$$\varphi(x) = Ae^{bx} + Be^{-bx}$$

と書ける。ここで，無限遠の境界条件「$x \to \pm\infty$ で $\varphi(x) \to 0$」より，

$$\varphi(x) = \begin{cases} Ae^{-bx} & (x > 0) \\ Ae^{bx} & (x < 0) \end{cases} \tag{8.5}$$

を得る。

波動関数 (8.5) が，連続条件 (8.3) を満たすことは明らかである。(8.5)式を (8.4)式へ代入すると，

$$A(-b - b) = -\frac{2mV_0}{\hbar^2}A \quad \Rightarrow \quad b = \frac{mV_0}{\hbar^2}$$

となる。これより，エネルギー固有値

$$E = -\frac{mV_0^2}{2\hbar^2} \tag{8.6}$$

を得る。この結果は，V_0 の大きさによらず，束縛状態はただ1つである

ことを示している。

例題8.1 デルタ関数ポテンシャルによる反射率と透過率

粒子のエネルギーが $E > 0$ の場合，シュレーディンガー方程式 (8.2) を解くことにより，粒子の反射率と透過率を求めよ。

解 x 軸負方向から入射した粒子が，原点のポテンシャルで一部は反射され，残りが透過するとする。$k = \dfrac{\sqrt{2mE}}{\hbar}$ として，粒子の波動関数は，

$$\varphi(x) = \begin{cases} Ae^{ikx} + Be^{-ikx} & (x < 0) \\ Ce^{ikx} & (0 < x) \end{cases}$$

と表される。ここで，境界条件 (8.3) と (8.4) より，

$$A + B = C, \quad ik(C - A + B) = -\frac{2mV_0}{\hbar^2}C$$

となるから，

$$\frac{B}{A} = -\frac{mV_0}{mV_0 + i\hbar^2 k}, \quad \frac{C}{A} = \frac{i\hbar^2 k}{mV_0 + i\hbar^2 k}$$

となる。

これより，反射率 R と透過率 T は，

$$\begin{aligned} R &= \left|\frac{B}{A}\right|^2 = \frac{(mV_0)^2}{(mV_0)^2 + (\hbar^2 k)^2} \\ T &= \left|\frac{C}{A}\right|^2 = \frac{(\hbar^2 k)^2}{(mV_0)^2 + (\hbar^2 k)^2} \end{aligned} \quad (8.7)$$

となる。■

(8.7) 式より，粒子のエネルギー E を一定にして $V_0 \to \infty$ とすると，$R \to 1$，$T \to 0$ となる。したがって，デルタ関数型ポテンシャルの深さが十分深くなると，粒子はすべて反射する。一方，V_0 を一定にして $E \to \infty$ とすると，$R \to 0$，$T \to 1$ となる。したがって，粒子のエネルギーが十分大きくなると，粒子はすべて透過する。

8.2　1次元周期ポテンシャル
—— クローニッヒ・ペニーモデル

1次元箱型ポテンシャルが周期的に並んでいる場合を考えよう。この問

題は，固体物理学における，金属中の電子状態を考える大変興味深い問題につながり，エネルギーや波動関数に，周期性に由来する特別な性質が現れる。もちろん，金属中の電子の受けるポテンシャルは，このように簡単なものではなく，さまざまな位置の正イオンによるクーロンポテンシャルの重ね合わせとして，複雑なものである。また，金属は通常1次元系ではなく，3次元系である。それにもかかわらず，ここで扱う1次元周期ポテンシャルのモデルは，簡単ではあるが，周期性に由来するいろいろな特徴を示し，金属中の電子状態の考察につながる重要な問題を内包している。

図 8.1 のように，周期 a で幅 d の箱型ポテンシャルが並んだ中の粒子の運動を考える。まず，ポテンシャルの形を箱型に限定せず，周期性に注目し，波動関数の特徴を調べてみることにしよう。

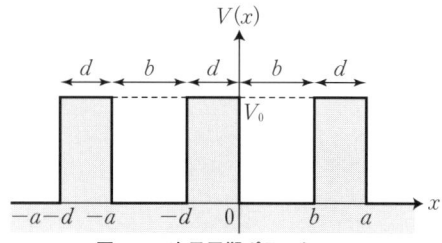

図8.1　1次元周期ポテンシャル

周期ポテンシャルを $V(x)$ として，
$$V(x+a) = V(x) \tag{8.8}$$
が成り立つとする。質量 m の粒子のシュレーディンガー方程式は，
$$\left[-\frac{\hbar^2}{2m}\frac{d^2}{dx^2} + V(x)\right]\varphi(x) = E\varphi(x) \tag{8.9}$$
となる。この方程式を満たす波動関数はどのように書けるのであろうか。

ポテンシャルがない場合，波数 k をもつ自由粒子の波動関数は e^{ikx} である。しかし，ポテンシャルの山があると，粒子は山から離れようとするため，山の近くで波動関数の振幅は小さくなる。そして逆に，ポテンシャルの谷で振幅が大きくなる。その効果を周期関数 $u_k(x)$ で表すことにして，$u_k(x)$ は，
$$u_k(x+a) = u_k(x) \tag{8.10a}$$
を満たすとする。こうして，ポテンシャルが周期的な場合の波動関数を，$u_k(x)$ を振幅として，
$$\varphi_k(x) = e^{ikx}u_k(x) \tag{8.10b}$$
と表す。(8.10a, b) 式で表される波動関数を，**ブロッホ関数**という。ここ

第8章 1次元系の粒子Ⅲ

で (8.10a) 式を用いると，
$$\varphi_k(x+a) = e^{ik(x+a)}u_k(x+a) = e^{ika}e^{ikx}u_k(x)$$
となり，ブロッホ関数の周期性
$$\varphi_k(x+a) = e^{ika}\varphi_k(x) \tag{8.11}$$
が得られる。周期ポテンシャル中の波動関数がブロッホ関数 (8.10a, b) で表されることを，**ブロッホの定理**という。

例題8.2 ブロッホの定理

(1) 平行移動の演算子は，任意関数 $\varphi(x)$ を用いて，
$$\hat{T}(a)\varphi(x) = \varphi(x+a)$$
で定義される。このとき，
$$\hat{T}(a) = \exp\left[i\frac{\hat{p}}{\hbar}a\right] = \exp\left[a\frac{\mathrm{d}}{\mathrm{d}x}\right]$$
と表されることを示せ。

(2) ポテンシャル $V(x)$ を (8.8) 式を満たす周期ポテンシャルとして，系のハミルトニアンを，
$$\hat{H} = \frac{\hat{p}^2}{2m} + V(x) \tag{8.12}$$
とするとき，$\hat{T}(a)$ と $\hat{H}$ は交換可能であること，すなわち，
$$[\hat{T}(a), \hat{H}] = 0 \tag{8.13}$$
が成り立つことを示せ。このとき，$\hat{H}$ の固有関数は，$\hat{T}(a)$ の固有関数にもなっているとみなすことができる(章末問題5.4 参照)。

解

(1) $\hat{p} = \dfrac{\hbar}{i}\dfrac{\partial}{\partial x}$ より，$\exp\left[i\dfrac{\hat{p}}{\hbar}a\right] = \exp\left[a\dfrac{\mathrm{d}}{\mathrm{d}x}\right]$ と書ける。また，演算子の展開
$$\exp\left(a\frac{\mathrm{d}}{\mathrm{d}x}\right) = 1 + a\frac{\mathrm{d}}{\mathrm{d}x} + \frac{1}{2!}a^2\frac{\mathrm{d}^2}{\mathrm{d}x^2} + \cdots$$
および，関数のテーラー展開を用いると，任意関数 $\varphi(x)$ に対して，
$$\exp\left[a\frac{\mathrm{d}}{\mathrm{d}x}\right]\varphi(x) = \left(1 + a\frac{\mathrm{d}}{\mathrm{d}x} + \frac{1}{2!}a^2\frac{\mathrm{d}^2}{\mathrm{d}x^2} + \cdots\right)\varphi(x)$$
$$= \varphi(x) + a\frac{\mathrm{d}\varphi(x)}{\mathrm{d}x} + \frac{1}{2!}a^2\frac{\mathrm{d}^2\varphi(x)}{\mathrm{d}x^2} + \cdots$$
$$= \varphi(x+a) = \hat{T}(a)\varphi(x)$$

となり，平行移動の演算子が，$\hat{T}(a) = \exp\left[a\dfrac{\mathrm{d}}{\mathrm{d}x}\right] = \exp\left[i\dfrac{\hat{p}}{\hbar}a\right]$ と表されることがわかる。

(2) $\hat{T}(a)$ は，演算子としては運動量演算子 $\hat{p}$ のみからなるから，交換関係が

$$\left[\hat{p}, \dfrac{\hat{p}^2}{2m}\right] = 0 \quad \Rightarrow \quad \left[\hat{T}(a), \dfrac{\hat{p}^2}{2m}\right] = 0$$

となることは明らかであろう。

次に，ポテンシャル $V(x)$ との交換関係を考える。任意関数 $\varphi(x)$ に対して，

$$\begin{aligned}[\hat{T}(a), V(x)]\varphi(x) &= \hat{T}(a)V(x)\varphi(x) - V(x)\hat{T}(a)\varphi(x) \\ &= V(x+a)\varphi(x+a) - V(x)\varphi(x+a) \\ &= (V(x+a) - V(x))\varphi(x+a) = 0\end{aligned}$$

となる。ここで，(8.8) 式を用いた。これより，$[\hat{T}(a), V(x)] = 0$ となる。

一般に，演算子 $\hat{A}, \hat{B}, \hat{C}$ に対し，

$$\begin{aligned}[\hat{A}, \hat{B} + \hat{C}] &= \hat{A}(\hat{B} + \hat{C}) - (\hat{B} + \hat{C})\hat{A} \\ &= (\hat{A}\hat{B} - \hat{B}\hat{A}) + (\hat{A}\hat{C} - \hat{C}\hat{A}) = [\hat{A}, \hat{B}] + [\hat{A}, \hat{C}]\end{aligned}$$

となるから，

$$\begin{aligned}[\hat{T}(a), \hat{H}] &= \left[\hat{T}(a), \dfrac{\hat{p}^2}{2m} + V(x)\right] \\ &= \left[\hat{T}(a), \dfrac{\hat{p}^2}{2m}\right] + [\hat{T}(a), V(x)] = 0\end{aligned}$$

となり，(8.13) 式が成り立つことがわかる。■

波動関数の満たす条件

さて，一般の周期ポテンシャルがある場合の波動関数がブロッホ関数 (8.10a, b) で与えられ，周期性 (8.11) を満たすことがわかったので，具体的な問題に入ろう。

図 8.1 で与えられるポテンシャルは，

$$V(x) = \begin{cases} V_0 & (-d < x < 0) \quad (d = a - b) \\ 0 & (0 < x < b) \end{cases} \tag{8.14}$$

$$V(x + a) = V(x)$$

である。このモデルは，**クローニッヒ - ペニーモデル**と呼ばれる。

我々が興味をもつのは，エネルギー E が $0 < E < V_0$ を満たす場合である。この場合を考えることにしよう。

$$k_1{}^2 = \frac{2m}{\hbar^2} E, \quad k_2{}^2 = \frac{2m}{\hbar^2}(V_0 - E) \tag{8.15}$$

とおくと，各領域で，波動関数 $\varphi_k(x)$ の満たすシュレーディンガー方程式は，

$$\frac{\mathrm{d}^2 \varphi_k(x)}{\mathrm{d}x^2} + k_1{}^2 \varphi_k(x) = 0 \quad (0 < x \leq b) \tag{8.16}$$

$$\frac{\mathrm{d}^2 \varphi_k(x)}{\mathrm{d}x^2} - k_2{}^2 \varphi_k(x) = 0 \quad (-d < x \leq 0) \tag{8.17}$$

となる。

例題8.3 クローニッヒ - ペニーモデルの分散関係

(1) 2階微分方程式 (8.16)，(8.17) 式の一般解に現れる4つの任意定数の満たすべき条件を，周期性 (8.11) を考慮した上で境界条件から求めよ。

(2) 微分方程式 (8.16)，(8.17) が意味のある解をもつためには，$\cos ka$ は k_1, k_2 を用いてどのように表されねばならないか求めよ。

k_1, k_2 はエネルギー E で表されるので，求める関係式はエネルギー E と波数 k の関係，すなわち，このモデルの分散関係式を与える。

解

(1) (8.16)，(8.17) 式の一般解はそれぞれ，

$$\varphi_k(x) = A e^{ik_1 x} + B e^{-ik_1 x} \quad (0 < x \leq b) \tag{8.18}$$

$$\varphi_k(x) = C e^{k_2 x} + D e^{-k_2 x} \quad (-d < x \leq 0) \tag{8.19}$$

となる。周期性は，(8.11) 式で，$x + a \to x$ とすると，

$$\varphi_k(x) = e^{ika} \varphi_k(x - a)$$

と表されるから，領域 $-d < x \leq 0$ での一般解は，(8.19) 式より，

$$\varphi_k(x) = e^{ika}(C e^{k_2(x-a)} + D e^{-k_2(x-a)}) \tag{8.20}$$

と表される。

$x = 0$ での波動関数 $\varphi_k(x)$ とその導関数 $\dfrac{\mathrm{d}\varphi_k(x)}{\mathrm{d}x}$ の連続条件は，(8.18)，(8.19) 式より，

$$A + B = C + D \tag{8.21}$$
$$ik_1(A - B) = k_2(C - D) \tag{8.22}$$

となる。$x = b$ での境界条件は，$d = a - b$ とおいて，

$$Ae^{ik_1 b} + Be^{-ik_1 b} = e^{ika}(Ce^{-k_2 d} + De^{k_2 d}) \tag{8.23}$$
$$ik_1(Ae^{ik_1 b} - Be^{-ik_1 b}) = k_2 e^{ika}(Ce^{-k_2 d} - De^{k_2 d}) \tag{8.24}$$

となる。

(2) (8.21)〜(8.24) 式が $A = B = C = D = 0$ 以外の意味のある解をもつためには，係数行列式が 0 にならなければならない。

$$\begin{vmatrix} 1 & 1 & -1 & -1 \\ ik_1 & -ik_1 & -k_2 & k_2 \\ e^{ik_1 b} & e^{-ik_1 b} & -e^{ika-k_2 d} & -e^{ika+k_2 d} \\ ik_1 e^{ik_1 b} & -ik_1 e^{-ik_1 b} & -k_2 e^{ika-k_2 d} & k_2 e^{ika+k_2 d} \end{vmatrix} = 0$$

$\Rightarrow$

$$\begin{vmatrix} -ik_1 & -k_2 & k_2 \\ e^{-ik_1 b} & -e^{ika-k_2 d} & -e^{ika+k_2 d} \\ -ik_1 e^{-ik_1 b} & -k_2 e^{ika-k_2 d} & k_2 e^{ika+k_2 d} \end{vmatrix}$$

$$- \begin{vmatrix} ik_1 & -k_2 & k_2 \\ e^{ik_1 b} & -e^{ika-k_2 d} & -e^{ika+k_2 d} \\ ik_1 e^{ik_1 b} & -k_2 e^{ika-k_2 d} & k_2 e^{ika+k_2 d} \end{vmatrix}$$

$$- \begin{vmatrix} ik_1 & -ik_1 & k_2 \\ e^{ik_1 b} & e^{-ik_1 b} & -e^{ika+k_2 d} \\ ik_1 e^{ik_1 b} & -ik_1 e^{-ik_1 b} & k_2 e^{ika+k_2 d} \end{vmatrix}$$

$$+ \begin{vmatrix} ik_1 & -ik_1 & -k_2 \\ e^{ik_1 b} & e^{-ik_1 b} & -e^{ika-k_2 d} \\ ik_1 e^{ik_1 b} & -ik_1 e^{-ik_1 b} & -k_2 e^{ika-k_2 d} \end{vmatrix} = 0$$

ここで，$\cos x = \dfrac{e^{ix} + e^{-ix}}{2}$，$\sin x = \dfrac{e^{ix} - e^{-ix}}{2i}$，$\cosh x = \dfrac{e^x + e^{-x}}{2}$，$\sinh x = \dfrac{e^x - e^{-x}}{2}$ を用いて上式を整理して，

$$\cos ka = \cos k_1 b \cdot \cosh k_2 d + \frac{k_2^2 - k_1^2}{2k_1 k_2} \sin k_1 b \sinh k_2 d \tag{8.25}$$

を得る。■

エネルギーバンド

ポテンシャルの影響の強さは，その高さ V_0 と幅 d の積で与えられると考えられる。そこで，「$V_0 d =$ 有限な一定値」とした上で，$d \to 0$（すなわち $V_0 \to \infty$）の極限を考えてみよう。エネルギー E は有限であるから，$k_2^2 d$ すなわち $k_2\sqrt{d}$ は有限である。したがって $d \to 0$ では，$k_2 d \to 0$ である。このとき，$\cosh k_2 d \to 1$，$\sinh k_2 d \to k_2 d$，また，$\dfrac{k_1^2}{k_2^2} = \dfrac{E}{V_0 - E} \to 0$ となるから，$\dfrac{k_2^2 - k_1^2}{2k_1 k_2} \to \dfrac{k_2}{2k_1}$ より，(8.25) 式は，

$$\cos ka = \cos k_1 b + C \frac{\sin k_1 b}{k_1 b} \tag{8.26}$$

となる。ここで，$C = \dfrac{1}{2} k_2^2 db \approx \dfrac{m}{\hbar^2} V_0 db \ \left(\because \ \dfrac{E}{V_0} \ll 1\right)$ である。

(8.26) 式の右辺を，

$$f(k_1 b) = \cos k_1 b + C \frac{\sin k_1 b}{k_1 b}$$

とおくと，(8.26) 式を満たす波数 k は，$|f(k_1 b)| \leq 1$ のとき存在するが，$|f(k_1 b)| > 1$ では存在できない。$|f(k_1 b)| > 1$ を満たす状態は**禁制帯**と呼ばれ，そのような状態に粒子は存在することができない。$|f(k_1 b)| \leq 1$ の状態には存在可能である。このような状態を**許容帯**と呼ぶ。この様子を，図 8.2 に示す。

さらに，図 8.2 を眺めると，次のようなことがわかる。たとえば，$ka = 0$ のとき，$1 = \cos ka = f(k_1 b)$ であり，$k_1 b > 0$ と $k_1 b < 0$ の 2 ケ所に解をもつ（図中の a と a'）。このとき，$E > 0$ である。波数 k が増加するにしたがい $\cos ka$ が減少するから，$\cos ka = f(k_1 b)$ の解 $|k_1 b|$ は大きくなり，エネルギー E は増加する。この領域は許容帯である。しかし，$|ka| = \pi$ になると禁制帯に入り，より大きなエネルギー $E(|k_1 b|)$ に対し

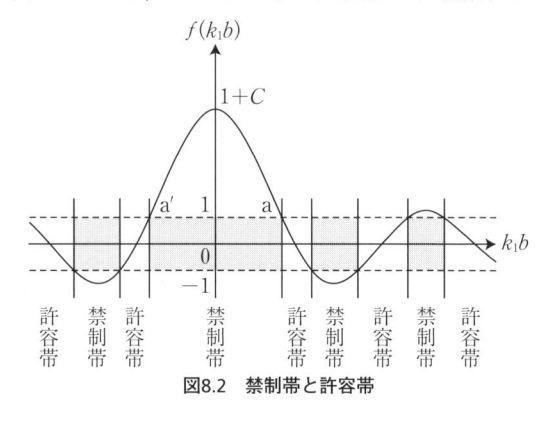

図8.2 禁制帯と許容帯

て波数 k は存在しない。ところが，さらにエネルギー $E(|k_1b|)$ が大きくなり，$f(k_1b) = -1$ になると，$|ka| = \pi$ で再び $\cos ka = f(k_1b)$ は解をもつ。その後は，$|ka| = 2\pi$ になるまでは許容帯で，エネルギー $E(|k_1b|)$ に対して波数 k が存在する。しかし，さらに大きなエネルギー $E(|k_1b|)$ に対しては，再び波数 k は存在しなくなる。以後，このようなことが繰り返される。この状況を，図8.3に示す。

許容帯を**エネルギーバンド**といい，許容帯の間のエネルギー差を**エネルギーギャップ**という。

ここまでは，V_0d はある程度の大きさをもった有限の値として $d \to 0$ を考えてきた。これはポテンシャルをデルタ関数と考えることと同等である（章末問題8.2参照）。$d \to 0$ の条件下で，V_0d が十分小さい（E も十分小さい）と，$C \approx 0$ となるから，(8.26)式より，

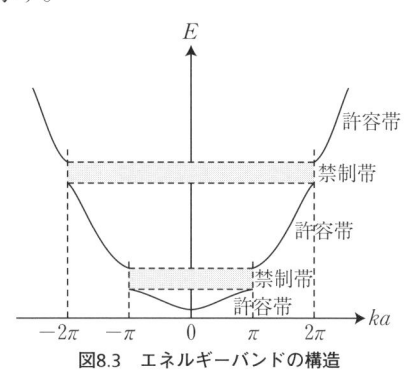

図8.3 エネルギーバンドの構造

$$\cos ka \approx \cos k_1 b$$

となる。ここで，$d \to 0$ より $b \to a$ であり，$k^2 = k_1^2 = \dfrac{2mE}{\hbar^2} \Leftrightarrow E = \dfrac{\hbar^2 k^2}{2m} = \dfrac{p^2}{2m}$ となり，粒子は，ポテンシャルの影響を受けない自由粒子となる。

このように，周期ポテンシャル中の粒子は，V_0d が十分小さくなる（すなわち，C が十分小さくなる）と自由粒子として振る舞うが，V_0d がある程度の大きさをもつと，エネルギーにギャップが現れ，バンド構造を示す。このようなバンド構造は，物質が電流を流す金属になるか，まったく電流を流さない絶縁体になるか，あるいはその中間の半導体になるかを決めるなど，その物質の性質に大きな影響を与える。

第8章 1次元系の粒子 III

10分補講

デルタ関数とコーシーの主値

第4章において, (4.8), (4.9) 式を満たす関数 $\delta(x)$ をデルタ関数といい, それは (4.10), (4.11) 式を満たすと述べた. ただし, (4.11) 式の左辺は形式的な積分表示を与えるが, その積分は確定値にならず意味をもたない. そこで, 被積分関数に収束因子を導入して積分値が確定するようにしてみよう. たとえば, 収束因子として $e^{-\varepsilon|k|}$ (ε は小さな正の実数) を用いた関数

$$\delta_\varepsilon(x) = \frac{1}{2\pi} \int_{-\infty}^{\infty} e^{-\varepsilon|k|} e^{ikx} dk$$

を考える. この関数は,

$$\delta_\varepsilon(x) = \frac{1}{2\pi} \left[\int_{-\infty}^{0} e^{(\varepsilon+ix)k} dk + \int_{0}^{\infty} e^{-(\varepsilon-ix)k} dk \right]$$

$$= \frac{1}{2\pi} \left[\frac{1}{\varepsilon+ix} + \frac{1}{\varepsilon-ix} \right] = \frac{1}{\pi} \frac{\varepsilon}{x^2 + \varepsilon^2}$$

となり, デルタ関数は,

$$\delta(x) = \lim_{\varepsilon \to 0} \frac{1}{\pi} \frac{\varepsilon}{x^2 + \varepsilon^2} \tag{8.27}$$

と表される. (8.27) 式を用いると, (4.10) 式は, 性質のよい関数[1] $\varphi(x)$ を用いて,

$$\lim_{\varepsilon \to 0} \frac{1}{\pi} \int_{-\infty}^{\infty} \varphi(x) \frac{\varepsilon}{(x-a)^2 + \varepsilon^2} dx = \varphi(a)$$

となり, 左辺の積分は確定値となる.

また, 物理学において,

$$xy = 1$$

を満たす y を求める問題がしばしば現れる. この解を,

$$y = \mathrm{P} \frac{1}{x} + C\delta(x)$$

と書く. C は物理的条件で決められる定数である. ここで, $\mathrm{P}\dfrac{1}{x}$ は

---

[1] 基礎物理学シリーズ『物理のための数学入門』第12章参照.

コーシーの主値と呼ばれ，
$$\mathrm{P}\int_{-\infty}^{\infty}\frac{1}{x}\varphi(x)\mathrm{d}x = \lim_{\varepsilon\to 0}\left[\int_{-\infty}^{-\varepsilon}\frac{1}{x}\varphi(x)\mathrm{d}x + \int_{\varepsilon}^{\infty}\frac{1}{x}\varphi(x)\mathrm{d}x\right]$$
により定義される。コーシーの主値も小さな正の実数 ε を用いて，
$$\mathrm{P}\frac{1}{x} = \lim_{\varepsilon\to 0}\frac{x}{x^2+\varepsilon^2}$$
と書くことができる。

これらデルタ関数とコーシーの主値は，量子論をはじめ，さらに進んだ物理学を学ぶ際に現れる重要な関数である。

章末問題

8.1 1次元空間において，原点に正のデルタ関数型ポテンシャル
$$V(x) = V_0\delta(x) \quad (V_0 > 0)$$
が存在する場合を考える。

(1) 波動関数の導関数 $\dfrac{\mathrm{d}\varphi}{\mathrm{d}x}$ に対する $x=0$ での境界条件を求めよ。

(2) $x<0$ の領域から $x>0$ の領域へ，質量 m の粒子が平面波として入射する。波数を k として，平面波の反射率 R と透過率 T を求めよ。

8.2 1次元デルタ関数型周期ポテンシャル
$$V(x) = V_0\delta(x+na) \quad (V_0 > 0,\ n = 0,\pm 1,\pm 2,\cdots)$$
中を運動する粒子のエネルギーバンドを求めよ。

第9章

単振動する粒子，すなわち，1次元調和振動子の振る舞いの量子論を詳しく調べる。零点振動エネルギーと不確定性原理の関係も考える。さらに，生成・消滅演算子を導入し，演算子を用いる方法を詳解する。

1次元調和振動子

9.1　1次元調和振動子

この節では，古典力学でしばしば現れ，かつ応用例の多彩な調和振動子の問題を考えることにしよう。調和振動子というのは，ばねの弾性力などを受けて単振動する粒子のことである。つり合いの位置からの変位を x とするとき，調和振動子には $f = -kx$（$k > 0$：復元力の定数，ばね定数など）の力がはたらく。ここで，振動子の質量を m として $k = m\omega^2$ とおくと，$f = -m\omega^2 x$ となり，$x = 0$ の点を基準としたポテンシャルは，$V(x) = \frac{1}{2}m\omega^2 x^2$ と表される。こうして，調和振動子に関する定常状態のシュレーディンガー方程式は，エネルギーを E として，

$$-\frac{\hbar^2}{2m}\frac{\mathrm{d}^2\varphi(x)}{\mathrm{d}x^2} + \frac{1}{2}m\omega^2 x^2 \varphi(x) = E\varphi(x) \tag{9.1}$$

となる。

さて，この方程式を解くことを考えよう。それには，次のように変数を置き換えると便利である。

$$\xi = \sqrt{\frac{m\omega}{\hbar}}\,x,\ \ \varepsilon = \frac{2E}{\hbar\omega} \tag{9.2}$$

この置き換えにより，(9.1) 式は，

$$\frac{d^2\varphi(\xi)}{d\xi^2} + (\varepsilon - \xi^2)\varphi(\xi) = 0 \tag{9.3}$$

となる。

例題9.1 調和振動子のシュレーディンガー方程式

置き換え (9.2) を用いて，(9.1) 式から (9.3) 式を導け。

解 微分演算は，$\dfrac{d\varphi}{dx} = \dfrac{d\varphi}{d\xi}\dfrac{d\xi}{dx} = \sqrt{\dfrac{m\omega}{\hbar}}\dfrac{d\varphi}{d\xi}$ より，

$$\frac{d^2\varphi}{dx^2} = \frac{d\xi}{dx}\frac{d}{d\xi}\left(\frac{d\varphi}{dx}\right) = \sqrt{\frac{m\omega}{\hbar}}\frac{d}{d\xi}\left(\frac{d\varphi}{d\xi}\right) = \frac{m\omega}{\hbar}\frac{d^2\varphi}{d\xi^2}$$

となる。さらに，$x^2 = \dfrac{\hbar}{m\omega}\xi^2$, $E = \dfrac{1}{2}\hbar\omega\cdot\varepsilon$ を (9.1) 式へ代入して，(9.3) 式を得る。■

さらに，(9.3) 式を解く前にもうひと工夫しよう。それは無限遠方での振る舞いを予測し，その形を前もって取り込むことである。(9.3) 式は $\xi \to \pm\infty$ で，$\varepsilon\varphi(\xi)$ の項を $\xi^2\varphi(\xi)$ に比べて無視することができ，

$$\frac{d^2\varphi(\xi)}{d\xi^2} \approx \xi^2\varphi(\xi) \tag{9.4}$$

と近似できる。(9.4) 式の解は，漸近的に (ξの十分大きいところで) $\varphi(\xi) \approx e^{\pm\frac{\xi^2}{2}}$ と表される (証明は例題9.2(1))。ただし，調和振動子は無限遠には存在しないはずであるから，その波動関数 $\varphi(\xi)$ は，$\xi \to \pm\infty$ で 0 に収束しなければならない。そこで (9.3) 式の解を，

$$\varphi(\xi) = u(\xi)e^{-\frac{\xi^2}{2}} \tag{9.5}$$

とおいて関数 $u(\xi)$ を求めよう。(9.5) 式を (9.3) 式へ代入して，

$$\frac{d^2 u(\xi)}{d\xi^2} - 2\xi\frac{du(\xi)}{d\xi} + (\varepsilon - 1)u(\xi) = 0 \tag{9.6}$$

を得る (証明は例題9.2(2))。

例題9.2 調和振動子の波動関数が満たす方程式

(1) ξ の十分大きいところで，関数 $\varphi(\xi) \approx e^{\pm\frac{\xi^2}{2}}$ は，(9.4) 式を満たすことを示せ。

(2) (9.5) 式を (9.3) 式へ代入することにより，(9.6) 式を導け。

解

(1) $\varphi(\xi) = e^{\pm\frac{\xi^2}{2}}$ とすると，$\dfrac{d\varphi}{d\xi} = \pm\xi e^{\pm\frac{\xi^2}{2}}$ となるから，ξ の大きいとこ

ろで，
$$\frac{d^2\varphi}{d\xi^2} = \pm e^{\pm\frac{\xi^2}{2}} + \xi^2 e^{\pm\frac{\xi^2}{2}} \approx \xi^2 e^{\pm\frac{\xi^2}{2}}$$
となり，(9.4) 式が示される。

(2)　$\varphi(\xi) = u(\xi)e^{-\frac{\xi^2}{2}}$ より，
$$\frac{d\varphi}{d\xi} = e^{-\frac{\xi^2}{2}}\left(\frac{du}{d\xi} - \xi u\right)$$
$$\frac{d^2\varphi}{d\xi^2} = e^{-\frac{\xi^2}{2}}\left[\frac{d^2u}{d\xi^2} - 2\xi\frac{du}{d\xi} + (\xi^2 - 1)u\right]$$
$$(\varepsilon - \xi^2)\varphi = (\varepsilon - \xi^2)u e^{-\frac{\xi^2}{2}}$$

となるから，これらを (9.3) 式へ代入して，両辺を $e^{-\frac{\xi^2}{2}}$ でわって，(9.6) 式を得る。■

(9.6) 式の解を求めるために，$u(\xi)$ が ξ のべき級数に展開できるとして，
$$u(\xi) = c_0 + c_1\xi + c_2\xi^2 + \cdots = \sum_{n=0}^{\infty} c_n \xi^n \tag{9.7}$$
とおき，(9.6) 式の左辺へ代入する。これが，ξ の値によらず 0 になるためには，ξ^n の係数がすべて 0 でなければならない。これより，c_n と c_{n+2} の間に，
$$c_{n+2} = \frac{2n + 1 - \varepsilon}{(n+1)(n+2)} c_n \tag{9.8}$$
の関係が成り立つことがわかる。

例題9.3　$u(\xi)$ のべき級数展開

(9.7) 式が，(9.6) 式の解となる条件 (9.8) を導け。

解

$$\frac{d^2u}{d\xi^2} = 1\cdot 2c_2 + 2\cdot 3c_3\xi + 3\cdot 4c_4\xi^2 + \cdots = \sum_{n=0}^{\infty}(n+1)(n+2)c_{n+2}\xi^n$$
$$-2\xi\frac{du(\xi)}{d\xi} + (\varepsilon - 1)u(\xi) = \sum_{n=0}^{\infty}(\varepsilon - 1 - 2n)c_n\xi^n$$

より，ξ^n の係数が 0 となる条件は，
$$(n+1)(n+2)c_{n+2} - (2n + 1 - \varepsilon)c_n = 0$$
となる。これより，(9.8) 式を得る。■

エネルギー固有値

係数 $\{c_n\}$ の漸化式 (9.8) より，定数 c_0 を決めると $c_2, c_4, \cdots$ と，$u(\xi)$ の偶数べきの係数が定まり，c_1 を決めると $c_3, c_5, \cdots$ と，$u(\xi)$ の奇数べきの係数が定まる。

ここで，例題 6.2(2) を思い出そう。1 次元シュレーディンガー方程式のポテンシャルが偶関数のとき，波動関数 $\varphi(\xi) = u(\xi)e^{-\frac{\xi^2}{2}}$ は，偶関数であるか，奇関数であるかのどちらかである。$e^{-\frac{\xi^2}{2}}$ は偶関数であるから，$u(\xi)$ も偶関数か奇関数のどちらかである。よって，$u(\xi)$ は，ξ の偶数べきで書けるか，奇数べきで書けるか，のどちらかである。$u(\xi)$ が偶数べき，あるいは奇数べきのとき，べき級数が無限に続くと，n の大きいところで，$u(\xi) \sim e^{\xi^2}$，あるいは，$u(\xi) \sim \xi e^{\xi^2}$ となり，$\xi \to \pm\infty$ で発散することが，次の例題によりわかる。

例題9.4　べき級数の発散

$u(\xi)$ が偶数べきからなるとき，$\xi \to \pm\infty$ で $u(\xi) \sim e^{\xi^2}$ で発散することを示せ。また，$u(\xie)$ が奇数べきからなるとき，$u(\xi) \sim \xi e^{\xi^2}$ で発散することを示せ。

解　(9.8) 式より，n の大きいところで，$c_{n+2} \approx \dfrac{2}{n} c_n$ となる。今，

$$e^{\xi^2} = 1 + \xi^2 + \frac{1}{2!}\xi^4 + \cdots = \sum_{m=0}^{\infty} b_{2m}\xi^{2m}$$

とおくと，

$$b_{2m} = \frac{1}{m!}, \quad b_{2(m+1)} = \frac{1}{(m+1)!}$$

となり，$n = 2m$ とおいて，n の大きいところで，

$$\frac{b_{n+2}}{b_n} = \frac{1}{m+1} = \frac{2}{n+2} \approx \frac{2}{n}$$

となる。よって，$u(\xi)$ が偶数べきからなるとき，n の大きいところで，$u(\xi) \sim e^{\xi^2}$ となる。

$u(\xi)$ が奇数べきからなるとき，$\dfrac{u(\xi)}{\xi}$ は偶数べきであり，n の大きいところで $c_{n+2} \approx \dfrac{2}{n} c_n$ となる。したがって，$\dfrac{u(\xi)}{\xi} \sim e^{\xi^2}$，すなわち $u(\xi) \sim \xi e^{\xi^2}$ となる。　∎

関数 $u(\xi)$ が，$\sim e^{\xi^2}$ あるいは $\sim \xi e^{\xi^2}$ で発散すると，波動関数は，$\varphi(\xi)$ $\sim e^{\frac{\xi^2}{2}}$ あるいは $\sim \xi e^{\frac{\xi^2}{2}}$ で発散してしまう。これでは波動関数の物理的意味が失われる。したがって，波動関数が無限遠で収束するためには，$u(\xi)$ が ξ の有限級数であり，べき指数の高い項は存在してはならない。この条件から，調和振動子のエネルギー固有値が定まる。

第 n 項までで，$(n+2)$ 以上の項の係数が 0 になる条件は，(9.8) 式より，

$$\varepsilon = 2n + 1 \tag{9.9}$$

となる。このとき，(9.2) 式よりエネルギー固有値 E_n は，

$$E_n = \left(n + \frac{1}{2}\right)\hbar\omega \quad (n = 0, 1, 2, \cdots) \tag{9.10}$$

と求められる。このときの整数値 n は**量子数**と呼ばれる。

零点振動エネルギーと不確定性原理

エネルギー固有値 (9.10) は，第 2 章でボーア-ゾンマーフェルトの量子化条件を用いて得た調和振動子のエネルギー (2.15) と比較してみると面白い。$h\nu = \hbar\omega$ であるから，(2.15) 式では，基底状態 $n = 0$ でエネルギーは 0 となるが，(9.10) 式では $E_0 = \frac{1}{2}\hbar\omega$ のエネルギーをもつ。これは，シュレーディンガー方程式が不確定性原理を含んでいるためであり，E_0 を零点エネルギーという。

質量 m の調和振動子が位置 x で運動量 p をもつとき，そのエネルギーを古典論で表せば，

$$E = \frac{p^2}{2m} + \frac{1}{2}m\omega^2 x^2$$

となる。ここで，不確定性原理を考慮すると，エネルギー最低状態でも，粒子の位置と運動量には，それぞれ Δx および Δp 程度の不確定性があるはずである。そこで，$p = \Delta p$，$x = \Delta x$ とおいて，位置と運動量の不確定性関係 (4.24) を用いると，相加平均 $\geq$ 相乗平均より，

$$E = \frac{(\Delta p)^2}{2m} + \frac{1}{2}m\omega^2(\Delta x)^2$$
$$\geq 2\sqrt{\frac{(\Delta p)^2}{2m} \cdot \frac{1}{2}m\omega^2(\Delta x)^2} = (\Delta p \cdot \Delta x)\omega \geq \frac{1}{2}\hbar\omega$$

となり，上で求めた基底状態のエネルギーを得ることができる。

零点エネルギーは，単なるエネルギーの基準点の変更ではなく，物理的に重要な意味をもっている。たとえば，^{4}He や ^{3}He は，絶対零度になっても通常の外圧下では固体にならず，液体のままである。これは，ヘリウムの原子間力が小さく，質量も小さいため，零点振動の振幅が大きくなるためである。^{4}He では 25 気圧以上，^{3}He では 30 気圧以上の圧力をかけると固体になる。

調和振動子の波動関数

次に，調和振動子の各固有状態での波動関数を求めてみよう。それには (9.8) 式を用いて，関数 $u(\xi)$ を各べき次数まで求め，$e^{-\frac{\xi^2}{2}}$ をかければよい。

$n = 0 \ (\varepsilon = 1)$ のとき, $\varphi_0(\xi) = c_0 e^{-\frac{\xi^2}{2}}$ (c_0：任意定数)：基底状態

$n = 1 \ (\varepsilon = 3)$ のとき, $\varphi_1(\xi) = c_1 \xi e^{-\frac{\xi^2}{2}}$ (c_1：任意定数)：第 1 励起状態

$n = 2 \ (\varepsilon = 5)$ のとき, $\varphi_2(\xi) = c_0(1 - 2\xi^2) e^{-\frac{\xi^2}{2}}$ ：第 2 励起状態

$n = 3 \ (\varepsilon = 7)$ のとき, $\varphi_3(\xi) = c_1 \left(\xi - \frac{2}{3} \xi^3 \right) e^{-\frac{\xi^2}{2}}$ ：第 3 励起状態

....

任意定数 c_0, c_1 は波動関数の規格化条件で決められる。

例題9.5　調和振動子の励起状態

調和振動子の (1) 第 2 励起状態, (2) 第 3 励起状態の波動関数を求めよ。

解

(1) 第 2 励起状態

べき関数 $u(\xi)$ は偶関数であるから，c_0, c_2 を任意定数として，$u(\xi) = c_0 + c_2 \xi^2$ と書ける。(9.8) 式より，c_2 は，

$$c_2 = \frac{2 \cdot 0 + 1 - \varepsilon}{(0 + 1)(0 + 2)} c_0 = \frac{1 - \varepsilon}{2} c_0$$

となる。ここで，第 2 励起状態を考えているので，(9.9) 式へ $n = 2$ を代入して，$\varepsilon = 2n + 1 = 5$ となる。これより，$c_2 = -2c_0$, $u(\xi) = c_0(1 - 2\xi^2)$ となり，波動関数 $\varphi_2(\xi) = \underline{c_0(1 - 2\xi^2) e^{-\frac{\xi^2}{2}}}$ を得る。

(2) 第 3 励起状態

$u(\xi)$ は奇関数であり，$u(\xi) = c_1 \xi + c_3 \xi^3$ と書ける。

$$c_3 = \frac{2\cdot 1 + 1 - \varepsilon}{(1+1)(1+2)}c_1 = \frac{3-\varepsilon}{6}c_1$$

第3励起状態を考えているので，$n=3$として，$\varepsilon = 2n+1 = 7$となり，$c_3 = -\frac{2}{3}c_1$を得る。

こうして，波動関数は，

$$\varphi_3(\xi) = c_1\left(\xi - \frac{2}{3}\xi^3\right)e^{-\frac{\xi^2}{2}}$$

となる。 ∎

エルミート多項式

(9.6) 式に $\varepsilon = 2n+1$ を代入し，解 $u(\xi)$ を $H_n(\xi)$ と書くと，

$$\frac{d^2 H_n(\xi)}{d\xi^2} - 2\xi\frac{dH_n(\xi)}{d\xi} + 2nH_n(\xi) = 0 \tag{9.11}$$

となる。(9.11) 式を**エルミートの微分方程式**，その解 $H_n(\xi)$ を**エルミート多項式**という。

エルミート多項式を求めるエレガントな方法に，その**母関数**を用いる方法がある。母関数は次式で定義され，s での展開により n 次のエルミート多項式が生み出される。

$$S(\xi, s) \equiv e^{-s^2 + 2s\xi} = \sum_{n=0}^{\infty}\frac{H_n(\xi)}{n!}s^n \tag{9.12}$$

例題9.6　エルミート多項式の母関数

(1) (9.12) 式で与えられる関数 $H_n(\xi)$ が，エルミートの微分方程式 (9.11) の解になっていること，すなわち，$H_n(\xi)$ がエルミート多項式であることを示せ。

(2) エルミート多項式 $H_n(\xi)$ が，

$$H_n(\xi) = (-1)^n e^{\xi^2}\frac{d^n}{d\xi^n}e^{-\xi^2} \tag{9.13}$$

で与えられることを示せ。

解

(1) (9.12) 式を ξ で微分すると，

$$\frac{\partial}{\partial \xi}e^{-s^2+2s\xi} = 2se^{-s^2+2s\xi} = \sum_{n=0}^{\infty}\frac{2s^{n+1}}{n!}H_n(\xi)$$

$$\frac{\partial}{\partial \xi}\left(\sum_{n=0}^{\infty}\frac{H_n(\xi)}{n!}s^n\right) = \sum_{n=0}^{\infty}\frac{s^n}{n!}\frac{\mathrm{d}H_n(\xi)}{\mathrm{d}\xi}$$

となる。これらは s に関して恒等式であるから，s^n の項の係数は等しい。よって，

$$\frac{2H_{n-1}(\xi)}{(n-1)!} = \frac{1}{n!}\frac{\mathrm{d}H_n(\xi)}{\mathrm{d}\xi} \Rightarrow \frac{\mathrm{d}H_n(\xi)}{\mathrm{d}\xi} = 2nH_{n-1}(\xi) \quad (9.14)$$

を得る。

一方，(9.12) 式を s で微分すると，

$$\frac{\partial}{\partial s}e^{-s^2+2s\xi} = (-2s+2\xi)e^{-s^2+2s\xi} = \sum_{n=0}^{\infty}\frac{-2s^{n+1}+2\xi s^n}{n!}H_n(\xi)$$

$$\frac{\partial}{\partial s}\left(\sum_{n=0}^{\infty}\frac{H_n(\xi)}{n!}s^n\right) = \sum_{n=0}^{\infty}\frac{s^{n-1}}{(n-1)!}H_n(\xi)$$

となるから，s^n の係数を等しいとおくと，

$$\frac{1}{n!}H_{n+1}(\xi) = \frac{2\xi}{n!}H_n(\xi) - \frac{2}{(n-1)!}H_{n-1}(\xi)$$

$$\Rightarrow H_{n+1}(\xi) = 2\xi H_n(\xi) - 2nH_{n-1}(\xi) \quad (9.15)$$

(9.14)，(9.15) 式より，$H_{n-1}(\xi)$ を消去すると，

$$\frac{\mathrm{d}H_n(\xi)}{\mathrm{d}\xi} = 2\xi H_n(\xi) - H_{n+1}(\xi)$$

となる。ここで，両辺を ξ で微分して，(9.14) 式を用いると，

$$\frac{\mathrm{d}^2 H_n(\xi)}{\mathrm{d}\xi^2} = 2H_n(\xi) + 2\xi\frac{\mathrm{d}H_n(\xi)}{\mathrm{d}\xi} - \frac{\mathrm{d}H_{n+1}(\xi)}{\mathrm{d}\xi}$$

$$= 2H_n(\xi) + 2\xi\frac{\mathrm{d}H_n(\xi)}{\mathrm{d}\xi} - 2(n+1)H_n(\xi)$$

$$= 2\xi\frac{\mathrm{d}H_n(\xi)}{\mathrm{d}\xi} - 2nH_n(\xi)$$

となり，$H_n(\xi)$ が (9.11) 式を満たすことがわかる。

(2) 母関数の定義式 (9.12) から，$\left.\dfrac{\partial^n S(\xi,s)}{\partial s^n}\right|_{s=0} = H_n(\xi)$ となる。一方，$S(\xi,s) = e^{-s^2+2s\xi} = e^{-(s-\xi)^2+\xi^2}$ と書けるから，

$$\frac{\partial S(\xi,s)}{\partial s} = e^{\xi^2}\frac{\partial}{\partial s}e^{-(s-\xi)^2} = -e^{\xi^2}\frac{\partial}{\partial \xi}e^{-(s-\xi)^2}$$

となる。そこで，

$$\left.\frac{\partial^n S(\xi, s)}{\partial s^n}\right|_{s=0} = \left.e^{\xi^2} \frac{\partial^n}{\partial s^n} e^{-(s-\xi)^2}\right|_{s=0} = \left.(-1)^n e^{\xi^2} \frac{\partial^n}{\partial \xi^n} e^{-(s-\xi)^2}\right|_{s=0}$$

$$= \left.(-1)^n e^{\xi^2} \frac{\partial^n}{\partial (\xi-s)^n} e^{-(\xi-s)^2}\right|_{s=0}$$

$$= (-1)^n e^{\xi^2} \frac{\partial^n}{\partial \xi^n} e^{-\xi^2}$$

となり，(9.13) 式を得る。∎

例題9.7　エルミート多項式

(9.13)，(9.15) 式を用いて，$H_0(\xi)$, $H_1(\xi)$, $H_2(\xi)$, $H_3(\xi)$ を求めよ。

解　(9.13) 式より，

$$H_0(\xi) = \underline{1}, \quad H_1(\xi) = -e^{\xi^2} \frac{\partial}{\partial \xi} e^{-\xi^2} = \underline{2\xi}$$

となる。これらを (9.15) 式 $(n=1,2)$ へ代入して，

$$H_2(\xi) = 2\xi H_1(\xi) - 2H_0(\xi) = \underline{4\xi^2 - 2}$$
$$H_3(\xi) = 2\xi H_2(\xi) - 4H_1(\xi) = \underline{8\xi^3 - 12\xi}$$

を得る。∎

例題 9.5 で考えた関数 $u(\xi)$ は，任意に決められる定数 c_0, c_1 を除いて，例題 9.7 で求めたエルミート多項式と一致する。一般に，第 n 励起状態の波動関数 $\varphi_n(x)$ は，規格化条件で決められる定数を c_n とすると，

$$\varphi_n(x) = c_n H_n(\xi) e^{-\frac{\xi^2}{2}} \quad \left(\xi = \sqrt{\frac{m\omega}{\hbar}}\, x\right) \tag{9.16}$$

で与えられる。

1 次元調和振動子の波動関数 $\varphi_0(\xi)$, $\varphi_1(\xi)$, $\varphi_2(\xi)$, $\varphi_3(\xi)$ のグラフを描くと，図 9.1 のようになる。なお，古典的な振幅 A_n は，単振動のエネルギーが，振幅 A を用いて $\frac{1}{2} kA^2$ $(k = m\omega^2)$ と表されることを思い出すと，

$$E_n = \left(n + \frac{1}{2}\right) \hbar\omega = \frac{1}{2} m\omega^2 A_n^2 \quad \Rightarrow \quad A_n = \sqrt{(2n+1) \frac{\hbar}{m\omega}}$$

となるから，古典的転回点(最大値)の ξ の値は，(9.2) 式より，

$$\xi_A = \sqrt{\frac{m\omega}{\hbar}}\, A_n = \sqrt{2n+1}$$

で与えられる。そこで，図 9.1 には，古典的転回点を縦の点線で表示した。

図9.1　1次元調和振動子の波動関数

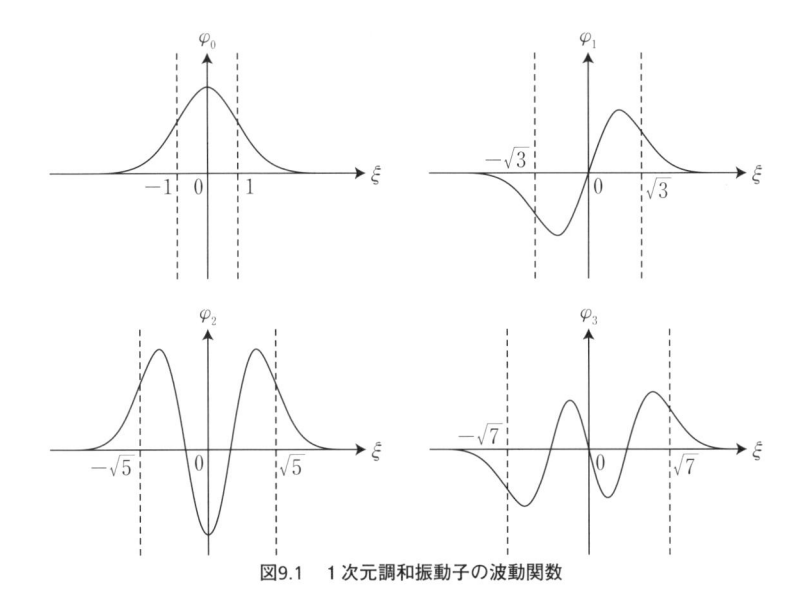

9.2　調和振動子の演算子による扱い

前節で考えた調和振動子の問題を，演算子を用いて考える方法を紹介しよう。この方法は，大変便利なものである。質量 m の粒子の角振動数 ω の調和振動子において，演算子

$$\hat{a} = \sqrt{\frac{m\omega}{2\hbar}}\left(\hat{x} + i\frac{\hat{p}}{m\omega}\right) \tag{9.17}$$

$$\hat{a}^\dagger = \sqrt{\frac{m\omega}{2\hbar}}\left(\hat{x} - i\frac{\hat{p}}{m\omega}\right) \tag{9.18}$$

を定義する。このとき，演算子 $\hat{a}^\dagger$ は $\hat{a}$ のエルミート共役であり，交換関係

$$[\hat{a}, \hat{a}^\dagger] = \hat{a}\hat{a}^\dagger - \hat{a}^\dagger\hat{a} = 1, \quad [\hat{a}, \hat{a}] = 0, \quad [\hat{a}^\dagger, \hat{a}^\dagger] = 0 \tag{9.19}$$

が成り立つ。

例題9.8　演算子 $\hat{a}$ と $\hat{a}^\dagger$ の性質

(1) 演算子 $\hat{x}$ と $\hat{p}$ がエルミート演算子であることから，$\hat{a}^\dagger$ は $\hat{a}$ のエルミート共役であることを示せ。

(2) 交換関係 $[\hat{a}, \hat{a}^\dagger] = 1$ が成り立つことを示せ。

解

(1) 無限遠での境界条件を満たす任意関数 φ_1, φ_2 を用いると,

$$\int_{-\infty}^{\infty} \varphi_2{}^* \hat{a}^\dagger \varphi_1 \mathrm{d}x = \sqrt{\frac{m\omega}{2\hbar}} \int_{-\infty}^{\infty} \varphi_2{}^* \left(\hat{x} - i\frac{\hat{p}}{m\omega} \right) \varphi_1 \mathrm{d}x$$

$$= \sqrt{\frac{m\omega}{2\hbar}} \int_{-\infty}^{\infty} \left[\left(\hat{x} + i\frac{\hat{p}}{m\omega} \right) \varphi_2 \right]^* \varphi_1 \mathrm{d}x$$

$$= \int_{-\infty}^{\infty} (\hat{a}\varphi_2)^* \varphi_1 \mathrm{d}x$$

となるから, $\hat{a}^\dagger$ は $\hat{a}$ のエルミート共役である。

(2) 位置と運動量の間の交換関係

$$[\hat{x}, \hat{p}] = i\hbar, \ \ [\hat{x}, \hat{x}] = 0, \ \ [\hat{p}, \hat{p}] = 0$$

を用いると,

$$[\hat{a}, \hat{a}^\dagger] = \frac{m\omega}{2\hbar} \left[\hat{x} + i\frac{\hat{p}}{m\omega}, \ \hat{x} - i\frac{\hat{p}}{m\omega} \right]$$

$$= \frac{1}{2\hbar} \{ -i[\hat{x}, \hat{p}] + i[\hat{p}, \hat{x}] \} = 1$$

となる。　∎

ハミルトニアンとエネルギー固有値

調和振動子のハミルトニアン

$$\hat{H} = \frac{\hat{p}^2}{2m} + \frac{1}{2} m\omega^2 \hat{x}^2 \tag{9.20}$$

は, 演算子 $\hat{a}, \hat{a}^\dagger$ を用いて, 次のように書き表される。

$$\hat{H} = \hbar\omega \left(\hat{a}^\dagger \hat{a} + \frac{1}{2} \right) \tag{9.21}$$

ここで, $\hat{N} = \hat{a}^\dagger \hat{a}$ を**個数演算子**といい, その固有値は, 0以上の整数値をとる。$\hat{a}$ は, $\hat{N}$ の固有値を1だけ減らす作用をする演算子であり, **消滅演算子**, $\hat{a}^\dagger$ は1だけ増やす作用をする演算子であり, **生成演算子**と呼ばれる。また, ハミルトニアン (9.21) のエネルギー固有値は, 前節で導いたように,

$$E_n = \left(n + \frac{1}{2} \right) \hbar\omega \ \ (n = 0, 1, 2, \cdots) \tag{9.22}$$

となる。

例題9.9　演算子の性質

(1) 調和振動子のハミルトニアンが，(9.21) 式となることを示せ。

(2) $\hat{N}$ の固有値を n，そのときの固有関数を φ_n とするとき，
$$\hat{N}(\hat{a}\varphi_n) = (n-1)(\hat{a}\varphi_n), \quad \hat{N}(\hat{a}^\dagger\varphi_n) = (n+1)(\hat{a}^\dagger\varphi_n) \quad (9.23)$$
となることを示せ。これより，$\hat{a}$ は $\hat{N}$ の固有値を 1 だけ減少させ，$\hat{a}^\dagger$ は 1 だけ増加させることがわかる。

(3) 波動関数の規格化条件
$$\int_{-\infty}^{\infty} |\varphi_n(x)|^2 \mathrm{d}x = 1$$
を用いて，次の関係式が成り立つことを示せ。
$$\hat{a}\varphi_n = \sqrt{n}\,\varphi_{n-1}, \quad \hat{a}^\dagger\varphi_n = \sqrt{n+1}\,\varphi_{n+1} \quad (9.24)$$

(4) $\hat{N}$ の固有値 n は，正または 0 であることを示せ。

解

(1) 交換関係 $[\hat{x}, \hat{p}] = i\hbar$ を用いて，
$$\hat{a}^\dagger \hat{a} = \frac{m\omega}{2\hbar}\left(\hat{x} - i\frac{\hat{p}}{m\omega}\right)\left(\hat{x} + i\frac{\hat{p}}{m\omega}\right)$$
$$= \frac{\hat{p}^2}{2\hbar m\omega} + i\frac{1}{2\hbar}[\hat{x}, \hat{p}] + \frac{m\omega}{2\hbar}\hat{x}^2$$
$$= \frac{1}{\hbar\omega}\left(\frac{\hat{p}^2}{2m} + \frac{m\omega^2}{2}\hat{x}^2\right) - \frac{1}{2}$$
となることから，
$$\hat{H} = \frac{\hat{p}^2}{2m} + \frac{1}{2}m\omega^2\hat{x}^2 = \hbar\omega\left(\hat{a}^\dagger\hat{a} + \frac{1}{2}\right)$$
を得る。

(2) 交換関係 $[\hat{a}, \hat{a}^\dagger] = 1$ を用いて，
$$\hat{N}(\hat{a}\varphi_n) = \hat{a}^\dagger\hat{a}\hat{a}\varphi_n = (\hat{a}\hat{a}^\dagger - 1)\hat{a}\varphi_n = \hat{a}(\hat{a}^\dagger\hat{a} - 1)\varphi_n$$
となる。ここで，$\hat{N}\varphi_n = \hat{a}^\dagger\hat{a}\varphi_n = n\varphi_n$ を用いて，
$$\hat{N}(\hat{a}\varphi_n) = \hat{a}(n-1)\varphi_n = (n-1)(\hat{a}\varphi_n)$$
を得る。同様に，
$$\hat{N}(\hat{a}^\dagger\varphi_n) = \hat{a}^\dagger\hat{a}\hat{a}^\dagger\varphi_n = \hat{a}^\dagger(\hat{a}^\dagger\hat{a} + 1)\varphi_n = \hat{a}^\dagger(n+1)\varphi_n$$
$$= (n+1)(\hat{a}^\dagger\varphi_n)$$

(3) 前問 (2) より,$\hat{N}(\hat{a}\varphi_n) = (n-1)(\hat{a}\varphi_n)$ となるから,$\hat{a}\varphi_n$ は固有関数 φ_{n-1} と同等である。したがって,b_1 を任意定数として $\hat{a}\varphi_n = b_1\varphi_{n-1}$ と書けるはずである。よって,規格化条件を用いると,

$$\int_{-\infty}^{\infty} |\hat{a}\varphi_n|^2 \mathrm{d}x = b_1{}^2 \int_{-\infty}^{\infty} |\varphi_{n-1}|^2 \mathrm{d}x = b_1{}^2$$

となるが,一方,$\hat{a}^\dagger \hat{a}\varphi_n = n\varphi_n$ を用いると,

$$\int_{-\infty}^{\infty} |\hat{a}\varphi_n|^2 \mathrm{d}x = \int_{-\infty}^{\infty} (\hat{a}\varphi_n)^*(\hat{a}\varphi_n) \mathrm{d}x = \int_{-\infty}^{\infty} \varphi_n{}^* \hat{a}^\dagger \hat{a}\varphi_n \mathrm{d}x$$

$$= n \int_{-\infty}^{\infty} \varphi_n{}^* \varphi_n \mathrm{d}x = n$$

となることから,$b_1 = \sqrt{n}$ となり,(9.24) の第 1 式を得る。

同様に,$\hat{N}(\hat{a}^\dagger \varphi_n) = (n+1)(\hat{a}^\dagger \varphi_n)$ より,$\hat{a}^\dagger \varphi_n = b_2 \varphi_{n+1}$($b_2$:任意定数)とおいて,

$$\int_{-\infty}^{\infty} |\hat{a}^\dagger \varphi_n|^2 \mathrm{d}x = b_2{}^2$$

一方,交換関係 (9.19) の第 1 式を用いて,

$$\int_{-\infty}^{\infty} |\hat{a}^\dagger \varphi_n|^2 \mathrm{d}x = \int_{-\infty}^{\infty} (\hat{a}^\dagger \varphi_n)^*(\hat{a}^\dagger \varphi_n) \mathrm{d}x = \int_{-\infty}^{\infty} \varphi_n{}^* \hat{a} \hat{a}^\dagger \varphi_n \mathrm{d}x$$

$$= \int_{-\infty}^{\infty} \varphi_n{}^* (\hat{a}^\dagger \hat{a} + 1) \varphi_n \mathrm{d}x = n + 1$$

となるから,$b_2 = \sqrt{n+1}$ となり,(9.24) の第 2 式を得る。

(4) $\hat{a}^\dagger \hat{a}\varphi_n = n\varphi_n$ の両辺に $\varphi_n{}^*$ をかけて積分すると,規格化条件 $\int_{-\infty}^{\infty} \varphi_n{}^* \varphi_n \mathrm{d}x = 1$ を用いて,

$$n = \int_{-\infty}^{\infty} \varphi_n{}^* \hat{a}^\dagger \hat{a}\varphi_n \mathrm{d}x = \int_{-\infty}^{\infty} (\hat{a}\varphi_n)^*(\hat{a}\varphi_n) \mathrm{d}x = \int_{-\infty}^{\infty} |\hat{a}\varphi_n|^2 \mathrm{d}x \geqq 0$$

となり,固有値 n は負にはなり得ず,正または 0 である。 ∎

(9.23) 式より $\hat{N}$ の固有関数,$\cdots$,$\hat{a}^\dagger \varphi_n$,$\varphi_n$,$\hat{a}\varphi_n$,$\cdots$ に対する固有値は,$\cdots$,$n+1$,n,$n-1$,$\cdots$ となる。また,最小の固有値 $n = 0$ を与える固有関数を φ_0 とすると

$$\hat{N}\varphi_0 = \hat{a}^\dagger \hat{a}\varphi_0 = 0 \cdot \varphi_0 = 0$$

となる。

9.3 調和振動子の波動関数

9.1節で調和振動子の波動関数を考えたが，ここでもう一度，演算子を用いて波動関数を考えてみよう。そのためには，9.1節で行ったのと同様に，

$$\xi = \sqrt{\frac{m\omega}{\hbar}}\, x \tag{9.2}$$

と変数変換するのがよい。このとき，(9.17)，(9.18) 式は，

$$\hat{a} = \frac{1}{\sqrt{2}}\sqrt{\frac{m\omega}{\hbar}}\left(x + \frac{\hbar}{m\omega}\frac{d}{dx}\right) = \frac{1}{\sqrt{2}}\left(\xi + \frac{d}{d\xi}\right) \tag{9.25}$$

$$\hat{a}^\dagger = \frac{1}{\sqrt{2}}\sqrt{\frac{m\omega}{\hbar}}\left(x - \frac{\hbar}{m\omega}\frac{d}{dx}\right) = \frac{1}{\sqrt{2}}\left(\xi - \frac{d}{d\xi}\right) \tag{9.26}$$

となるから，基底状態 ($n=0$) の波動関数 $\varphi_0(\xi)$ は，$\hat{a}\varphi_0 = 0$ より，微分方程式

$$\frac{1}{\sqrt{2}}\left(\xi + \frac{d}{d\xi}\right)\varphi_0(\xi) = 0 \tag{9.27}$$

を満たす。この微分方程式は変数分離型であり，規格化条件

$$\int_{-\infty}^{\infty} |\varphi_0(x)|^2 dx = 1$$

を用いて，簡単に解くことができて，

$$\varphi_0(x) = c_0 \exp\left(-\frac{m\omega}{2\hbar}x^2\right),\ c_0 = \left(\frac{m\omega}{\pi\hbar}\right)^{\frac{1}{4}} \tag{9.28}$$

を得ることができる。

例題9.10 波動関数とエルミート多項式

(1) 規格化条件を用いて，微分方程式 (9.27) の解が，(9.28) 式で与えられることを示せ。

(2) $\varphi(\xi)$ を ξ の任意関数とするとき，次式が成り立つことを示せ。

$$\hat{a}^\dagger \varphi(\xi) = -\frac{1}{\sqrt{2}} e^{\frac{\xi^2}{2}} \frac{d}{d\xi}\left[e^{-\frac{\xi^2}{2}} \varphi(\xi)\right] \tag{9.29}$$

(3) 第 n 励起状態の波動関数は，

$$\varphi_n(x) = \frac{1}{\sqrt{n!}}(\hat{a}^\dagger)^n \varphi_0(x)$$

$$= \left(\frac{1}{2^n n!}\sqrt{\frac{m\omega}{\pi\hbar}}\right)^{\frac{1}{2}} H_n\left(\sqrt{\frac{m\omega}{\hbar}}\, x\right)\exp\left(-\frac{m\omega}{2\hbar}x^2\right) \tag{9.30}$$

第 9 章　1 次元調和振動子

と表されることを示せ。ここで，$H_n(\xi)$ はエルミート多項式であり，(9.13) 式で与えられる。こうして，(9.16) 式に示した波動関数が，演算子を用いて導くことができる。

■解

(1) (9.27) 式は $\dfrac{1}{\varphi_0}\dfrac{\mathrm{d}\varphi_0}{\mathrm{d}\xi} = -\xi$ と書けるから，両辺を ξ で積分して，

$$\int \frac{\mathrm{d}\varphi_0}{\varphi_0} = -\int \xi \mathrm{d}\xi \quad \therefore \quad \ln \varphi_0 = -\frac{\xi^2}{2} + C \quad (C \text{ は定数})$$

これより，

$$\varphi_0 = e^C \exp\left(-\frac{\xi^2}{2}\right) = e^C \exp\left(-\frac{m\omega}{2\hbar}x^2\right)$$

を得る。ここで，規格化条件は，

$$1 = e^{2C}\int_{-\infty}^{\infty} \exp\left(-\frac{m\omega}{\hbar}x^2\right)\mathrm{d}x = e^{2C}\sqrt{\frac{\pi\hbar}{m\omega}} \quad \therefore \quad e^C = \left(\frac{m\omega}{\pi\hbar}\right)^{\frac{1}{4}}$$

となり，(9.28) 式を得る。

(2) (9.26) 式を用いて，

$$\hat{a}^\dagger \varphi(\xi) = \frac{1}{\sqrt{2}}\left(\xi\varphi(\xi) - \frac{\mathrm{d}\varphi}{\mathrm{d}\xi}\right)$$

一方，

$$e^{\frac{\xi^2}{2}}\frac{\mathrm{d}}{\mathrm{d}\xi}\left[e^{-\frac{\xi^2}{2}}\varphi(\xi)\right] = e^{\frac{\xi^2}{2}}\left(e^{-\frac{\xi^2}{2}}\frac{\mathrm{d}\varphi}{\mathrm{d}\xi} - \xi e^{-\frac{\xi^2}{2}}\varphi(\xi)\right)$$

$$= \frac{\mathrm{d}\varphi}{\mathrm{d}\xi} - \xi\varphi(\xi)$$

となることから，(9.29) 式を得る。

(3) まず，(9.24) の第 2 式より，

$$\varphi_n(x) = \frac{1}{\sqrt{n}}\hat{a}^\dagger \varphi_{n-1}(x) = \frac{1}{\sqrt{n(n-1)}}(\hat{a}^\dagger)^2 \varphi_{n-2}(x)$$

$$= \cdots = \frac{1}{\sqrt{n!}}(\hat{a}^\dagger)^n \varphi_0(x)$$

を得る。

次に，(9.29) 式を用いて，

$$(\hat{a}^\dagger)^2 \varphi_0(\xi) = \left(-\frac{1}{\sqrt{2}}\right)^2 e^{\frac{\xi^2}{2}}\frac{\mathrm{d}}{\mathrm{d}\xi}\left[e^{-\frac{\xi^2}{2}}\cdot e^{\frac{\xi^2}{2}}\frac{\mathrm{d}}{\mathrm{d}\xi}\left(e^{-\frac{\xi^2}{2}}\varphi_0(\xi)\right)\right]$$

$$= \left(\frac{1}{2^2}\right)^{\frac{1}{2}} (-1)^2 e^{\frac{\xi^2}{2}} \frac{d^2}{d\xi^2} \left(e^{-\frac{\xi^2}{2}} \varphi_0(\xi)\right)$$

……

$$(\hat{a}^\dagger)^n \varphi_0(\xi) = \left(\frac{1}{2^n}\right)^{\frac{1}{2}} (-1)^n e^{\frac{\xi^2}{2}} \frac{d^n}{d\xi^n} \left(e^{-\frac{\xi^2}{2}} \varphi_0(\xi)\right)$$

となる。ここで，$\alpha = \sqrt{\dfrac{m\omega}{\hbar}}$ とおくと，$\varphi_0(\xi) = \left(\dfrac{\alpha}{\sqrt{\pi}}\right)^{\frac{1}{2}} e^{-\frac{\xi^2}{2}}$ と書けるから，

$$(\hat{a}^\dagger)^n \varphi_0(\xi) = \left(\frac{\alpha}{\sqrt{\pi}\, 2^n}\right)^{\frac{1}{2}} (-1)^n e^{\xi^2} \left(\frac{d^n}{d\xi^n} e^{-\xi^2}\right) e^{-\frac{\xi^2}{2}}$$

となる。最後に (9.13) 式を用いて，変数を $\xi \to \alpha x = \sqrt{\dfrac{m\omega}{\hbar}}\, x$ と置き換えて (9.30) 式を得る。∎

このように (9.30) 式で与えられる波動関数 $\varphi_n(x)$ は，規格直交条件

$$\int_{-\infty}^{\infty} \varphi_m^* \varphi_n \mathrm{d}x = \delta_{mn} \tag{9.31}$$

を満たす。直交性は，章末問題 9.2 で示す。規格化条件が成り立っているのは明らかであろう。

章末問題

9.1 1 次元調和振動子について，
(1) 運動エネルギーの基底状態での期待値を求めよ。
(2) ポテンシャルエネルギーの基底状態での期待値を求め，調和振動子の全エネルギーが，(9.10) 式に一致することを示せ。
(3) 質量 m の調和振動子に，x 軸正方向へ一様な重力 mg（g：重力加速度の大きさ）が作用するとき，エネルギー固有値と波動関数はどのように変化するか求めよ。

9.2 1 次元調和振動子の固有関数の直交性，すなわち，$m \neq n$ のとき，

$$\int_{-\infty}^{\infty} \varphi_m^*(x) \varphi_n(x)\, \mathrm{d}x = 0 \tag{9.32}$$

が成り立つことを示せ。

9.3 エルミート関数の満たす規格直交条件

$$\int_{-\infty}^{\infty} H_n(\xi) H_m(\xi) e^{-\xi^2} \mathrm{d}\xi = \delta_{nm} 2^n n! \sqrt{\pi} \tag{9.33}$$

を，(9.12) 式で定義される母関数の積分

$$f(t,s) = \int_{-\infty}^{\infty} S(\xi, t) S(\xi, s) e^{-\xi^2} \mathrm{d}\xi \tag{9.34}$$

を用いて導け。

ここで，(9.33) 式の右辺を $\delta_{nm}\sqrt{\dfrac{m\omega}{h}}\, c_n^{-2}$ とおいて定数 c_n を定めて (9.16) 式へ代入すると，それは，1 次元調和振動子の第 n 励起状態の波動関数 (9.30) 式となる。

9.4 1 次元調和振動子の第 n 励起状態で，位置の不確かさを Δx，運動量の不確かさを Δp とするとき，$\Delta x \cdot \Delta p$ を求めよ。

第 10 章

本章と次章では，3次元中心力場内での粒子の運動を考える。この場合，3次元極座標を用いるのが便利である。そこでまず，シュレーディンガー方程式の極座標表現を求め，変数分離を行う。

中心力場内の粒子 I
──シュレーディンガー方程式の変数分離

10.1　3次元極座標でのシュレーディンガー方程式

　中心力とは，どんな力のことであろうか。中心を座標原点にとると，向きがつねに原点方向を向いている力のことである。この力は引力でも斥力でもよい。このような中心力の例に，万有引力がある。万有引力は中心からの距離rのみの関数として表され，その位置エネルギー，すなわちポテンシャルもrのみの関数で表される。

　質量mの粒子に作用するポテンシャルVが，原点からの距離rのみで$V(r)$と表される場合を考えよう。第3章で学んだように，1次元系であれば，運動量pを演算子$-i\hbar\dfrac{\mathrm{d}}{\mathrm{d}x}$で置き換えることにより，運動エネルギーを$\dfrac{p^2}{2m} \to -\dfrac{\hbar^2}{2m}\dfrac{\mathrm{d}^2}{\mathrm{d}x^2}$として，エネルギー固有値$E$をもつ定常状態のシュレーディンガー方程式は，

$$\left(-\frac{\hbar^2}{2m}\frac{\mathrm{d}^2}{\mathrm{d}x^2} + V(x)\right)\varphi(x) = E\varphi(x) \tag{10.1}$$

と書くことができた。3次元系でも同様に，運動量のx, y, z成分を，それぞれ$p_x \to -i\hbar\dfrac{\partial}{\partial x}$, $p_y \to -i\hbar\dfrac{\partial}{\partial y}$, $p_z \to -i\hbar\dfrac{\partial}{\partial z}$と置き換えることに

より，中心力場での定常状態のシュレーディンガー方程式は，

$$\left(-\frac{\hbar^2}{2m}\nabla^2 + V(r)\right)\varphi(\boldsymbol{r}) = E\varphi(\boldsymbol{r}), \quad \nabla^2 = \frac{\partial^2}{\partial x^2} + \frac{\partial^2}{\partial y^2} + \frac{\partial^2}{\partial z^2} \tag{10.2}$$

と表される。ここで，∇^2 を**ラプラシアン**という。

(10.2) 式を 3 次元極座標を用いて表そうというのが，この節の目的である。

3 次元極座標と偏微分

3 次元極座標は球座標ともいわれ，3 次元空間内の点 P を 3 変数 (r, θ, ϕ) を用いて表す座標系のことである。原点を O とするとき，r は OP 間の距離であり，$\theta\,(0 \leq \theta \leq \pi)$ は線分 OP と z 軸正方向のなす角，$\phi\,(0 \leq \phi < 2\pi)$ は線分 OP の x-y 平面への正射影 OR と x 軸正方向とのなす角である（図 10.1）。したがって，点 P の直交座標 (x, y, z) を極座標 (r, θ, ϕ) を用いて表すと，

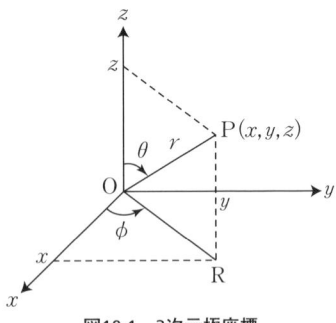

図10.1　3次元極座標

$$\begin{cases} x = r \sin\theta \cos\phi \\ y = r \sin\theta \sin\phi \\ z = r \cos\theta \end{cases} \tag{10.3}$$

となる。ここで，$r^2 = x^2 + y^2 + z^2$ であるから，両辺を x で偏微分して，$2r\dfrac{\partial r}{\partial x} = 2x \Rightarrow \dfrac{\partial r}{\partial x} = \dfrac{x}{r} = \sin\theta\cos\phi$ となる。また，$\tan^2\theta = \dfrac{x^2+y^2}{z^2}$ を x で偏微分して，$2\tan\theta\dfrac{1}{\cos^2\theta}\dfrac{\partial\theta}{\partial x} = \dfrac{2x}{z^2} = \dfrac{2\sin\theta\cos\phi}{r\cos^2\theta} \Rightarrow \dfrac{\partial\theta}{\partial x} = \dfrac{1}{r}\cos\theta\cos\phi$，$\tan\phi = \dfrac{y}{x}$ を x で偏微分して，$\dfrac{1}{\cos^2\phi}\dfrac{\partial\phi}{\partial x} = -\dfrac{y}{x^2} \Rightarrow \dfrac{\partial\phi}{\partial x} = -\dfrac{1}{r}\dfrac{\sin\phi}{\sin\theta}$ となる。これらを偏微分の公式

10.1 3次元極座標でのシュレーディンガー方程式

へ代入して,

$$\frac{\partial}{\partial x} = \frac{\partial r}{\partial x}\frac{\partial}{\partial r} + \frac{\partial \theta}{\partial x}\frac{\partial}{\partial \theta} + \frac{\partial \phi}{\partial x}\frac{\partial}{\partial \phi}$$

へ代入して,

$$\frac{\partial}{\partial x} = \sin\theta\cos\phi\frac{\partial}{\partial r} + \frac{1}{r}\cos\theta\cos\phi\frac{\partial}{\partial \theta} - \frac{\sin\phi}{r\sin\theta}\frac{\partial}{\partial \phi} \quad (10.4)$$

を得る.

同様にして,

$$\frac{\partial}{\partial y} = \sin\theta\sin\phi\frac{\partial}{\partial r} + \frac{1}{r}\cos\theta\sin\phi\frac{\partial}{\partial \theta} + \frac{1}{r}\frac{\cos\phi}{\sin\theta}\frac{\partial}{\partial \phi} \quad (10.5)$$

$$\frac{\partial}{\partial z} = \cos\theta\frac{\partial}{\partial r} - \frac{1}{r}\sin\theta\frac{\partial}{\partial \theta} \quad (10.6)$$

となる.

例題10.1 微分演算子の3次元極座標表示

(10.5), (10.6) 式を導け.

解 x での偏微分の場合と同様にして, $\frac{\partial r}{\partial y} = \frac{y}{r} = \sin\theta\sin\phi$, $\frac{\partial r}{\partial z} = \frac{z}{r} = \cos\theta$, $\frac{\partial \theta}{\partial y} = \frac{1}{r}\cos\theta\sin\phi$, $\frac{\partial \theta}{\partial z} = -\frac{1}{r}\sin\theta$, $\frac{\partial \phi}{\partial y} = \frac{\cos\phi}{r\sin\theta}$, $\frac{\partial \phi}{\partial z} = 0$ を得ることができる. これらを,

$$\frac{\partial}{\partial y} = \frac{\partial r}{\partial y}\frac{\partial}{\partial r} + \frac{\partial \theta}{\partial y}\frac{\partial}{\partial \theta} + \frac{\partial \phi}{\partial y}\frac{\partial}{\partial \phi}, \quad \frac{\partial}{\partial z} = \frac{\partial r}{\partial z}\frac{\partial}{\partial r} + \frac{\partial \theta}{\partial z}\frac{\partial}{\partial \theta} + \frac{\partial \phi}{\partial z}\frac{\partial}{\partial \phi}$$

へ代入して, (10.5), (10.6) 式を得る. ■

(10.4) 〜 (10.6) 式を得たときと同様の偏微分計算をもう1回丹念に行い, ラプラシアンの極座標表示

$$\nabla^2 = \frac{\partial^2}{\partial x^2} + \frac{\partial^2}{\partial y^2} + \frac{\partial^2}{\partial z^2} = \frac{\partial^2}{\partial r^2} + \frac{2}{r}\frac{\partial}{\partial r} + \frac{1}{r^2}\Lambda \quad (10.7a)$$

$$\Lambda(\theta,\phi) = \frac{1}{\sin\theta}\frac{\partial}{\partial \theta}\left(\sin\theta\frac{\partial}{\partial \theta}\right) + \frac{1}{\sin^2\theta}\frac{\partial^2}{\partial \phi^2}$$

$$= \frac{\partial^2}{\partial \theta^2} + \frac{\cos\theta}{\sin\theta}\frac{\partial}{\partial \theta} + \frac{1}{\sin^2\theta}\frac{\partial^2}{\partial \phi^2} \quad (10.7b)$$

を得ることができる[1]。

(10.7a), (10.7b) 式より, 中心力場でのシュレーディンガー方程式は,

---

[1] 曲線座標を用いたエレガントな導出については, 『物理のための数学入門』付録参照.

3次元極座標で，

$$\left[-\frac{\hbar^2}{2m}\left(\frac{\partial^2}{\partial r^2}+\frac{2}{r}\frac{\partial}{\partial r}+\frac{1}{r^2}\Lambda(\theta,\phi)\right)+V(r)\right]\varphi(r,\theta,\phi)$$
$$=E\varphi(r,\theta,\phi) \tag{10.8}$$

と表される。

変数分離

第3章で，時間に依存しないシュレーディンガー方程式を得る際，方程式の解である波動関数を，座標 x だけの関数と時間 t だけの関数の積に分解する変数分離という方法を用いた。ここでも (10.8) 式を解くために，波動関数 $\varphi(r,\theta,\phi)$ を，r のみの関数 $R(r)$ と θ,ϕ のみの関数 $Y(\theta,\phi)$ の積に変数分離しよう。

$$\varphi(r,\theta,\phi)=R(r)Y(\theta,\phi)$$

とおいて，(10.8) 式へ代入すると，

$$Y(\theta,\phi)\left[-\frac{\hbar^2}{2m}\left(\frac{\mathrm{d}^2}{\mathrm{d}r^2}+\frac{2}{r}\frac{\mathrm{d}}{\mathrm{d}r}\right)+(V(r)-E)\right]R(r)$$
$$=\frac{\hbar^2}{2m}\frac{R(r)}{r^2}\Lambda(\theta,\phi)Y(\theta,\phi)$$

となる。そこで，両辺を $-\dfrac{\hbar^2}{2m}R(r)Y(\theta,\phi)$ でわり，r^2 をかけると，

$$\frac{r^2}{R(r)}\left[\left(\frac{\mathrm{d}^2}{\mathrm{d}r^2}+\frac{2}{r}\frac{\mathrm{d}}{\mathrm{d}r}\right)+\frac{2m}{\hbar^2}(E-V(r))\right]R(r)$$
$$=-\frac{1}{Y(\theta,\phi)}\Lambda(\theta,\phi)Y(\theta,\phi)$$

となる。この式の左辺は r のみの関数であり，右辺は θ,ϕ のみの関数であるから，左辺と右辺がつねに等しくなるためには，変数 r,θ,ϕ によらない定数でなければならない。後の便利のために，この定数を $l(l+1)$ とおくと，r のみの常微分方程式と θ,ϕ のみの偏微分方程式

$$-\frac{\hbar^2}{2m}\left(\frac{\mathrm{d}^2}{\mathrm{d}r^2}+\frac{2}{r}\frac{\mathrm{d}}{\mathrm{d}r}\right)R(r)+\left[V(r)+\frac{l(l+1)\hbar^2}{2mr^2}\right]R(r)=ER(r) \tag{10.9}$$

$$\Lambda(\theta,\phi)Y(\theta,\phi)=-l(l+1)Y(\theta,\phi) \tag{10.10}$$

に分離される。

10.2　球面調和関数

(10.10) 式の解 $Y(\theta, \phi)$ を，さらに変数分離しよう。$Y(\theta, \phi) = \Theta(\theta)\Phi(\phi)$ とおいて (10.10) 式へ代入すると，$\Theta(\theta)$ と $\Phi(\phi)$ に関する微分方程式

$$\frac{1}{\sin\theta}\frac{\mathrm{d}}{\mathrm{d}\theta}\left(\sin\theta\frac{\mathrm{d}\Theta(\theta)}{\mathrm{d}\theta}\right) + \left[l(l+1) - \frac{m^2}{\sin^2\theta}\right]\Theta(\theta) = 0 \quad (10.11)$$

$$\frac{\mathrm{d}^2\Phi(\phi)}{\mathrm{d}\phi^2} + m^2\Phi(\phi) = 0 \quad (10.12)$$

を導くことができる。ここで，m は定数である。

例題10.2　角変数の分離

(10.11)，(10.12) 式を導け。

解　$Y(\theta, \phi) = \Theta(\theta)\Phi(\phi)$ を (10.10) 式へ代入し，両辺を $Y(\theta, \phi) = \Theta(\theta)\Phi(\phi)$ でわって $\sin^2\theta$ をかけると，

$$\frac{\sin^2\theta}{\Theta(\theta)}\left[\frac{1}{\sin\theta}\frac{\mathrm{d}}{\mathrm{d}\theta}\left(\sin\theta\frac{\mathrm{d}\Theta}{\mathrm{d}\theta}\right) + l(l+1)\Theta(\theta)\right] = -\frac{1}{\Phi(\phi)}\frac{\mathrm{d}^2\Phi(\phi)}{\mathrm{d}\phi^2}$$

となる。この式の左辺は θ のみの関数であり，右辺は ϕ のみの関数であるから，その値を m^2 とおくことにより，(10.11)，(10.12) 式を得る。■

角度関数 $\Phi(\phi)$

(10.12) 式の解を考えよう。波動関数は，各点で決まった値をもつはずであるから，関数 $\Phi(\phi)$ は 1 価関数でなければならない。よって，$\Phi(\phi)$ に 2π の周期性，すなわち $\Phi(\phi) = \Phi(\phi + 2\pi)$ を要請する。そこで，周期性と同時に規格直交条件

$$\int_0^{2\pi} \Phi_n(\phi)^* \Phi_m(\phi)\,\mathrm{d}\phi = \delta_{nm} = \begin{cases} 1 & n = m \\ 0 & n \neq m \end{cases} \quad (10.13)$$

を満たす関数 $\Phi(\phi)$ を，

$$\Phi_m(\phi) = \frac{1}{\sqrt{2\pi}}\,e^{im\phi} \quad (m = 0, \pm 1, \pm 2, \cdots) \quad (10.14)$$

とおくことができる。こうして，中心力場のシュレーディンガー方程式を満たす波動関数の角 ϕ 依存性が定められる。

角度関数 $\Theta(\theta)$

(10.11)式の解 $\Theta(\theta)$ を求めるために，$z = \cos\theta$ とおき，$\Theta(\theta) = P_l^m(z)$ と書くと，$dz = -\sin\theta \, d\theta$ より，(10.11)式は，

$$\frac{d}{dz}\left[(1-z^2)\frac{dP_l^m(z)}{dz}\right] + \left[l(l+1) - \frac{m^2}{1-z^2}\right]P_l^m(z) = 0 \quad (10.15)$$

となる。ここで，$m = 0$ のとき，(10.15)式は，

$$\frac{d}{dz}\left[(1-z^2)\frac{dP_l(z)}{dz}\right] + l(l+1)P_l(z) = 0 \quad (10.16\text{a})$$

$$\Leftrightarrow \quad (1-z^2)\frac{d^2P_l(z)}{dz^2} - 2z\frac{dP_l(z)}{dz} + l(l+1)P_l(z) = 0 \quad (10.16\text{b})$$

となる。(10.16a, b)式を，**ルジャンドルの微分方程式**という。

ルジャンドルの微分方程式のべき級数解を考える。例題10.4で示すように，l が負でない整数 ($l = 0, 1, 2, \cdots$) のとき，その解 $P_l(z)$ は，l 次の多項式となり，

$$P_l(z) = \sum_{k=0}^{[l/2]} (-1)^k \frac{(2l-2k)!}{2^l k!(l-k)!(l-2k)!} z^{l-2k} \quad (10.17)$$

と表される。ここで $[l/2]$ は，k についての和を，l が偶数のときは $l/2$ までとり，l が奇数のときは $(l-1)/2$ までとることを意味する。(10.17)式は**ルジャンドルの多項式**と呼ばれる。また，ルジャンドルの多項式は，

$$P_l(z) = \frac{1}{2^l l!}\frac{d^l}{dz^l}(z^2-1)^l \quad (l = 0, 1, 2, \cdots) \quad (10.18)$$

で与えられる。(10.18)式を**ロドリグの公式**という（証明は，章末問題10.2参照）。

例題10.3　ルジャンドル多項式

(10.18)式より，ルジャンドルの多項式を $l = 0, 1, 2, 3$ について書き下せ。

解

$l = 0$ のとき，$P_0(z) = \underline{1}$

$l = 1$ のとき，$P_1(z) = \dfrac{1}{2}\dfrac{d}{dz}(z^2-1) = \underline{z}$

$l = 2$ のとき，$P_2(z) = \dfrac{1}{2^2 \cdot 2!}\dfrac{d^2}{dz^2}(z^2-1)^2 = \underline{\dfrac{1}{2}(3z^2-1)}$

$l = 3$ のとき, $P_3(z) = \dfrac{1}{2^3 \cdot 3!} \dfrac{d^3}{dz^3}(z^2-1)^3 = \underline{\dfrac{1}{2}(5z^3 - 3z)}$ ∎

例題10.4　ルジャンドルの多項式の導出

(1) ルジャンドルの微分方程式 (10.16a, b) の解を $P_l(z)$ として，べき級数解を仮定し，z^k の係数 a_k と z^{k+2} の係数 a_{k+2} の間の関係式を求めよ。また，$\cdots + a_{k-2}z^{k-2} + a_k z^k + a_{k+2}z^{k+2} + \cdots$ と書ける級数解を考えると，$l = 0, 1, 2, \cdots$ のとき，$a_l z^l$ より高次の項は存在しない，すなわち，$a_{l+2} = a_{l+4} = \cdots = 0$ となることを示せ。

(2) (1) の結果を用いて，ルジャンドル多項式 (10.17) を導け。ただし，任意に定めることのできる係数を，$a_l = \dfrac{(2l)!}{2^l (l!)^2}$ とせよ。

解

(1) $P_l(z) = \sum\limits_{k=0}^{\infty} a_k z^k$ とおくと

$\dfrac{d}{dz}\left[(1-z^2)\dfrac{dP_l(z)}{dz}\right]$

$= \dfrac{d}{dz}\left[\sum\limits_{k=1}^{\infty}(ka_k z^{k-1} - ka_k z^{k+1})\right]$

$= \sum\limits_{k=2}^{\infty} k(k-1)a_k z^{k-2} - \sum\limits_{k=1}^{\infty} k(k+1)a_k z^k$

$= \sum\limits_{k=0}^{\infty}(k+2)(k+1)a_{k+2}z^k - \sum\limits_{k=0}^{\infty} k(k+1)a_k z^k$

となる。これを (10.16a) 式の左辺へ代入すると，

$\dfrac{d}{dz}\left[(1-z^2)\dfrac{dP_l(z)}{dz}\right] + l(l+1)P_l(z)$

$= \sum\limits_{k=0}^{\infty}\left[(k+2)(k+1)a_{k+2} + (l-k)(l+k+1)a_k\right]z^k$

となる。この式が，z の値によらず 0 となるためには，z^k の係数は 0 でなければならない。これより，

$$a_{k+2} = -\dfrac{(l-k)(l+k+1)}{(k+2)(k+1)}a_k \tag{10.19}$$

を得る。よって，a_k と a_{k+1} の間には，何の関係もなく，級数

$\cdots + a_{k-2}z^{k-2} + a_k z^k + a_{k+2}z^{k+2} + \cdots$

$(\cdots = a_{k-1} = a_{k+1} = a_{k+3} = \cdots = 0)$

と，

139

$$\cdots + a_{k-1}z^{k-1} + a_{k+1}z^{k+1} + a_{k+3}z^{k+3} + \cdots$$
$$(\cdots = a_{k-2} = a_k = a_{k+2} = \cdots = 0)$$

は，(10.16a, b) 式の独立な解を与える。$l = 0, 1, 2, \cdots$ として，

$$\cdots + a_{k-2}z^{k-2} + a_k z^k + a_{k+2}z^{k+2} + \cdots$$

の級数解を考えると，(10.19) 式より，$k = l$ のとき，高次の項の係数は，$a_{l+2} = a_{l+4} = \cdots = 0$ となる。

(2) (10.19) 式にしたがって，第 l 項から次数を 2 ずつ下げていくと，

$$a_l = -\frac{2(2l-1)}{l(l-1)} a_{l-2} = (-1)^2 \frac{2 \cdot 4(2l-1)(2l-3)}{l(l-1)(l-2)(l-3)} a_{l-4} = \cdots$$

$$= (-1)^k \frac{2 \cdot 4 \cdots 2k(2l-1)(2l-3) \cdots (2l-2k+1)}{l(l-1)(l-2)(l-3) \cdots (l-2k+2)(l-2k+1)} a_{l-2k}$$

$$= (-1)^k \frac{2^k k!(l-2k)!}{l!} \frac{(2l)!}{(2l-2k)!(2l)(2l-2) \cdots (2l-2k+2)} a_{l-2k}$$

$$= (-1)^k \frac{2^k k!(l-2k)!}{l!} \frac{(2l)!(l-k)!}{(2l-2k)!2^k l!} a_{l-2k}$$

$$= (-1)^k \frac{k!(2l)!(l-k)!(l-2k)!}{(l!)^2(2l-2k)!} a_{l-2k}$$

となる。これより，

$$P_l(z) = \sum_{k=0}^{[l/2]} a_{l-2k} z^{l-2k} = \sum_{k=0}^{[l/2]} (-1)^k \frac{(l!)^2(2l-2k)!}{k!(2l)!(l-k)!(l-2k)!} a_l z^{l-2k}$$

ここで，$a_l = \dfrac{(2l)!}{2^l (l!)^2}$ を代入して (10.17) 式を得る。

> **注** ここで，係数 $a_l, a_{l-2}, a_{l-4}, \cdots$ の間に関係式 (10.19) が与えられるだけであるから，9.1 節で考えた調和振動子の波動関数の場合と同様に，各係数の中で 1 つは任意に定めることができる。ルジャンドルの多項式 (10.17) では，先に示したように，$a_l = \dfrac{(2l)!}{2^l (l!)^2}$ とおいている。 ∎

ルジャンドルの陪多項式

(10.15) 式の解 $P_l^m(z)$ は，**ルジャンドルの陪多項式**と呼ばれる。この式は，(10.16a, b) 式から次のようにして求められる。

まず，m を $-l \leq m \leq l$ の整数として[2)]，(10.16b) 式の両辺を z に関して $|m|$ 回微分すると，

$$(1-z^2)\frac{\mathrm{d}^{|m|+2}P_l(z)}{\mathrm{d}z^{|m|+2}} - 2(|m|+1)z\frac{\mathrm{d}^{|m|+1}P_l(z)}{\mathrm{d}z^{|m|+1}}$$
$$+ (l-|m|)(l+|m|+1)\frac{\mathrm{d}^{|m|}P_l(z)}{\mathrm{d}z^{|m|}} = 0 \quad (10.20)$$

となる．ここで，

$$P_l^m(z) = (1-z^2)^{\frac{|m|}{2}}\frac{\mathrm{d}^{|m|}P_l(z)}{\mathrm{d}z^{|m|}} \quad (10.21)$$

とおくと，$P_l^m(z)$ が (10.15) 式を満たすことがわかる．

例題10.5　ルジャンドルの陪多項式

(1) 2つの関数 $f(x)$ と $g(x)$ の積 $f(x)g(x)$ を x に関して $|m|$ 回微分すると，2項係数を用いて，

$$(fg)^{(|m|)} = \sum_{k=0}^{|m|} {}_{|m|}\mathrm{C}_k f^{(|m|-k)} g^{(k)} \quad (10.22)$$

と表される．これより，(10.16b) 式から (10.20) 式を導け．

(2) (10.21) 式で定義された $P_l^m(z)$ が，(10.15) 式を満たすことを示せ．

解

(1) $2z$ は z に関して 2 回以上微分すると 0 になり，$1-z^2$ は 3 回以上微分すると 0 になるから，(10.22) 式を用いて，

$$[l(l+1)P_l(z)]^{(|m|)} = l(l+1)\frac{\mathrm{d}^{|m|}P_l(z)}{\mathrm{d}z^{|m|}}$$

$$\left[2z\frac{\mathrm{d}P_l(z)}{\mathrm{d}z}\right]^{(|m|)} = 2z\frac{\mathrm{d}^{|m|+1}P_l(z)}{\mathrm{d}z^{|m|+1}} + 2|m|\frac{\mathrm{d}^{|m|}P_l(z)}{\mathrm{d}z^{|m|}}$$

$$\left[(1-z^2)\frac{\mathrm{d}^2 P_l(z)}{\mathrm{d}z^2}\right]^{(|m|)}$$
$$= (1-z^2)\frac{\mathrm{d}^{|m|+2}P_l(z)}{\mathrm{d}z^{|m|+2}} - 2|m|z\frac{\mathrm{d}^{|m|+1}P_l(z)}{\mathrm{d}z^{|m|+1}}$$
$$- |m|(|m|-1)\frac{\mathrm{d}^{|m|}P_l(z)}{\mathrm{d}z^{|m|}}$$

となる．ここで，$l(l+1) - |m|(|m|-1) - 2|m| = (l-|m|)(l+|m|+1)$ より，(10.20) 式を得る．

(2) (10.21) 式を用いて，

---

2) $P_l(z)$ は z の l 次の多項式であるから，(10.16b) 式を $(l+1)$ 回以上微分すると，恒等的に 0 になってしまい，(10.20) 式は意味を失う．

第10章 中心力場内の粒子 I

$$(1-z^2)\frac{dP_l^m(z)}{dz}$$
$$= (1-z^2)^{\frac{|m|}{2}+1}\frac{d^{|m|+1}P_l(z)}{dz^{|m|+1}} - |m|z(1-z^2)^{\frac{|m|}{2}}\frac{d^{|m|}P_l(z)}{dz^{|m|}}$$

となるから，

$$\frac{d}{dz}\left[(1-z^2)\frac{dP_l^m(z)}{dz}\right] + \left[l(l+1)-\frac{m^2}{1-z^2}\right]P_l^m(z)$$
$$= (1-z^2)^{\frac{|m|}{2}}\left[(1-z^2)\frac{d^{|m|+2}P_l}{dz^{|m|+2}} - 2(|m|+1)z\frac{d^{|m|+1}P_l}{dz^{|m|+1}}\right.$$
$$\left. + (l-|m|)(l+|m|+1)\frac{d^{|m|}P_l}{dz^{|m|}}\right]$$
$$= 0$$

となり，(10.15) 式を得る。 ∎

球面調和関数

上の議論より，(10.10) 式を満たす関数 $Y_l^m(\theta,\phi)$ は，$C_{l,m}$ を規格化定数として，

$$Y_l^m(\theta,\phi) = C_{l,m}P_l^m(\cos\theta)e^{im\phi} \tag{10.23}$$
$$(l = 0, 1, 2, \cdots, \quad m = -l, -l+1, \cdots, l-1, l)$$

と表されることがわかる。(10.23) 式で表される関数 $Y_l^m(\theta,\phi)$ を**球面調和関数**という。この名前は，ラプラス方程式 $\nabla^2 u = 0$ の解 u を調和関数と呼ぶことに由来している。ここで，導出は省略するが，規格化定数は，

$$C_{l,m} = (-1)^{\frac{m+|m|}{2}}\sqrt{\frac{(2l+1)(l-|m|)!}{4\pi(l+|m|)!}} \tag{10.24}$$

と表されることが知られている。また，この関数は，正規直交条件

$$\int_0^{2\pi}d\phi\int_0^{\pi}Y_l^{m*}(\theta,\phi)Y_{l'}^{m'}(\theta,\phi)\sin\theta d\theta = \delta_{ll'}\delta_{mm'} \tag{10.25}$$

を満たしている。

例題10.6 **存在確率の角度依存性**

中心力場のシュレーディンガー方程式 (10.8) を満たす波動関数 $\varphi(r,\theta,\phi)$ の角度部分を表す球面調和関数 $Y_l^m(\theta,\phi)$ を用いて，粒子の存在確率の角度依存性を示すことができる。

(1) $l = 0, 1, 2$ の場合について，$Y_l^m(\theta,\phi)$ を具体的に書き下せ。

(2) 極方程式 $r = |Y_l^m(\theta, \phi)|^2$ で表されるグラフを描き，粒子の存在確率の角度依存性を図示せよ。ここで，原点からの距離 r が，角 θ 方向の存在確率を示す。

解

(1) 例題 10.3 の結果を (10.21) 式へ代入して，

$$P_0^0(z) = P_0(z) = 1$$

$$P_1^0(z) = P_1(z) = z$$

$$P_1^{\pm 1}(z) = (1-z^2)^{\frac{1}{2}} \frac{dP_1(z)}{dz} = \sqrt{1-z^2}$$

$$P_2^0(z) = P_2(z) = \frac{1}{2}(3z^2 - 1)$$

$$P_2^{\pm 1}(z) = (1-z^2)^{\frac{1}{2}} \frac{dP_2(z)}{dz} = 3z\sqrt{1-z^2}$$

$$P_2^{\pm 2}(z) = (1-z^2)\frac{d^2 P_2(z)}{dz^2} = 3(1-z^2)$$

となるから，球面調和関数は，$z = \cos\theta$，$1 - z^2 = \sin^2\theta$ より，

$$l = 0 : Y_0^0(\theta, \phi) = \underline{\frac{1}{\sqrt{4\pi}}}$$

$$l = 1 : Y_1^0(\theta, \phi) = \underline{\sqrt{\frac{3}{4\pi}}\cos\theta}$$

$$Y_1^{\pm 1}(\theta, \phi) = \underline{\mp\sqrt{\frac{3}{8\pi}}\sin\theta e^{\pm i\phi}}$$

$$l = 2 : Y_2^0(\theta, \phi) = \underline{\sqrt{\frac{5}{16\pi}}(3\cos^2\theta - 1)}$$

$$Y_2^{\pm 1}(\theta, \phi) = \underline{\mp\sqrt{\frac{15}{8\pi}}\sin\theta\cos\theta e^{\pm i\phi}}$$

$$Y_2^{\pm 2}(\theta, \phi) = \underline{\sqrt{\frac{15}{32\pi}}\sin^2\theta e^{\pm 2i\phi}}$$

(2) (1) の結果から，$r = |Y_l^m(\theta, \phi)|^2$ のグラフを描くと，図 10.2 のようになる。$|e^{im\phi}|^2 = 1$ であるから，存在確率は角 θ で決まり，角 ϕ によらない。

第 10 章　中心力場内の粒子 I

図10.2　球面調和関数

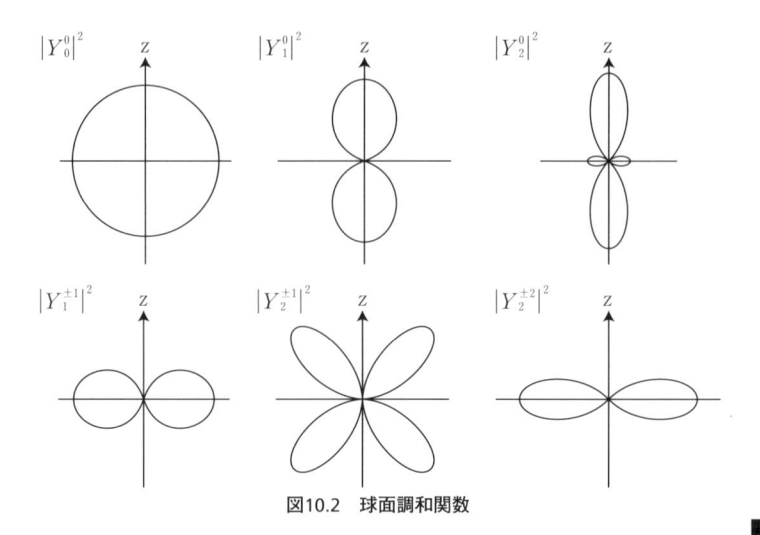

10.3　軌道角運動量演算子

(10.9), (10.10) 式に現れる定数 $l(l+1)$ の意味を考えるために，古典力学における角運動量 $\boldsymbol{L} = \boldsymbol{r} \times \boldsymbol{p}$ を思い出そう．角運動量を量子力学で考えるには，5.1 節の表 5.1 に示した物理量と演算子の対応関係にしたがって，

$$\boldsymbol{r} = (x, y, z) \to \hat{\boldsymbol{r}} = (\hat{x}, \hat{y}, \hat{z})$$

$$\boldsymbol{p} = (p_x, p_y, p_z) \to \hat{\boldsymbol{p}} = (\hat{p}_x, \hat{p}_y, \hat{p}_z) = -i\hbar \left(\frac{\partial}{\partial x}, \frac{\partial}{\partial y}, \frac{\partial}{\partial z} \right)$$

と置き換えればよい．そうすると，

$$\boldsymbol{L} \to \hat{\boldsymbol{L}} = (\hat{L}_x, \hat{L}_y, \hat{L}_z) = (\hat{y}\hat{p}_z - \hat{z}\hat{p}_y,\ \hat{z}\hat{p}_x - \hat{x}\hat{p}_z,\ \hat{x}\hat{p}_y - \hat{y}\hat{p}_x)$$

$$= -i\hbar \left(y\frac{\partial}{\partial z} - z\frac{\partial}{\partial y},\ z\frac{\partial}{\partial x} - x\frac{\partial}{\partial z},\ x\frac{\partial}{\partial y} - y\frac{\partial}{\partial x} \right)$$

となる．ここで，(10.4)〜(10.6) 式を代入すると，角運動量演算子の極座標表現は，

$$\hat{L}_x = i\hbar \left(\sin\phi \frac{\partial}{\partial \theta} + \frac{\cos\phi}{\tan\theta} \frac{\partial}{\partial \phi} \right)$$

$$\hat{L}_y = i\hbar \left(-\cos\phi \frac{\partial}{\partial \theta} + \frac{\sin\phi}{\tan\theta} \frac{\partial}{\partial \phi} \right)$$

$$\hat{L}_z = -i\hbar \frac{\partial}{\partial \phi} \tag{10.26}$$

となり，

$$\hat{\boldsymbol{L}}^2 = \hat{L}_x{}^2 + \hat{L}_y{}^2 + \hat{L}_z{}^2 = -\hbar^2 \left[\frac{1}{\sin\theta} \frac{\partial}{\partial \theta} \left(\sin\theta \frac{\partial}{\partial \theta} \right) + \frac{1}{\sin^2\theta} \frac{\partial^2}{\partial \phi^2} \right]$$
$$= -\hbar^2 \Lambda(\theta, \phi) \tag{10.27}$$

が得られる（章末問題 10.3 参照）。こうして，(10.10) 式は，

$$\hat{\boldsymbol{L}}^2 Y_l^m(\theta, \phi) = l(l+1)\hbar^2 Y_l^m(\theta, \phi) \quad (l = 0, 1, 2, \cdots) \tag{10.28}$$

と表される。また，$\frac{\partial}{\partial \phi}(e^{im\phi}) = im \cdot e^{im\phi}$ であるから，

$$\hat{L}_z \Phi(\phi) = m\hbar \Phi(\phi) \iff \hat{L}_z Y_l^m(\theta, \phi) = m\hbar Y_l^m(\theta, \phi) \tag{10.29}$$
$$(m = -l, -l+1, \cdots, l-1, l)$$

となる。この結果は，

球面調和関数 $Y_l^m(\theta, \phi)$ は，$\hat{\boldsymbol{L}}^2$ と $\hat{L}_z$ の同時固有関数であり，
その固有値は，それぞれ $l(l+1)\hbar^2$ と $m\hbar$ である。

ことを示している。l を**軌道量子数**（方位量子数），m を**磁気量子数**という。

交換関係

例題 5.8 において，1 次元系で導いたように，x 座標の位置演算子 $\hat{x}$ と運動量演算子 $\hat{p}_x$ の間に，交換関係

$$[\hat{x}, \hat{p}_x] = i\hbar \tag{10.30a}$$

が成り立つ。3 次元系では，y 座標，z 座標についても同様に，

$$[\hat{y}, \hat{p}_y] = i\hbar, \quad [\hat{z}, \hat{p}_z] = i\hbar \tag{10.30b}$$

が成り立つ。演算子 $\hat{x}, \hat{y}, \hat{z}, \hat{p}_x, \hat{p}_y, \hat{p}_z$ の間の他の交換子は，同じ演算子同士も含めて，すべて 0（すなわち，それらの演算子同士は可換）である。これらを用いると，角運動量演算子の間の交換関係を得ることができる。

例題10.7 角運動量演算子の間の交換関係

交換関係 (10.30a)，(10.30b) を用いて，演算子 $\hat{L}_x, \hat{L}_y, \hat{L}_z$ の間の交換関係

$$[\hat{L}_x, \hat{L}_y] = i\hbar \hat{L}_z, \quad [\hat{L}_y, \hat{L}_z] = i\hbar \hat{L}_x, \quad [\hat{L}_z, \hat{L}_x] = i\hbar \hat{L}_y \tag{10.31}$$

が成り立つことを示せ。

解 任意の 4 つの演算子 $\hat{A}, \hat{B}, \hat{C}, \hat{D}$ の間に，

$$[\hat{A}+\hat{B},\ \hat{C}+\hat{D}] = [\hat{A},\hat{C}] + [\hat{A},\hat{D}] + [\hat{B},\hat{C}] + [\hat{B},\hat{D}]$$

が成り立つので,

$$\begin{aligned}[\hat{L}_x,\hat{L}_y] &= [\hat{y}\hat{p}_z - \hat{z}\hat{p}_y,\ \hat{z}\hat{p}_x - \hat{x}\hat{p}_z]\\ &= [\hat{y}\hat{p}_z,\hat{z}\hat{p}_x] - [\hat{y}\hat{p}_z,\hat{x}\hat{p}_z] - [\hat{z}\hat{p}_y,\hat{z}\hat{p}_x] + [\hat{z}\hat{p}_y,\hat{x}\hat{p}_z]\end{aligned}$$

ここで, $[\hat{y}\hat{p}_z,\hat{z}\hat{p}_x]$ は, $\hat{p}_z$ と $\hat{z}$ の順序以外は自由に交換できる（可換である）ことに注意すると,

$$\begin{aligned}[\hat{y}\hat{p}_z,\hat{z}\hat{p}_x] &= \hat{y}\hat{p}_z\hat{z}\hat{p}_x - \hat{z}\hat{p}_x\hat{y}\hat{p}_z = \hat{y}(\hat{p}_z\hat{z} - \hat{z}\hat{p}_z)\hat{p}_x\\ &= \hat{y}[\hat{p}_z,\hat{z}]\hat{p}_x = -i\hbar\hat{y}\hat{p}_x\end{aligned}$$

となる。同様にして,

$$[\hat{y}\hat{p}_z,\hat{x}\hat{p}_z] = 0,\ \ [\hat{z}\hat{p}_y,\hat{z}\hat{p}_x] = 0$$

$$[\hat{z}\hat{p}_y,\hat{x}\hat{p}_z] = \hat{p}_y[\hat{z},\hat{p}_z]\hat{x} = i\hbar\hat{p}_y\hat{x} = i\hbar\hat{x}\hat{p}_y$$

となる。こうして,

$$[\hat{L}_x,\hat{L}_y] = i\hbar(\hat{x}\hat{p}_y - \hat{y}\hat{p}_x) = i\hbar\hat{L}_z$$

を得る。

$[\hat{L}_y,\hat{L}_z]$, $[\hat{L}_z,\hat{L}_x]$ についても, 同様に (10.31) 式が成り立つ。 ■

(10.31) 式より, $\hat{L}_x,\hat{L}_y,\hat{L}_z$ は交換しないので, 5.3 節で説明したように, これらの量の間には不確定性関係が成り立ち, 同時に決まった値（固有値）をもつことはできないし, 同じ固有関数をもつこともできない。(10.31) 式は, ベクトルを用いて,

$$\hat{\boldsymbol{L}} \times \hat{\boldsymbol{L}} = i\hbar\hat{\boldsymbol{L}} \tag{10.32}$$

と表すこともできる。この式は, 古典力学では, $\boldsymbol{L} \times \boldsymbol{L} = 0$ であることと対照的である。

次に, $\hat{\boldsymbol{L}}^2$ と $\hat{L}_x,\hat{L}_y,\hat{L}_z$ との交換関係を考えよう。

任意の演算子 $\hat{A},\hat{B}$ の間に,

$$\begin{aligned}\hat{A}^2\hat{B} - \hat{B}\hat{A}^2 &= \hat{A}(\hat{A}\hat{B} - \hat{B}\hat{A}) + (\hat{A}\hat{B} - \hat{B}\hat{A})\hat{A}\\ &= \hat{A}[\hat{A},\hat{B}] + [\hat{A},\hat{B}]\hat{A}\end{aligned} \tag{10.33}$$

の関係が成り立つことを用いると,

$$[\hat{\boldsymbol{L}}^2,\hat{L}_x] = 0,\ \ [\hat{\boldsymbol{L}}^2,\hat{L}_y] = 0,\ \ [\hat{\boldsymbol{L}}^2,\hat{L}_z] = 0 \tag{10.34}$$

を示すことができる。たとえば, $\hat{\boldsymbol{L}}^2$ と $\hat{L}_z$ は可換であるから, これらの間に不確定性関係は成り立たず, 同時に固有値が決まり, 同じ固有関数として, 球面調和関数 $Y_l^m(\theta,\phi)$ をもつ。

例題10.8　角運動量演算子の交換関係

演算子の間に成り立つ関係式 (10.33) を用いて，(10.34) 式が成り立つことを示せ。

解

$$[\hat{L}_x^2, \hat{L}_z] = \hat{L}_x[\hat{L}_x, \hat{L}_z] + [\hat{L}_x, \hat{L}_z]\hat{L}_x = -i\hbar(\hat{L}_x\hat{L}_y + \hat{L}_y\hat{L}_x)$$
$$[\hat{L}_y^2, \hat{L}_z] = \hat{L}_y[\hat{L}_y, \hat{L}_z] + [\hat{L}_y, \hat{L}_z]\hat{L}_y = i\hbar(\hat{L}_x\hat{L}_y + \hat{L}_y\hat{L}_x)$$
$$[\hat{L}_z^2, \hat{L}_z] = \hat{L}_z^3 - \hat{L}_z^3 = 0$$

ここで，$\hat{\boldsymbol{L}}^2 = \hat{L}_x^2 + \hat{L}_y^2 + \hat{L}_z^2$ より，$[\hat{\boldsymbol{L}}^2, \hat{L}_z] = 0$ を得る。同様にして，(10.34) 式が成り立つことがわかる。　■

方向量子化

(10.28) 式より，軌道角運動量の大きさは，演算子 $\hat{\boldsymbol{L}}^2$ の固有値の平方根，すなわち，$|\boldsymbol{L}| = \sqrt{l(l+1)}\hbar$ と考えられるが，この値は，演算子 $\hat{L}_z$ の固有値 $L_z = m\hbar$ の最大値 $l\hbar$ より大きい。これは，次のように考えられる。$\hat{\boldsymbol{L}}^2$ と $\hat{L}_z$ は可換であるから，それらの値を同時に決めることができるが，$\hat{L}_x, \hat{L}_y, \hat{L}_z$ が互いに可換ではなく，それらの値は同時に決まらない。古典論では，角運動量ベクトル $\boldsymbol{L}$ は，任意の方向を向くことができる。したがって，L_z の最大値は $\boldsymbol{L}$ が z 方向を向くときであり，$\boldsymbol{L} = (0, 0, L_z)$ で $|\boldsymbol{L}| = L_z$ となる。しかし量子力学では，$L_z = l\hbar$ のとき，L_x と L_y が 0 に定まらないため，角運動量の大きさ $|\boldsymbol{L}| = \sqrt{L_x^2 + L_y^2 + L_z^2}$ は L_z より大きくなり，$\sqrt{l(l+1)}\hbar$ になってしまう。

ベクトルを用いてこの様子を描くと，図10.3のようになる。角運動量ベクトル $\boldsymbol{L}$ の向きは，任意の方向をとることができない。図10.3 は，$l = 2$ の場合であり，その方向は5つに限られている。

このように，量子力学では，角運動量ベクトルのとるべき方向が限られるので，これを**方向量子化**と呼んでいる。

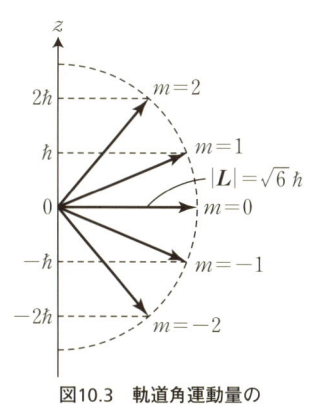

図10.3 軌道角運動量の方向量子化

シュレーディンガーの猫

10分補講

　シュレーディンガーは，1887年，オーストリアのウィーンで生まれ，中等学校時代，数学，物理の他，古典語にも興味を示し，入学から卒業までつねに首席を通した。1906年，ウィーン大学に入学し，物理学を専攻して，誘電体や磁性体の理論の論文を書いたが，そのころ興り始めていた量子論は避けていた。1914年，大学教授資格を得ると同時に1918年まで兵役に就いた。大学では理論物理学を講義すると同時に，哲学にも興味を示した。1921年チューリッヒ大学の教授となり，そこで，デバイからド・ブロイの論文を紹介された。この論文に興味をもったシュレーディンガーは，粒子に対する波動力学の必要性を痛感し，シュレーディンガー方程式に到達した。

　1926年は，シュレーディンガーにとって，最も実り多い年になった。この年，彼は6篇の波動力学の論文を書くと同時に，9月にはコペンハーゲンに呼ばれボーアと論争している。

　その後，ベルリン大学教授となり，第2次世界大戦が始まるとアイルランドに逃れて，ダブリン高等研究所教授となった。ダブリンに滞在中，名著「生命とは何か」を著し，生物学と物理学を結び付けようとした。その後，生まれ故郷のウィーンに戻り，1961年，ウィーンで亡くなった。

　波動関数の確率解釈にしたがって，ラジウム原子核のα崩壊を考えてみよう。α崩壊はある確率で起こるのであるから，ラジウム原子核の波動関数ψは，α粒子が核内に止まっている状態の波動関数ψ_1と，α粒子が飛び出し，ラドン原子核とα粒子が存在する波動関数ψ_2の重ね合わせで表される。ところが，測定器を用いて観測を行い，α粒子が観測されなければ，その瞬間に波動関数は収縮して$\psi \to \psi_1$となり，α粒子が観測されれば収縮して$\psi \to \psi_2$となる。

　今，箱の中に入れられた猫に，ラジウム原子核がα崩壊すると死

ぬ仕掛けがなされているとする。α 崩壊するかどうかは確率的に決まるのであるから，人が箱を覗いて確かめない限り，猫は生きているとも死んでいるともいえる状態にある。人が箱を開けて猫を見たとき，波動関数は収縮して猫の生死が決まることになる。

これはおかしいではないか！

箱の中の猫が生きているか死んでいるかは，人が確かめるまでもなく決まっているはずである。

シュレーディンガーは，このような疑問を投げかけて波動関数の確率解釈を批判した。上のパラドックスを「シュレーディンガーの猫」という。

章末問題

10.1 x-y 平面上の運動エネルギー演算子

$$\hat{K} = \frac{\hat{p}_x{}^2 + \hat{p}_y{}^2}{2m} = -\frac{\hbar^2}{2m}\left(\frac{\partial^2}{\partial x^2} + \frac{\partial^2}{\partial y^2}\right)$$

は，2次元極座標を用いると，

$$\begin{aligned}\hat{K} &= -\frac{\hbar^2}{2m}\left[\frac{1}{r}\frac{\partial}{\partial r}\left(r\frac{\partial}{\partial r}\right) + \frac{1}{r^2}\frac{\partial^2}{\partial \theta^2}\right] \\ &= -\frac{\hbar^2}{2m}\left[\frac{\partial^2}{\partial r^2} + \frac{1}{r}\frac{\partial}{\partial r} + \frac{1}{r^2}\frac{\partial^2}{\partial \theta^2}\right]\end{aligned} \quad (10.35)$$

と表されることを示せ。

10.2 ロドリグの公式 (10.18) は，ルジャンドル多項式 (10.17) を与えることを示せ。

10.3 (10.26) 式から (10.27) 式を導け。

第 11 章

まず，動径方向のシュレーディンガー方程式を考え，遠心力ポテンシャルと同時に，原点での境界条件を考察する。水素原子の量子力学において，動径方向の波動関数は，ラゲールの陪多項式で表される。

中心力場内の粒子 II
── 動径方向の方程式と水素原子

11.1 動径方向のシュレーディンガー方程式

前節までで，角度部分のシュレーディンガー方程式を解いた。次に，動径方向の波動関数 $R(r)$ に対する方程式

$$-\frac{\hbar^2}{2m}\left(\frac{d^2}{dr^2} + \frac{2}{r}\frac{d}{dr}\right)R_l(r) + \left[V(r) + \frac{l(l+1)\hbar^2}{2mr^2}\right]R_l(r)$$
$$= ER_l(r) \tag{10.9}$$

を考えよう。この方程式の左辺第 2 項には，通常のポテンシャル $V(r)$ の他に，角運動量演算子 $\hat{L}^2$ の固有値 $l(l+1)\hbar^2$ によって与えられる項が含まれる。そのため，動径波動関数 $R(r)$ は軌道量子数 l によるので，添え字 l を付けて，$R_l(r)$ と書いた。ポテンシャル $V(r)$ に固有値 $l(l+1)\hbar^2$ による項を加えた項

$$U(r) = V(r) + \frac{l(l+1)\hbar^2}{2mr^2} \tag{11.1}$$

は，**有効ポテンシャル**と呼ばれる。有効ポテンシャル $U(r)$ は，実際のポテンシャル $V(r)$ と遠心力ポテンシャルと呼ばれる項 $\frac{l(l+1)\hbar^2}{2mr^2}$ の和として書かれる。

例題11.1 遠心力ポテンシャル

古典力学を用いて，中心力場での遠心力ポテンシャルの意味を説明せよ。

解 中心力 f を受けた質量 m の質点の運動を考える（図11.1）。中心から距離 r 離れた点Pを運動している質点の速度を v とし，その動径成分を $v_{/\!/}$，動径に垂直な速度成分を $v_\perp$ とする。質点の角運動量の大きさは，$L = mrv_\perp$ と表されるから，遠心力の大きさは，$f_c = m\dfrac{v_\perp^2}{r} = \dfrac{L^2}{mr^3}$ と表される。こ

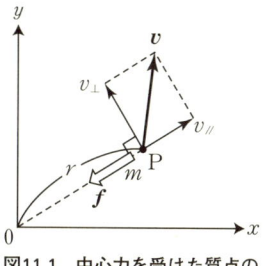

図11.1 中心力を受けた質点の運動

こで，中心力を受けた質点の運動では，角運動量の大きさ L は一定に保たれるから，無限遠を基準とすると，点Pでの質点の遠心力ポテンシャルは，

$$U_c(r) = \int_r^\infty f_c dr = \frac{L^2}{m}\int_r^\infty \frac{dr}{r^3} = \frac{L^2}{2mr^2}$$

となる。

量子力学では，$\hat{L}^2$ の固有値は $l(l+1)\hbar^2$ だから，$L^2 = l(l+1)\hbar^2$ とおくと，(10.9) 式に現れる項 $\dfrac{l(l+1)\hbar^2}{2mr^2}$ に一致する。 ∎

(10.9) 式を解くために，

$$R_l(r) = \frac{\chi_l(r)}{r} \tag{11.2}$$

とおいて代入すると，

$$-\frac{\hbar^2}{2m}\frac{d^2\chi_l(r)}{dr^2} + \left[V(r) + \frac{l(l+1)\hbar^2}{2mr^2}\right]\chi_l(r) = E\chi_l(r) \tag{11.3}$$

となる。これは有効ポテンシャル中での1次元系と同じ方程式であるから，解くことができそうである。ただし，1次元系と異なるところは，領域が $r \geq 0$ に限定されるところである。それでは，$r = 0$ で解 $\chi_l(r)$ に課される条件（境界条件）はどうなるのであろうか。原点での境界条件は，軌道量子数 $l = 0, 1, 2, \cdots$ に対して，

$$\chi_l(0) = 0 \tag{11.4}$$

である。

この境界条件を考える際，全空間での粒子の存在確率を1にすることができるかどうか，すなわち，波動関数を規格化できるかどうかを考える必要がある。$Y_l^m(\theta, \phi)$ が規格化されているとする（すなわち，(10.25) 式が満たされている）と，動径波動関数の規格化条件は，

$$\int_0^\infty |R_l(r)|^2 r^2 \mathrm{d}r = 1 \tag{11.5}$$

と表される。

例題11.2　動径波動関数の規格化条件

球面調和関数 $Y_l^m(\theta, \phi)$ が (10.25) 式を満たすとき，波動関数 $\varphi(r, \theta, \phi)$ の規格化条件は，(11.5) 式を与えることを示せ。

解　$\varphi(r, \theta, \phi)$ の規格化条件

$$\int_0^\infty r^2 \mathrm{d}r \int_0^\pi \sin\theta \mathrm{d}\theta \int_0^{2\pi} \mathrm{d}\phi |\varphi(r, \theta, \phi)|^2 = 1$$

に，$\varphi(r, \theta, \phi) = R_l(r) Y_l^m(\theta, \phi)$ を代入すると，

$$\int_0^\infty |R_l(r)|^2 r^2 \mathrm{d}r \int_0^{2\pi} \mathrm{d}\phi \int_0^\pi |Y_l^m(\theta, \phi)|^2 \sin\theta \mathrm{d}\theta = 1$$

となる。ここで，(10.25) 式を代入して，(11.5) 式を得る。　■

例題11.3　原点における境界条件

ポテンシャル $V(r)$ は，$r \to 0$ のとき，$\sim \dfrac{1}{r^2}$ より小さいとする。すなわち，$V(r) \propto r^\alpha$ と書くとき，$-2 < \alpha$ とする。

$l \neq 0$ のとき，r の小さいところで $\chi_l(r) = r^\beta$ とおくことにより，$\chi_l(0) = 0$ となることを示せ。

解　$V(r) \propto r^\alpha$，$-2 < \alpha$ のとき，r の小さい原点近くでは，$V(r)$ より $\dfrac{l(l+1)\hbar^2}{2mr^2}$ の寄与が十分大きくなり，また，定数 E も無視できるので，(11.3) 式は，

$$\frac{\mathrm{d}^2 \chi_l(r)}{\mathrm{d}r^2} - \frac{l(l+1)}{r^2} \chi_l(r) = 0 \tag{11.6}$$

と表される。(11.6) 式へ，$\chi_l(r) = r^\beta$ を代入すると，

$$\beta(\beta - 1) - l(l+1) = 0 \iff \{\beta - (l+1)\}(\beta + l) = 0$$

となり，$\chi_l(r)$ の2つの独立な解 r^{l+1} と r^{-l} が得られる。ここで，解 $\chi_l(r) = r^{-l}$ は，(11.2) 式より $R_l(r) = r^{-l-1}$ となる。$l \neq 0$ より $l \geq 1$

となるため，これを (11.5) 式へ代入すると，左辺の積分は $r \approx 0$ の近傍で発散して規格化できない．したがって，$\chi_l(r) = r^{-l}$ は物理的に不適であり，解は，
$$\chi_l(r) = r^{l+1} \tag{11.7}$$
であることがわかる．よって，$\chi_l(0) = 0$ となることがわかる．■

$l = 0$ のとき，「$V(r) \propto r^\alpha$, $-2 < \alpha$」とする．このとき，r の小さいところで，$\chi_l(r) = r^\beta$, $\beta < 0$ とおいて (11.3) 式へ代入すると，両辺の r の次数は一致せず，このような解は存在しない．次に，「$\chi_0(r)$ が 0 ではない定数になる」とすると，10.1 節での変数分離および (11.2) 式を思い出せば，波動関数は $\varphi(r) = \dfrac{\chi_0(r)}{r} Y_0^0 = \dfrac{c}{r}$ （c は 0 ではない定数）となる．これをシュレーディンガー方程式 (10.2) へ代入すると，
$$\nabla^2 \left(\frac{1}{r} \right) = \frac{2m}{\hbar^2} (V(r) - E) \frac{1}{r} \tag{11.8}$$
となる．一方，ここでは導出しないが，$\nabla^2 \left(\dfrac{1}{r} \right)$ は，デルタ関数 $\delta(\boldsymbol{r}) = \delta(x)\delta(y)\delta(z)$ を用いて，
$$\nabla^2 \left(\frac{1}{r} \right) = -4\pi \delta(\boldsymbol{r}) \tag{11.9}$$
となることが知られている．したがって，(11.8) 式は成り立たない．

こうして，「$\chi_0(r)$ が 0 ではない定数になる」こともなく，境界条件は，$l = 0, 1, 2, \cdots$ に対して，(11.4) 式で与えられることがわかる．

例題11.4　球に閉じ込められた自由粒子

球形ポテンシャル
$$V(r) = \begin{cases} -V_0 & 0 < r < a \\ 0 & a < r \end{cases} \tag{11.10}$$
に閉じ込められた粒子（エネルギーは $E < 0$）の運動を考えよう．このモデルは，半径 a の原子核の内部に閉じ込められた核子（陽子と中性子）の運動を考える際に用いられる．

s 軌道（$l = 0$）を考えて，エネルギー固有値が存在するための条件を求めよ．

解　粒子のエネルギーは $E < 0$ であるから，(11.3) 式は，

$$-\frac{\hbar^2}{2m}\frac{\mathrm{d}^2\chi_0}{\mathrm{d}r^2} - V_0\chi_0 = E\chi_0 \quad (0 < r < a)$$

$$-\frac{\hbar^2}{2m}\frac{\mathrm{d}^2\chi_0}{\mathrm{d}r^2} = E\chi_0 \quad (a < r)$$

となる。これらの方程式は，1次元井戸型ポテンシャルのシュレーディンガー方程式 (6.10)，(6.11) とまったく同じ形をしているから，6.2節と同様に求めることができる。ただし，原点での境界条件が $\chi_0(0) = 0$ となるから，例題6.3で考えた負のパリティをもつ場合を考え，$0 \leq r$ の解を考えればよい。そこで，$k = \frac{\sqrt{2m(V_0 - |E|)}}{\hbar}$, $b = \frac{\sqrt{2m|E|}}{\hbar}$ とおき，A, C を任意定数として，波動関数を，

$$\chi_0(r) = \begin{cases} A\sin kr & 0 \leq r < a \\ Ce^{-br} & a < r \end{cases}$$

と書くことができる。$r = a$ で波動関数とその導関数が連続である条件は，

$$A\sin ka = Ce^{-ba}, \quad Ak\cos ka = -Cbe^{-ba}$$

となるから，$\xi = ka$, $\eta = ba$ として，

$$\eta = -\xi \cot \xi \tag{6.24}$$

を得る。これより図6.6を描くことができ，エネルギー固有値をもつ条件は，グラフが交点をもつ条件として，

$$\underline{Va^2 \geq \frac{h^2}{32m}}$$

となる。 ∎

11.2 水素原子の量子力学

例題2.1で学んだように，水素原子は，「正電荷 e をもつ陽子1個からなる原子核のまわりを，負電荷 $-e$ をもつ電子1個が運動している」最も簡単な原子である。電子の質量は，陽子の質量の $\frac{1}{1840}$ 倍なので，原子核は動かないとみなすことができる。そこで，原子核から距離 r 離れた点を運動している電子には，クーロンポテンシャル $V(r) = -\frac{e^2}{4\pi\varepsilon_0 r}$ が作用するので，質量 m_e の電子のシュレーディンガー方程式は，波動関数を $\varphi(\boldsymbol{r})$ として，

$$-\frac{\hbar^2}{2m_e}\nabla^2\varphi(\boldsymbol{r}) - \frac{e^2}{4\pi\varepsilon_0 r}\varphi(\boldsymbol{r}) = E\varphi(\boldsymbol{r}) \tag{11.11}$$

と表される。ここで, ε_0 は真空の誘電率であり, 束縛状態を考えるので, $E < 0$ とする。

シュレーディンガー方程式の変数分離

動径部分の関数 $\chi_l(r)$ と球面調和関数 $Y_l^m(\theta, \phi)$ を用いて,

$$\varphi(\boldsymbol{r}) = \frac{\chi_l(r)}{r} Y_l^m(\theta, \phi) \tag{11.12}$$

と変数分離すると, 関数 $\chi_l(r)$ の満たす方程式は, (11.3) 式より,

$$\frac{d^2\chi_l(r)}{dr^2} + \left[\frac{2m_e}{\hbar^2}\left(\frac{e^2}{4\pi\varepsilon_0 r} - |E|\right) - \frac{l(l+1)}{r^2}\right]\chi_l(r) = 0 \tag{11.13}$$

となる。ここで, $\alpha^2 = \dfrac{8m_e|E|}{\hbar^2}$, $\lambda = \dfrac{e^2}{4\pi\varepsilon_0\hbar}\sqrt{\dfrac{m_e}{2|E|}}$ とおいて, 変数を $\rho = \alpha r$ と変換する。また, 以下では, $\chi_l(\rho/\alpha)$ を単に χ_l と表すことにする。そうすると, $\dfrac{d^2\chi_l(r)}{dr^2} = \alpha^2 \dfrac{d^2\chi_l}{d\rho^2}$, $\dfrac{2m_e}{\hbar^2}\dfrac{e^2}{4\pi\varepsilon_0 r} = \alpha^2\dfrac{\lambda}{\alpha}\dfrac{1}{r} = \alpha^2\dfrac{\lambda}{\rho}$ となるから, (11.13) 式は,

$$\frac{d^2\chi_l}{d\rho^2} + \left[\frac{\lambda}{\rho} - \frac{1}{4} - \frac{l(l+1)}{\rho^2}\right]\chi_l = 0 \tag{11.14}$$

と変形できる。

エネルギー固有値

この式を解くために, 9.1 節で調和振動子の波動関数を考えた場合と同様に, $\rho \to \infty$ での漸近形を予測しよう。$\rho \to \infty$ で, (11.14) 式は漸近的に,

$$\frac{d^2\chi_l}{d\rho^2} = \frac{1}{4}\chi_l \tag{11.15}$$

となる。(11.15) 式の2つの特解は, $\chi_l \propto e^{\pm\frac{\rho}{2}}$ となるが, $\rho \to \infty$ で発散しない物理的に適切な解は, $\chi_l \propto e^{-\frac{\rho}{2}}$ であることがわかる。そこで, (11.14) 式の解を $e^{-\frac{\rho}{2}}$ と ρ の関数 $f(\rho)$ の積

$$\chi_l = f(\rho) e^{-\frac{\rho}{2}} \tag{11.16}$$

と書いて (11.14) 式へ代入すると, $f(\rho)$ は,

$$\frac{d^2 f(\rho)}{d\rho^2} - \frac{df(\rho)}{d\rho} + \left(\frac{\lambda}{\rho} - \frac{l(l+1)}{\rho^2}\right) f(\rho) = 0 \quad (11.17)$$

を満たす。

ここで，中心力場において，r の小さいところで $\chi_l(r)$ は (11.7) 式で与えられることを思い出そう。そうすると，χ_l の最低次の項は ρ^{l+1} となるはずであるから，ρ の多項式

$$L(\rho) = A_0 + A_1 \rho + A_2 \rho^2 + \cdots = \sum_{k=0}^{\infty} A_k \rho^k \quad (11.18)$$

を用いて，

$$f(\rho) = \rho^{l+1} L(\rho) \quad (11.19)$$

とおいて (11.17) 式へ代入すると，$L(\rho)$ の満たす方程式は，

$$\rho \frac{d^2 L}{d\rho^2} + (2l + 2 - \rho)\frac{dL}{d\rho} + (\lambda - l - 1)L = 0 \quad (11.20)$$

となる。さらに，(11.18) 式を代入すると，

$$\sum_{k=0}^{\infty} [(k+2l+2)(k+1)A_{k+1} - (k+l+1-\lambda)A_k]\rho^k = 0 \quad (11.21)$$

となる(例題 11.5(1) 参照)。この式が，任意の $\rho > 0$ に対して成立することから，ρ^k の係数はすべて 0 になる。よって，係数の間に，

$$A_{k+1} = \frac{k+l+1-\lambda}{(k+2l+2)(k+1)} A_k \quad (11.22)$$

の関係が成り立つ。ここで，k の十分大きいところでは，$\frac{A_{k+1}}{A_k} \approx \frac{1}{k}$ となるため，$L(\rho) \sim e^\rho$ となり (例題 11.5(2) 参照)，$\rho \to \infty$ で χ_l が指数関数的に発散してしまう。これを避けるためには，べき級数は有限級数でなければならず，係数 A_k は，k がある値より大きくなると，すべて 0 になることが必要である。これより λ は正の整数値でなければならず，$k = n_r$ と書くと，

$$\lambda = n_r + l + 1 \equiv n \quad (11.23)$$

となる。こうして，λ の定義 $\lambda = \frac{e^2}{4\pi\varepsilon_0 \hbar} \sqrt{\frac{m_e}{2|E|}}$ より，水素原子のエネルギー固有値 E_n は，

$$E_n = -\frac{m_e e^4}{32\pi^2 \varepsilon_0^2 \hbar^2} \frac{1}{n^2} = -\frac{m_e e^4}{8\varepsilon_0^2 h^2} \frac{1}{n^2} \quad (11.24)$$

となる。(11.23) 式で与えられる n $(n = 1, 2, 3, \cdots)$ を**主量子数**，n_r （n_r

$= 0, 1, 2, \cdots$) を**動径量子数**という。

ここで，例題 2.1 で導入したボーア半径

$$r_0 = \frac{4\pi\varepsilon_0 \hbar^2}{m_e e^2} = \frac{\varepsilon_0 h^2}{\pi m_e e^2} \tag{11.25}$$

を導入すると便利である。ボーア半径を用いると，エネルギー固有値 E_n は，

$$E_n = -\frac{e^2}{8\pi\varepsilon_0 r_0}\frac{1}{n^2} \tag{11.26}$$

と表され，$\alpha = \dfrac{\sqrt{8m_e|E|}}{\hbar} = \dfrac{2\pi m_e e^2}{\varepsilon_0 h^2 n}$ は，

$$\alpha = \frac{2}{nr_0} \tag{11.27}$$

と書ける。

(11.24) 式は，例題 2.1 でボーアの原子模型を用いて求めた式 (2.7) と完全に一致している。したがって，これより，水素原子から発せられる光のスペクトルの式 (2.4) が導かれる。また，基底状態 ($n = 1$) のエネルギーは，$E_1 = 13.6\,\text{eV}$，ボーア半径は，$r_0 = 0.53 \times 10^{-10}\,\text{m}$ となる。

例題 11.5　多項式 $L(\rho)$ の性質

(1) 多項式 (11.18) を (11.20) 式へ代入することにより，(11.21) 式を導け。

(2) べき級数 $L(\rho)$ において，べき指数 k の大きいところでその係数の間に，$\dfrac{A_{k+1}}{A_k} \approx \dfrac{1}{k}$ の関係があると，$L(\rho) \sim e^\rho$ と書けることを説明せよ。

解

(1) $\quad \dfrac{dL}{d\rho} = \sum\limits_{k=1}^{\infty} kA_k\rho^{k-1} = \sum\limits_{k=0}^{\infty}(k+1)A_{k+1}\rho^k$

$\quad\rho\dfrac{dL}{d\rho} = \sum\limits_{k=1}^{\infty} kA_k\rho^k = \sum\limits_{k=0}^{\infty} kA_k\rho^k$

$\quad\rho\dfrac{d^2L}{d\rho^2} = \rho\sum\limits_{k=2}^{\infty} k(k-1)A_k\rho^{k-2} = \sum\limits_{k=0}^{\infty}(k+2)(k+1)A_{k+2}\rho^{k+1}$

$\quad\quad = \sum\limits_{k=1}^{\infty}(k+1)kA_{k+1}\rho^k = \sum\limits_{k=0}^{\infty} k(k+1)A_{k+1}\rho^k$

を (11.20) 式へ代入して (11.21) 式を得る。

(2) $\quad e^\rho = 1 + \rho + \dfrac{1}{2!}\rho^2 + \cdots = \sum\limits_{k=0}^{\infty} B_k\rho^k$ より，k の大きいところで，

$\dfrac{B_{k+1}}{B_k} = \dfrac{1}{k+1} \approx \dfrac{1}{k}$ となるから，$\dfrac{A_{k+1}}{A_k} \approx \dfrac{1}{k}$ の関係があると，$L(\rho) \sim e^\rho$ と書ける。 ∎

例題11.6 水素原子の縮重度

主量子数 n のエネルギー準位に属する状態数を求めよ。

解 (11.23) 式より，主量子数 n の状態では，軌道量子数は $l = 0, 1, 2, \cdots, n-1$ の値をとることができる。軌道量子数が l のとき，磁気量子数 m のとり得る値は，(10.29) 式で与えられ，その数は $2l+1$ である。したがって，主量子数 n で決まるエネルギーをもつ状態数は，

$$1 + (2 \times 1 + 1) + (2 \times 2 + 1) + \cdots + \{2(n-1) + 1\}$$
$$= \sum_{k=1}^{n} (2k-1) = 2 \cdot \dfrac{n(n+1)}{2} - n = \underline{n^2}$$

となる。 ∎

ラゲールの陪多項式と動径波動関数

$n = 0, 1, 2, \cdots,\ m = 0, 1, 2, \cdots, n$ とするとき，微分方程式

$$\rho \dfrac{d^2 L_n^m(\rho)}{d\rho^2} + (m + 1 - \rho) \dfrac{d L_n^m(\rho)}{d\rho} + (n - m) L_n^m(\rho) = 0 \tag{11.28}$$

を満たす解 $L_n^m(\rho)$ を**ラゲールの陪多項式**という。ラゲールの陪多項式は，

$$L_n^m(\rho) = \dfrac{d^m}{d\rho^m} \left[e^\rho \dfrac{d^n}{d\rho^n} (\rho^n e^{-\rho}) \right] \tag{11.29}$$

で与えられる。ここで，$m \to 2l+1,\ n \to n+l$ とすると，(11.28) 式は，(11.20) 式で $\lambda = n$ とした

$$\rho \dfrac{d^2 L}{d\rho^2} + (2l + 2 - \rho) \dfrac{dL}{d\rho} + (n - l - 1) L = 0 \tag{11.30}$$

に一致する。したがって，$L(\rho)$ はラゲールの陪多項式 $L_{n+l}^{2l+1}(\rho)$ に等しい。

今，ラゲールの陪多項式 $L_{n+l}^{2l+1}(\rho)$ の積分公式

$$\int_0^\infty e^{-\rho} \rho^{2l} [L_{n+l}^{2l+1}(\rho)]^2 \rho^2 d\rho = \dfrac{2n[(n+l)!]^3}{(n-l-1)!} \tag{11.31}$$

を用いる。また，水素原子の動径方向の波動関数 $R_l(r)$ を $R_{nl}(r)$ と書くと，

$$R_{nl}(r) = -\sqrt{\left(\frac{2}{nr_0}\right)^3 \frac{(n-l-1)!}{2n[(n+l)!]^3}} \exp\left[-\frac{r}{nr_0}\right] \cdot \left(\frac{2r}{nr_0}\right)^l L_{n+l}^{2l+1}\left(\frac{2r}{nr_0}\right) \tag{11.32}$$

となる（導出は例題 11.7）．ここで，ボーア半径 r_0 を使い，r の小さいところで $R_{nl}(r) > 0$ となるように符号を選んだ．

例題11.7 動径波動関数の導出

積分公式 (11.31) を用いて，波動関数 $R_{nl}(r)$ の表式 (11.32) を導け．

解 規格化定数を C とすると，
$$\chi_l = f(\rho)e^{-\frac{\rho}{2}} = Ce^{-\frac{\rho}{2}} \rho^{l+1} L_{n+l}^{2l+1}(\rho)$$

と書けるから，動径波動関数の規格化条件 (11.5) 式は，

$$1 = \int_0^\infty |R_{nl}(r)|^2 r^2 dr = \int_0^\infty |\chi_l(r)|^2 dr = \frac{C^2}{\alpha}\int_0^\infty e^{-\rho}\rho^{2l} |L_{n+l}^{2l+1}(\rho)|^2 \rho^2 d\rho$$

となる．ここで，$d\rho = \alpha dr$ を用いた．さらに (11.31) 式を用いて，r の小さいところで $R_{nl}(r) > 0$ となるように負号をとると，

$$C = -\sqrt{\alpha}\sqrt{\frac{(n-l-1)!}{2n[(n+l)!]^3}}$$

となる．よって，$\rho = \alpha r$ を用いて，

$$R_{nl}(r) = \frac{\chi_l(r)}{r} = \alpha \frac{\chi_l}{\rho}$$
$$= -\alpha^{\frac{3}{2}}\sqrt{\frac{(n-l-1)!}{2n[(n+l)!]^3}}\, (\alpha r)^l e^{-\frac{\alpha r}{2}} L_{n+l}^{2l+1}(\alpha r)$$

となる．最後に，α に (11.27) 式を代入して (11.32) 式を得る． ∎

ここで，軌道量子数 $l = 0, 1, 2, 3, \cdots$ をもつ軌道を，慣用的に，それぞれ，s 軌道，p 軌道，d 軌道，f 軌道，…と呼ぶ．

例題11.8 動径波動関数の表式

動径波動関数 $R_{10}(r)$，$R_{20}(r)$，$R_{21}(r)$ の表式を書き下せ．

解 $n=1$，$l=0$ (1s 状態) のとき，(11.29) 式より，

$$L_1^1(\rho) = \frac{d}{d\rho}\left[e^\rho \frac{d}{d\rho}(\rho e^{-\rho})\right] = \frac{d}{d\rho}(1-\rho) = -1$$

となり，

$$R_{10}(r) = -\sqrt{\left(\frac{2}{r_0}\right)^3 \cdot \frac{1}{2}}\, e^{-\frac{r}{r_0}} \cdot (-1) = \underline{2\left(\frac{1}{r_0}\right)^{\frac{3}{2}} e^{-\frac{r}{r_0}}} \tag{11.33}$$

$n=2$，$l=0$ (2s 状態) のとき，

第 11 章　中心力場内の粒子 II

$$L_2^1(\rho) = \frac{\mathrm{d}}{\mathrm{d}\rho}\left[e^\rho \frac{\mathrm{d}^2}{\mathrm{d}\rho^2}(\rho^2 e^{-\rho})\right] = -4 + 2\rho$$

$$\therefore\ R_{20}(r) = \frac{1}{\sqrt{2}}\left(\frac{1}{r_0}\right)^{\frac{3}{2}}\left(1 - \frac{r}{2r_0}\right)\exp\left[-\frac{r}{2r_0}\right]$$

$n = 2,\ l = 1$ (2p 状態)のとき，

$$L_3^3(\rho) = \frac{\mathrm{d}^3}{\mathrm{d}\rho^3}\left[e^\rho \frac{\mathrm{d}^3}{\mathrm{d}\rho^3}(\rho^3 e^{-\rho})\right] = -6$$

$$\therefore\ R_{21}(r) = \frac{1}{2\sqrt{6}}\left(\frac{1}{r_0}\right)^{\frac{3}{2}}\left(\frac{r}{r_0}\right)\exp\left[-\frac{r}{2r_0}\right]$$

となる。　■

例題11.9　電子の存在確率

動径波動関数の規格化条件は (11.5) 式で与えられるから，電子が半径 r と $r + \mathrm{d}r$ の間に存在する確率，すなわち確率密度は，

$$P_{nl}(r) = r^2|R_{nl}(r)|^2 \tag{11.34}$$

と表されることがわかる。

(1)　水素原子の基底状態 ($n = 1,\ l = 0$ (1s 状態)) において，$P_{10}(r)$ が最大になる距離 r を求めよ。

(2)　水素原子の基底状態において，電子の軌道半径の期待値を求めよ。

(3)　水素原子において，1s 状態，2s 状態，2p 状態における電子の存在確率密度 $P_{nl}(r)$ のグラフをそれぞれ描け。

解

(1)　(11.33) 式を用いて，$P_{10}(r) = r^2|R_{10}(r)|^2 = 4\left(\frac{1}{r_0}\right)^3 r^2 \exp\left[-\frac{2r}{r_0}\right]$

と書けるから，$\frac{\mathrm{d}}{\mathrm{d}r}P_{10}(r) = \frac{8r}{r_0^3}\left(1 - \frac{r}{r_0}\right)\exp\left[-\frac{2r}{r_0}\right]$ より，$r = \underline{r_0}$ (ボーア半径)で $P_{10}(r)$ は最大になることがわかる。

(2)　電子の軌道半径の期待値 $\langle r \rangle$ は，

$$\langle r \rangle = \int_0^\infty r P_{10}(r)\mathrm{d}r = 4\left(\frac{1}{r_0}\right)^3 \int_0^\infty r^3 \exp\left[-\frac{2r}{r_0}\right]\mathrm{d}r = \underline{\frac{3}{2}r_0}$$

となる。$\langle r \rangle \neq r_0$ であることに注意しよう。

(3)　1s 状態：$P_{10}(r) = 4\left(\frac{1}{r_0}\right)^3 r^2 \exp\left[-\frac{2r}{r_0}\right]$

2s 状態：$P_{20}(r) = r^2|R_{20}(r)|^2 = \dfrac{1}{2}\left(\dfrac{1}{r_0}\right)^3\left(1-\dfrac{r}{2r_0}\right)^2 r^2 \exp\left[-\dfrac{r}{r_0}\right]$

2p 状態：$P_{21}(r) = r^2|R_{21}(r)|^2 = \dfrac{1}{24}\left(\dfrac{1}{r_0}\right)^3\left(\dfrac{r}{r_0}\right)^2 r^2 \exp\left[-\dfrac{r}{r_0}\right]$

より，存在確率密度のグラフ図 11.2 を得る。　■

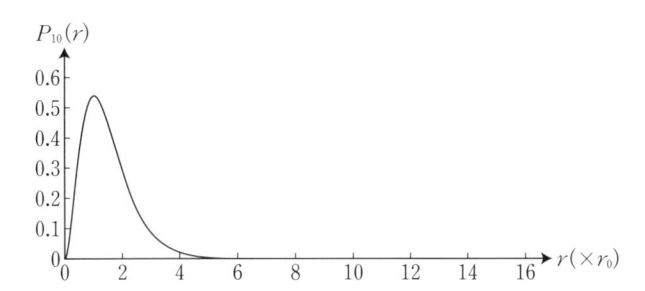

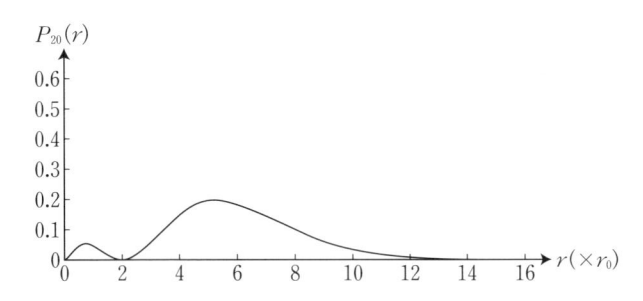

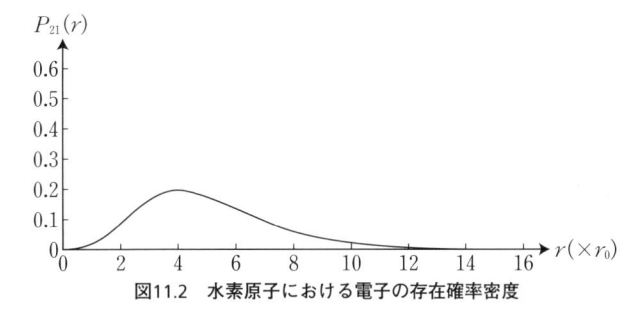

図11.2　水素原子における電子の存在確率密度

第 11 章　中心力場内の粒子 II

章末問題

11.1 (1) 水素類似イオンであるヘリウムイオン He^+，リチウムイオン Li^{2+} の基底状態のエネルギーを求めよ。ただし，水素原子の基底状態のエネルギーは $E_1^{\text{H}} = -13.6\,\text{eV}$ である。

(2) ミューオニウム（陽子と μ^- 粒子の束縛状態）の基底状態のエネルギーを求めよ。ただし，電子の質量を m_e として，陽子の質量は $m_p = 1840\,m_e$，μ^- 粒子の質量は $m_\mu = 207 m_e$ である。

11.2 水素原子の 2p 状態の波動関数は，

$$\varphi_{21m}(r, \theta, \phi) = R_{21}(r) Y_l^m(\theta, \phi) \quad (m = 1, 0, -1) \quad (11.35)$$

と表される。ここで，

$$R_{21}(r) = \frac{1}{2\sqrt{6}} \left(\frac{1}{r_0}\right)^{\frac{3}{2}} \left(\frac{r}{r_0}\right) \exp\left[-\frac{r}{2r_0}\right] \quad (11.36)$$

$$Y_1^0(\theta, \phi) = \sqrt{\frac{3}{4\pi}} \cos\theta, \quad Y_1^{\pm 1}(\theta, \phi) = \mp\sqrt{\frac{3}{8\pi}} \sin\theta\, e^{\pm i\phi} \quad (11.37)$$

であり，r_0 はボーア半径である。(11.35) ～ (11.37) 式を用いて，下記の問に答えよ。

(1) 複素関数である $\varphi_{21m}(r, \theta, \phi)$ （$m = 1, 0, -1$）の適当な線形結合をつくることにより，実関数

$$\varphi_{2p_x} = x f(r), \quad \varphi_{2p_y} = y f(r), \quad \varphi_{2p_z} = z f(r) \quad (11.38)$$

を求め，これらが互いに直交することを示せ。ここで，$f(r)$ は r のみの関数である。

(2) 波動関数 φ_{2p_x}，φ_{2p_y}，φ_{2p_z} の空間的な広がりを定性的に説明せよ。

(3) 2p 状態の波動関数による 3 つの期待値 $\langle r^2 \rangle$，$\langle r \rangle$，$\langle r^{-1} \rangle$ を，ボーア半径 r_0 を用いて表せ。

(4) 2p 状態の水素原子は 3 重に縮退している。この水素原子をポテンシャルエネルギーが，

$$V = A(3z^2 - r^2) \quad (A\text{ は正の定数})$$

で表される電場中におくと縮退が解ける。波動関数 (11.35) を用いてポテンシャル V の各状態による行列要素

$$\langle 21m|V|21n\rangle = A\iiint (\varphi_{21m}V\varphi_{21n})r^2 \sin\theta \mathrm{d}r\mathrm{d}\theta\mathrm{d}\phi \quad (m, n = 1, 0, -1)$$

を計算し，縮退が解けることを示せ．これは，「量子力学Ⅱ」で述べる摂動論として考えると，摂動の1次の項を計算したことになる．

第 12 章

古典的な解析力学を復習することからはじめ，次に電磁場中の荷電粒子を表すラグランジアンとハミルトニアンを求める。量子力学へ移行すると，ゲージ変換に対する不変性が重要となる。

電磁場中の荷電粒子

12.1　ラグランジアンとハミルトニアン

まず，古典力学における解析力学の形式を思い出しておこう。ニュートン力学では，座標系ごとに運動方程式を立てるため，かなり煩雑な考察をしなければならないことが多い。そこで，座標系ごとに運動方程式を書くかわりに，一般的な座標系を用いて運動方程式を導く方法が考えられた。このような方法のもとに発展した力学を**解析力学**という。解析力学は，一般的な観点から保存則を導くのに便利であり，量子力学の発展に必要欠くべからざるものになった。

しばらく，量子力学を離れ，古典解析力学を考えてみよう。

ラグランジュの運動方程式

x-y-z直交座標系で，質量 m の質点の運動方程式を考える。質点にはたらく力（保存力とする）を $\boldsymbol{F} = (F_x, F_y, F_z)$，運動量を $\boldsymbol{p} = (p_x, p_y, p_z)$ とすると，運動方程式は，

$$\frac{dp_x}{dt} = F_x, \quad \frac{dp_y}{dt} = F_y, \quad \frac{dp_z}{dt} = F_z \tag{12.1}$$

と書ける。また，運動エネルギー $K = \dfrac{1}{2}m(\dot{x}^2 + \dot{y}^2 + \dot{z}^2)$ より運動量は，

$$p_x = m\dot{x} = \frac{\partial K}{\partial \dot{x}}, \quad p_y = m\dot{y} = \frac{\partial K}{\partial \dot{y}}, \quad p_z = m\dot{z} = \frac{\partial K}{\partial \dot{z}} \qquad (12.2)$$

となる。(12.2) 式を (12.1) 式へ代入して，

$$\frac{\mathrm{d}}{\mathrm{d}t}\left(\frac{\partial K}{\partial \dot{x}}\right) = F_x, \quad \frac{\mathrm{d}}{\mathrm{d}t}\left(\frac{\partial K}{\partial \dot{y}}\right) = F_y, \quad \frac{\mathrm{d}}{\mathrm{d}t}\left(\frac{\partial K}{\partial \dot{z}}\right) = F_z$$

を得る。質点のポテンシャルエネルギーを $U(x, y, z)$ とすると，保存力 $\boldsymbol{F} = (F_x, F_y, F_z)$ は，

$$F_x = -\frac{\partial U}{\partial x}, \quad F_y = -\frac{\partial U}{\partial y}, \quad F_z = -\frac{\partial U}{\partial z}$$

であるから，**ラグランジアン** L を $L = K - U$ とおくと，運動方程式は，

$$\frac{\mathrm{d}}{\mathrm{d}t}\left(\frac{\partial L}{\partial \dot{x}}\right) - \frac{\partial L}{\partial x} = 0, \quad \frac{\mathrm{d}}{\mathrm{d}t}\left(\frac{\partial L}{\partial \dot{y}}\right) - \frac{\partial L}{\partial y} = 0, \quad \frac{\mathrm{d}}{\mathrm{d}t}\left(\frac{\partial L}{\partial \dot{z}}\right) - \frac{\partial L}{\partial z} = 0 \qquad (12.3)$$

となる。

一般に，質点の位置を指定する座標を**一般化座標**といい，$q_1, q_2, \cdots$ と表す。今，$\{q_1, q_2, \cdots\} = q$，$\{\dot{q}_1, \dot{q}_2, \cdots\} = \dot{q}$ と略記すると，一般にラグランジアンは $q, \dot{q}$ と時間 t の関数となり，$L(q, \dot{q}, t)$ と表される。(12.3) 式を一般化し，

$$\frac{\mathrm{d}}{\mathrm{d}t}\left(\frac{\partial L}{\partial \dot{q}_j}\right) - \frac{\partial L}{\partial q_j} = 0 \quad (j = 1, 2, \cdots) \qquad (12.4)$$

を**ラグランジュの運動方程式**という。運動方程式 (12.3) は，(12.4) 式で，$q_1 = x$，$q_2 = y$，$q_3 = z$ とおいた方程式である。

例題12.1　ばねの付いた単振り子

図 12.1 のように，自然長 l_0，ばね定数 k で質量の無視できるばねの一端を点 O に固定し，他端に質量 m の質点を付けて鉛直面内で運動させる。ばねの長さを l，ばねが鉛直線となす角を θ とする。一般化座標として，$q_1 = l$，$q_2 = \theta$ をとって，ラグランジュの運動方程式を書き下せ。ただし，重力加速度の大きさを g とする。

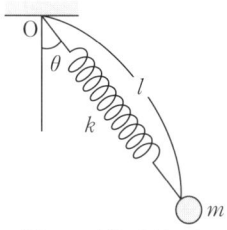

図12.1　ばねの付いた単振り子

解 質点の速度のばね方向成分は $\dot{l}$，ばねに垂直な方向成分は $l\dot{\theta}$ であるから，質点の運動エネルギーは，

$$K = \frac{1}{2}m(\dot{l}^2 + l^2\dot{\theta}^2)$$

となる。また，重力ポテンシャルの基準を点 O とすると，ポテンシャルエネルギーは，

$$U = \frac{1}{2}k(l-l_0)^2 - mgl\cos\theta$$

である。これより，ラグランジアンは，

$$L = \frac{1}{2}m(\dot{l}^2 + l^2\dot{\theta}^2) - \frac{1}{2}k(l-l_0)^2 + mgl\cos\theta \tag{12.5}$$

と書ける。

(12.5) 式より，

$$\frac{\partial L}{\partial \dot{l}} = m\dot{l}, \quad \frac{\partial L}{\partial l} = ml\dot{\theta}^2 - k(l-l_0) + mg\cos\theta$$

$$\frac{\partial L}{\partial \dot{\theta}} = ml^2\dot{\theta}, \quad \frac{\partial L}{\partial \theta} = -mgl\sin\theta$$

となるから，ラグランジュの運動方程式 (12.4) は，

$$\begin{cases} m\ddot{l} = -k(l-l_0) + mg\cos\theta + ml\dot{\theta}^2 \\ m\dfrac{d}{dt}(l^2\dot{\theta}) = -mgl\sin\theta \end{cases} \tag{12.6}$$

と書き下される。 ∎

ハミルトンの運動方程式

一般化座標 $q_1, q_2, \cdots$ に対して，

$$p_j = \frac{\partial L}{\partial \dot{q}_j} \quad (j = 1, 2, \cdots) \tag{12.7}$$

で一般化運動量 p_j を定義し，

$$H = \sum_j \dot{q}_j p_j - L \tag{12.8}$$

でハミルトニアン H を定義する。今，

$$\frac{dq_j}{dt} = \frac{\partial H}{\partial p_j}, \quad \frac{dp_j}{dt} = -\frac{\partial H}{\partial q_j} \quad (j = 1, 2, \cdots) \tag{12.9}$$

をつくると，これはラグランジュの運動方程式に一致することが知られて

いる。(12.9) 式を**ハミルトンの運動方程式**という。ここで，$\{p_1, p_2, \cdots\} = p$ と略記すると，(12.7) 式より，p は $q, \dot{q}, t$ の関数となるから，これを $\dot{q}$ について解けば，$\dot{q}$ が q, p, t の関数となるはずである。したがって，ハミルトニアンは，q, p, t の関数として，

$$H = H(q, p, t) \tag{12.10}$$

と表される。

例題12.2 ハミルトニアン

ラグランジアン (12.5) を用いて，ハミルトニアン H が全力学的エネルギーに等しいことを示せ。

解 (12.5) 式より，$\dot{l}\dfrac{\partial L}{\partial \dot{l}} = m\dot{l}^2$, $\dot{\theta}\dfrac{\partial L}{\partial \dot{\theta}} = ml^2\dot{\theta}^2$ となるから，

$$H = \dot{l}\frac{\partial L}{\partial \dot{l}} + \dot{\theta}\frac{\partial L}{\partial \dot{\theta}} - L$$
$$= \frac{1}{2}m(\dot{l}^2 + l^2\dot{\theta}^2) + \frac{1}{2}k(l - l_0)^2 - mgl\cos\theta = K + U$$
$$\tag{12.11}$$

となり，H が全力学的エネルギーに等しいことが示される。 ∎

例題12.3 ハミルトンの運動方程式

ハミルトニアン (12.11) を用いて，ハミルトンの運動方程式が，ラグランジュの運動方程式 (12.6) 式に一致することを示せ。

解 (12.5) 式より，一般化運動量は，$p_l = \dfrac{\partial L}{\partial \dot{l}} = m\dot{l}$, $p_\theta = \dfrac{\partial L}{\partial \dot{\theta}} = ml^2\dot{\theta}$ となるから，ハミルトニアンは，

$$H(l, \theta, p_l, p_\theta) = \frac{1}{2m}\left(p_l^2 + \frac{p_\theta^2}{l^2}\right) + \frac{1}{2}k(l - l_0)^2 - mgl\cos\theta$$

と書ける。したがって，

$$\frac{\partial H}{\partial p_l} = \frac{p_l}{m} = \dot{l}, \quad \frac{\partial H}{\partial l} = -\frac{p_\theta^2}{ml^3} + k(l - l_0) - mg\cos\theta$$
$$= -ml\dot{\theta}^2 + k(l - l_0) - mg\cos\theta$$
$$\frac{\partial H}{\partial p_\theta} = \frac{p_\theta}{ml^2} = \dot{\theta}, \quad \frac{\partial H}{\partial \theta} = mgl\sin\theta$$

より，ハミルトンの運動方程式は，

$$\dot{l} = \dot{l}, \quad m\ddot{l} = -k(l - l_0) + ml\dot{\theta}^2 + mg\cos\theta$$

$$\dot\theta = \dot\theta, \ m\frac{\mathrm{d}}{\mathrm{d}t}(l^2\dot\theta) = -mgl\sin\theta$$

となり，運動方程式 (12.6) に一致する。∎

12.2　電磁場中の荷電粒子の運動

　電場 $\boldsymbol{E}$，磁束密度 $\boldsymbol{B}$ (以後，$\boldsymbol{B}$ を単に磁場と呼ぶ) の電磁場中を速度 $\boldsymbol{v}$ で運動する電荷 q，質量 m の荷電粒子にはたらく力 (ローレンツ力) は，

$$\boldsymbol{F} = q(\boldsymbol{E} + \boldsymbol{v}\times\boldsymbol{B}) \tag{12.12}$$

と表される。量子力学では，電場 $\boldsymbol{E}$ と磁場 $\boldsymbol{B}$ は，スカラーポテンシャル $\phi(x,y,z,t)$ とベクトルポテンシャル $\boldsymbol{A}(x,y,z,t)$ を用いると便利である。$\boldsymbol{E}$ と $\boldsymbol{B}$ は，

$$\boldsymbol{E} = -\mathrm{grad}\,\phi - \frac{\partial \boldsymbol{A}}{\partial t},\ \ \boldsymbol{B} = \mathrm{rot}\,\boldsymbol{A} \tag{12.13}$$

で与えられるから，粒子の運動方程式は各成分ごとに，

$$\begin{cases} m\ddot x = -q\left[\dfrac{\partial\phi}{\partial x} + \dfrac{\partial A_x}{\partial t} - \left\{\dot y\left(\dfrac{\partial A_y}{\partial x} - \dfrac{\partial A_x}{\partial y}\right) - \dot z\left(\dfrac{\partial A_x}{\partial z} - \dfrac{\partial A_z}{\partial x}\right)\right\}\right] \\ m\ddot y = -q\left[\dfrac{\partial\phi}{\partial y} + \dfrac{\partial A_y}{\partial t} - \left\{\dot z\left(\dfrac{\partial A_z}{\partial y} - \dfrac{\partial A_y}{\partial z}\right) - \dot x\left(\dfrac{\partial A_y}{\partial x} - \dfrac{\partial A_x}{\partial y}\right)\right\}\right] \\ m\ddot z = -q\left[\dfrac{\partial\phi}{\partial z} + \dfrac{\partial A_z}{\partial t} - \left\{\dot x\left(\dfrac{\partial A_x}{\partial z} - \dfrac{\partial A_z}{\partial x}\right) - \dot y\left(\dfrac{\partial A_z}{\partial y} - \dfrac{\partial A_y}{\partial z}\right)\right\}\right] \end{cases} \tag{12.14}$$

と表される。

例題12.4　荷電粒子の運動方程式

荷電粒子の運動方程式 (12.14) を導け。

解　ローレンツ力 (12.12) 式より，$\boldsymbol{E}=(E_x,E_y,E_z)$ と $\boldsymbol{B}=(B_x,B_y,B_z)$ を用いると，各成分ごとに，粒子の運動方程式は，

$$\begin{cases} m\ddot x = q[E_x + (\dot y B_z - \dot z B_y)] \\ m\ddot y = q[E_y + (\dot z B_x - \dot x B_z)] \\ m\ddot z = q[E_z + (\dot x B_y - \dot y B_x)] \end{cases}$$

と書ける。ここで，(12.13) 式の各成分

$$\begin{cases} E_x = -\dfrac{\partial \phi}{\partial x} - \dfrac{\partial A_x}{\partial t} \\ E_y = -\dfrac{\partial \phi}{\partial y} - \dfrac{\partial A_y}{\partial t} \\ E_z = -\dfrac{\partial \phi}{\partial z} - \dfrac{\partial A_z}{\partial t} \end{cases}, \quad \begin{cases} B_x = \dfrac{\partial A_z}{\partial y} - \dfrac{\partial A_y}{\partial z} \\ B_y = \dfrac{\partial A_x}{\partial z} - \dfrac{\partial A_z}{\partial x} \\ B_z = \dfrac{\partial A_y}{\partial x} - \dfrac{\partial A_x}{\partial y} \end{cases}$$

を代入して (12.14) 式を得る。∎

次に，運動方程式 (12.14) を与えるラグランジアンを考える。粒子の位置 (x, y, z) が時間 t の関数であることにより，ベクトルポテンシャルの時間微分は，

$$\frac{\mathrm{d}A_x}{\mathrm{d}t} = \frac{\partial A_x}{\partial t} + \frac{\partial A_x}{\partial x}\frac{\partial x}{\partial t} + \frac{\partial A_x}{\partial y}\frac{\partial y}{\partial t} + \frac{\partial A_x}{\partial z}\frac{\partial z}{\partial t} \tag{12.15}$$

などとなることに注意すると，(12.14) 式の第1式を与えるラグランジュ方程式

$$\frac{\mathrm{d}}{\mathrm{d}t}\left(\frac{\partial L}{\partial \dot{x}}\right) - \frac{\partial L}{\partial x} = 0 \tag{12.16}$$

などより，ラグランジアンは，

$$L = \frac{1}{2}m(\dot{x}^2 + \dot{y}^2 + \dot{z}^2) - q\phi + q(\dot{x}A_x + \dot{y}A_y + \dot{z}A_z) \tag{12.17}$$

で与えられることがわかる。

例題12.5　電磁場中を運動する荷電粒子

電磁場中を運動する荷電粒子のラグランジアンが，(12.17) 式で与えられることを示せ。

解　(12.17) 式より，(12.15) 式に注意すると，

$$\frac{\partial L}{\partial \dot{x}} = m\dot{x} + qA_x$$

$$\frac{\mathrm{d}}{\mathrm{d}t}\left(\frac{\partial L}{\partial \dot{x}}\right) = m\ddot{x} + q\left(\frac{\partial A_x}{\partial t} + \dot{x}\frac{\partial A_x}{\partial x} + \dot{y}\frac{\partial A_x}{\partial y} + \dot{z}\frac{\partial A_x}{\partial z}\right)$$

$$\frac{\partial L}{\partial x} = -q\left(\frac{\partial \phi}{\partial x} - \dot{x}\frac{\partial A_x}{\partial x} - \dot{y}\frac{\partial A_y}{\partial x} - \dot{z}\frac{\partial A_z}{\partial x}\right)$$

となる。これらを (12.16) 式へ代入して，運動方程式 (12.14) 式の第1式を得る。同様に，ラグランジアンを y および $\dot{y}$ で微分して，(12.14) 式の第2式を，z および $\dot{z}$ で微分して第3式を得る。こうして電磁場中を運動

第12章　電磁場中の荷電粒子

する荷電粒子のラグランジアンが，(12.17) 式で与えられる。■

さらに，ラグランジアンからハミルトニアンを得るために，一般化運動量 (p_x, p_y, p_z) を求めると，

$$\begin{cases} p_x = \dfrac{\partial L}{\partial \dot{x}} = m\dot{x} + qA_x \\ p_y = \dfrac{\partial L}{\partial \dot{y}} = m\dot{y} + qA_y \\ p_z = \dfrac{\partial L}{\partial \dot{z}} = m\dot{z} + qA_z \end{cases} \quad (12.18)$$

となることから，ハミルトニアンは，

$$\begin{aligned} H &= p_x\dot{x} + p_y\dot{y} + p_z\dot{z} - L = \frac{1}{2}m(\dot{x}^2 + \dot{y}^2 + \dot{z}^2) + q\phi \\ &= \frac{1}{2m}\left[(p_x - qA_x)^2 + (p_y - qA_y)^2 + (p_z - qA_z)^2\right] + q\phi \\ &= \frac{1}{2m}(\boldsymbol{p} - q\boldsymbol{A})^2 + q\phi \end{aligned} \quad (12.19)$$

と求められる。

12.3　ゲージ変換と量子力学

ベクトルポテンシャル $\boldsymbol{A}$ とスカラーポテンシャル ϕ は (12.13) 式で与えられるから，次の変換を行っても，電場と磁場は変化しない（証明は例題 12.6）。

$$\boldsymbol{A} \to \boldsymbol{A}' = \boldsymbol{A} + \operatorname{grad}\theta, \quad \phi \to \phi' = \phi - \frac{\partial \theta}{\partial t} \quad (12.20)$$

ここで，$\theta(\boldsymbol{r}, t)$ は位置 $\boldsymbol{r} = (x, y, z)$ と時間 t の任意関数である。したがって，ベクトルポテンシャルとスカラーポテンシャルの取り方には，(12.20) 式で与えられる自由度が残されている。変換 (12.20) を**ゲージ変換**という。

例題12.6　ゲージ変換と電磁場

ゲージ変換 (12.20) を行うとき，電場 $\boldsymbol{E}$ と磁場 $\boldsymbol{B}$ が変化しないことを示せ。

解　(12.13) 式にゲージ変換 (12.20) を代入すると，

$$E' = -\operatorname{grad}\phi' - \frac{\partial A'}{\partial t}$$

$$= -\operatorname{grad}\phi + \frac{\partial}{\partial t}(\operatorname{grad}\theta) - \frac{\partial A}{\partial t} - \frac{\partial}{\partial t}(\operatorname{grad}\theta)$$

$$= -\operatorname{grad}\phi - \frac{\partial A}{\partial t} = E$$

となり，電場 E は変化しないことがわかる。また，

$$B' = \operatorname{rot} A' = \operatorname{rot} A + \operatorname{rot}(\operatorname{grad}\theta) = \operatorname{rot} A = B$$

となり，磁場 B も変化しないことがわかる。　　　■

電磁場が存在する場合のシュレーディンガー方程式

　ゲージ変換しても電場と磁場が不変である(これを**ゲージ不変**という)ということは，電磁場中での古典的な荷電粒子の運動が，ゲージ不変であることを意味する。量子力学においても，電磁場中での粒子の物理量の平均値の時間変化は古典的な運動に一致するはずである（エーレンフェストの定理）。これより，量子力学的なハミルトニアンを $\hat{H}$，波動関数を $\psi(\boldsymbol{r}, t)$ としたシュレーディンガー方程式

$$i\hbar\frac{\partial \psi}{\partial t} = \hat{H}\psi \tag{12.21}$$

は，ゲージ不変でなければならない。このことから，古典論のハミルトニアンから量子論のハミルトニアンへの移行は，どのように行われるべきかを考えてみよう。

　ゲージ変換において，波動関数 ψ はどのように変換されるのであろうか。粒子の存在確率密度は $\psi^*\psi$ で与えられるから，単なる位相変換

$$\psi \to \psi' = \psi \exp\left[i\frac{q}{\hbar}\theta(\boldsymbol{r}, t)\right] \tag{12.22}$$

は，存在確率に影響を与えない。そこで，位相変換 (12.22) を用いて，(12.21) 式のゲージ不変性を調べる。

例題12.7　**シュレーディンガー方程式のゲージ不変性**

(1)　一般化運動量 $\boldsymbol{p} = (p_x, p_y, p_z)$ を，

$$p_x \to \hat{p}_x = -i\hbar\frac{\partial}{\partial x}, \quad p_y \to \hat{p}_y = -i\hbar\frac{\partial}{\partial y}, \quad p_z \to \hat{p}_z = -i\hbar\frac{\partial}{\partial z}$$

$$\tag{12.23}$$

と置き換えることにより，力学的な運動量の期待値がゲージ不変であることを示せ．

(2) ハミルトニアンを，
$$\hat{H} = \frac{1}{2m}(\hat{\bm{p}} - q\bm{A})^2 + q\phi \tag{12.24}$$
とおくことにより，シュレーディンガー方程式 (12.21) がゲージ不変となることを示せ．

解

(1) (12.18) 式より，力学的な運動量の期待値は $\langle \hat{\bm{p}} - q\bm{A} \rangle$ と表されるので，その x 成分の期待値は，
$$\langle \hat{p}_x - qA_x \rangle = \int_{-\infty}^{\infty} \psi^* \left(-i\hbar \frac{\partial}{\partial x} - qA_x \right) \psi \, \mathrm{d}x$$
であり，ゲージ変換した期待値は，
$$\langle \hat{p}_x - qA_x' \rangle = \int_{-\infty}^{\infty} \psi'^* \left(-i\hbar \frac{\partial}{\partial x} - qA_x' \right) \psi' \, \mathrm{d}x$$
と書ける．今，
$$\left(-i\hbar \frac{\partial}{\partial x} - qA_x' \right) \psi' = \left[-i\hbar \frac{\partial}{\partial x} - q\left(A_x + \frac{\partial \theta}{\partial x} \right) \right] \psi \exp\left(i\frac{q}{\hbar}\theta \right)$$
$$= -i\hbar \exp\left(i\frac{q}{\hbar}\theta \right) \frac{\partial \psi}{\partial x} + q\psi \exp\left(i\frac{q}{\hbar}\theta \right) \frac{\partial \theta}{\partial x}$$
$$- qA_x \psi \exp\left(i\frac{q}{\hbar}\theta \right) - q\psi \exp\left(i\frac{q}{\hbar}\theta \right) \frac{\partial \theta}{\partial x}$$
$$= \exp\left(i\frac{q}{\hbar}\theta \right) \left(-i\hbar \frac{\partial}{\partial x} - qA_x \right) \psi \tag{12.25}$$
となるから，$\psi'^* = \psi^* \exp\left(-i\frac{q}{\hbar}\theta \right)$ より，
$$\langle \hat{p}_x - qA_x' \rangle = \int_{-\infty}^{\infty} \psi^* \left(-i\hbar \frac{\partial}{\partial x} - qA_x \right) \psi \, \mathrm{d}x = \langle \hat{p}_x - qA_x \rangle$$
を得る．y, z 成分についても同様であるから，力学的運動量の期待値 $\langle \hat{\bm{p}} - q\bm{A} \rangle$ はゲージ不変である．

(2) ゲージ変換後のシュレーディンガー方程式は，
$$i\hbar \frac{\partial \psi'}{\partial t} = \hat{H}' \psi', \quad \hat{H}' = \frac{1}{2m}(\hat{\bm{p}} - q\bm{A})^2 + q\phi'$$
である．ゲージ変換 (12.20)，(12.22) を代入して，

$$i\hbar \frac{\partial \psi}{\partial t} \exp\left(i\frac{q}{\hbar}\theta\right) - q\psi \exp\left(i\frac{q}{\hbar}\theta\right) \frac{\partial \theta}{\partial t}$$
$$= \left[\frac{1}{2m}(\hat{\boldsymbol{p}} - q\boldsymbol{A}')^2 + q\left(\phi - \frac{\partial \theta}{\partial t}\right)\right] \psi \exp\left(i\frac{q}{\hbar}\theta\right)$$

となる。ここで，(12.25) 式を用いると，

$$\frac{1}{2m}(\hat{\boldsymbol{p}} - q\boldsymbol{A}')^2 \psi \exp\left(i\frac{q}{\hbar}\theta\right) = \exp\left(i\frac{q}{\hbar}\theta\right) \frac{1}{2m}(\hat{\boldsymbol{p}} - q\boldsymbol{A})^2 \psi$$

となり，$\hat{H} = \dfrac{1}{2m}(\hat{\boldsymbol{p}} - q\boldsymbol{A})^2 + q\phi$ として，

$$i\hbar \frac{\partial \psi}{\partial t} = \hat{H}\psi$$

を得る。これは，シュレーディンガー方程式がゲージ不変であることを示している。■

例題 12.7 からわかるように，一般化運動量を (12.23) 式のように置き換えると，(力学的)運動量の期待値はゲージ不変になり，エーレンフェストの定理を満たす。このことから，量子力学的ハミルトニアンは，一般化運動量を (12.23) 式のように置き換えたハミルトニアン (12.24) を用いればよいことがわかる。次節以降，ハミルトニアン (12.24) を用いて，電磁場中の荷電粒子の運動を考える。

12.4 磁場中の荷電粒子

z 軸方向の一様な磁場 $\boldsymbol{B} = (0, 0, B)$ の中での，質量 m の荷電粒子の運動を考える。この磁場を与えるベクトルポテンシャル $\boldsymbol{A} = (A_x, A_y, A_z)$ の取り方はいろいろあるが，ハミルトニアン (12.24) を用いる限り，物理的結果は同じはずである。ここでは，ランダウにしたがって，ベクトルポテンシャルを，

$$A_x = 0, \ A_y = Bx, \ A_z = 0 \tag{12.26}$$

ととる。スカラーポテンシャルは $\phi = 0$ である。このとき，ハミルトニアン (12.24) は，

$$\hat{H} = \frac{1}{2m}\left[\hat{p}_x^2 + (\hat{p}_y - qB\hat{x})^2 + \hat{p}_z^2\right] \tag{12.27}$$

と書ける。

(12.27) 式を見ると，次のようなことがわかる．ハミルトニアン (12.27) には，y, z 座標（演算子）が含まれていない．したがって，交換関係
$$[\hat{H}, \hat{p}_y] = 0, \quad [\hat{H}, \hat{p}_z] = 0$$
が成り立つ．第 5 章で述べたように，可換な演算子に対応する物理量の間に不確定性関係は成り立たず，同時測定可能である．したがって，同時に固有値をもつことができる．このことは，『量子力学II』で議論するが，$\hat{p}_y$ と $\hat{p}_z$ の固有値，すなわち運動量の y 成分と z 成分の期待値 p_y, p_z は，それぞれ一定値であることを示している．

p_z が一定であることは，古典電磁気学で考えれば明らかである．磁場は z 方向へかけられているのであるから，荷電粒子の速度の z 成分（磁場方向成分）v_z は一定であり，$p_z = mv_z$ も一定である．そこで，$\hat{p}_y$ を固有値 p_y で置き換え，x-y 平面内のハミルトニアン
$$\hat{H}_{xy} = \frac{1}{2m}\left[\hat{p}_x^2 + (p_y - qB\hat{x})^2\right]$$
を考える．ここで，$\hat{X} = \hat{x} - \dfrac{p_y}{qB}$ とおくと，
$$\hat{H}_{xy} = \frac{1}{2m}\hat{p}_X^2 + \frac{1}{2}m\omega^2 \hat{X}^2, \quad \omega = \frac{qB}{m} \tag{12.28}$$
となる．ここで，$\hat{p}_X = -i\hbar \dfrac{\partial}{\partial X} = -i\hbar \dfrac{\partial}{\partial x} = \hat{p}_x \ \left(X = x - \dfrac{p_y}{qB}\right)$ である．ハミルトニアン (12.28) は，1 次元調和振動子と同じものであるから，そのエネルギー固有値は，
$$E_n = \hbar\omega\left(n + \frac{1}{2}\right) \quad (n = 0, 1, 2, \cdots) \tag{12.29}$$
であることがわかる．つまり，一様な磁場中で運動する荷電粒子は，(12.29) 式で与えられる飛び飛びのエネルギー値をもつ．(12.29) 式で与えられるエネルギー準位を**ランダウ準位**といい，(12.28) 式で与えられる ω を**サイクロトロン角振動数**という．

この結果は，荷電粒子は磁場方向へ等速度運動し，磁場に垂直な面内で等速円運動するという古典電磁気学における結果に対応している．

12.5　アハロノフ・ボーム効果

古典電磁気学では，荷電粒子にはたらく力はローレンツ力 (12.12) で与えられるから，電場 $\boldsymbol{E}$ と磁場 $\boldsymbol{B}$ が本質的であると考えられる。しかし量子力学では，粒子の状態を決めるのはシュレーディンガー方程式であり，電磁場中のシュレーディンガー方程式は，ベクトルポテンシャル $\boldsymbol{A}$ とスカラーポテンシャル ϕ を用いた，ハミルトニアン (12.24) で与えられる。したがって，量子力学では $\boldsymbol{A}$ と ϕ が本質的である。

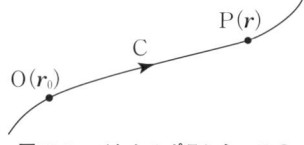

ベクトルポテンシャルの線積分

ポテンシャルのゲージ変換が (12.20) 式で与えられるとき，シュレーディンガー方程式がゲージ不変となるためには，波動関数は (12.22) 式にしたがって変換される必要がある。磁場 $\boldsymbol{B} = 0$ (零ベクトルを単に 0 と記す) の領域を V とし，V 内の点 P（位置ベクトル $\boldsymbol{r}$）でのベクトルポテンシャルを，

$$\boldsymbol{A}(\boldsymbol{r}) = \nabla \theta(\boldsymbol{r}) = \left(\frac{\partial \theta}{\partial x}, \frac{\partial \theta}{\partial y}, \frac{\partial \theta}{\partial z} \right) \tag{12.30}$$

とおく。(12.30) 式を満たすスカラー関数 $\theta(\boldsymbol{r})$ は，図 12.2 のように，基準となる点 O（位置ベクトル $\boldsymbol{r}_0$）と点 P を通る適当な曲線 C に沿った線積分を用いて，

$$\theta(\boldsymbol{r}) = \int_{\boldsymbol{r}_0}^{\boldsymbol{r}} \boldsymbol{A} \cdot d\boldsymbol{r} \tag{12.31}$$

図12.2　ベクトルポテンシャルの線積分

と書くことができる（証明は例題 12.8）。

例題12.8　**ベクトル関数の線積分**

(12.31) 式で与えられるスカラー関数 $\theta(\boldsymbol{r})$ が，(12.30) 式を満たすことを示せ。

解　$\boldsymbol{r} = (x, y, z)$ とすると，ベクトルポテンシャルは，

$$\boldsymbol{A}(\boldsymbol{r}) = (A_x(x, y, z), A_y(x, y, z), A_z(x, y, z))$$

と書ける。(12.31) 式は，$\boldsymbol{r}_0 = (x_0, y_0, z_0)$ として，

$$\theta(\boldsymbol{r}) = \int_{(x_0, y_0, z_0)}^{(x, y, z)} (A_x(x', y', z') dx' + A_y(x', y', z') dy' + A_z(x', y', z') dz')$$

と書け，したがって，

$$\frac{\partial \theta}{\partial x}\bigg|_{(x,y,z)} = \frac{\partial}{\partial x}\int_{x_0}^{x} A_x(x', y', z')\,\mathrm{d}x'\bigg|_{(x,y,z)} = A_x(x, y, z)$$

$$\frac{\partial \theta}{\partial y}\bigg|_{(x,y,z)} = A_y(x, y, z), \quad \frac{\partial \theta}{\partial z}\bigg|_{(x,y,z)} = A_z(x, y, z)$$

より，

$$\left(\frac{\partial \theta}{\partial x}, \frac{\partial \theta}{\partial y}, \frac{\partial \theta}{\partial z}\right) = (A_x(x, y, z), A_y(x, y, z), A_z(x, y, z))$$

となり，(10.30) 式を満たすことがわかる。　■

ここで，点Oは任意にとることができるから，(12.31) 式で与えられるスカラー関数 $\theta(\boldsymbol{r})$ は，任意関数であることに注意しよう。

ベクトルポテンシャルの本質

図12.3のように，点Oで発せられた電子線を2重スリットに照射する。スリットAとBの間でスクリーン側に小さなソレノイドコイルをおき，電流を流して紙面に垂直に磁場をつくることを考える。ただしこの場合，磁場はコイル内部のみに生じ，その外側にはまったく生じないものとする。

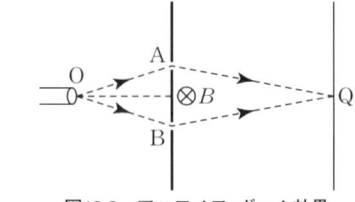

図12.3　アハロノフ・ボーム効果

どこにも磁場がない場合と，コイルに電流を流してコイル内に磁場が生じている場合とで，スクリーン上の干渉縞に違いが生じる。

例題12.9　アハロノフ・ボーム効果

経路 O → A → Q を C_A，O → B → Q を C_B とし，スリット A，B を通過した電子波の点Qでの波動関数を，それぞれ ψ_A，ψ_B とする。2つのスリットを通過して点Qに達する電子波の道のりは等しいとする。コイルをおかない場合，$\psi_A = \psi_B = \psi_0$ である。コイルがおかれ，その内部に大きさ Φ の磁束ができているとして，波動関数 ψ_A と ψ_B の位相差を Φ を用いて表せ。ただし，必要ならば，巻末の付録で説明したストークスの定理を参照せよ。

解　経路 C_A と C_B を通った電子波の波動関数は，(12.22) 式 ($q = -e$) にしたがうと，それぞれ，

$$\psi_{\mathrm{A}} = \psi_0 \exp\left(-i\frac{e}{\hbar}\theta_{\mathrm{A}}(\boldsymbol{r})\right), \quad \psi_{\mathrm{B}} = \psi_0 \exp\left(-i\frac{e}{\hbar}\theta_{\mathrm{B}}(\boldsymbol{r})\right)$$

と表される。ここで，点 O を基準とすると，スカラー関数は (12.31) 式のように，

$$\theta_{\mathrm{A}} = \int_{\mathrm{C_A}} \boldsymbol{A}\cdot\mathrm{d}\boldsymbol{r}, \quad \theta_{\mathrm{B}} = \int_{\mathrm{C_B}} \boldsymbol{A}\cdot\mathrm{d}\boldsymbol{r}$$

と表される。したがって，ψ_{A} と ψ_{B} の位相差 $\Delta\varphi$ は，

$$\Delta\varphi = \frac{e}{\hbar}(\theta_{\mathrm{A}} - \theta_{\mathrm{B}}) = \frac{e}{\hbar}\left(\int_{\mathrm{C_A}} \boldsymbol{A}\cdot\mathrm{d}\boldsymbol{r} - \int_{\mathrm{C_B}} \boldsymbol{A}\cdot\mathrm{d}\boldsymbol{r}\right) = \frac{e}{\hbar}\int_{\mathrm{C}} \boldsymbol{A}\cdot\mathrm{d}\boldsymbol{r} \tag{12.32}$$

となる。ここで，C は 1 周の経路 O → A → Q → B → O である。

(12.32) 式にストークスの定理を用いると，

$$\Delta\varphi = \frac{e}{\hbar}\int_{\mathrm{S}} \mathrm{rot}\,\boldsymbol{A}\cdot\mathrm{d}\boldsymbol{S} = \frac{e}{\hbar}\int_{\mathrm{S}} \boldsymbol{B}\cdot\mathrm{d}\boldsymbol{S} = \frac{e}{\hbar}\varPhi \tag{12.33}$$

となる。ここで，S は閉回路 C で囲まれた領域である。∎

(12.33) 式は，コイル内に磁束 $\varPhi$ ができると，点 Q に達する電子波に，$\varPhi$ に比例する位相差が生じることを示している。電子波は磁場内を通過しないにもかかわらず，磁場の影響を受けて位相差 $\Delta\varphi$ が生じる。この現象は，最初にアハロノフとボームによって予言されたもので，**アハロノフ・ボーム効果**と呼ばれる。この現象は，ベクトルポテンシャルを用いて考察することによって現れるもので，電磁場中の荷電粒子の運動を，ベクトルポテンシャルを用いて考察する量子力学に特有な現象である。電場と磁場のみを用いて考察する古典電磁気学では現れない。

アハロノフ・ボーム効果は，電子線ホログラフィーという手法を用いることにより，外村彰によって実験的に検証された。彼は，図 12.4 のように，4 本の棒磁石を使って四角いドーナツ状の磁石をつくり，その内外に電子線を照射して，その干渉縞にずれが生じることを確認した。

磁束の量子化

上の議論からわかるように，位相差が $\Delta\varphi = 2\pi n$ ($n = 0, \pm 1, \pm 2, \cdots$) となると，$\psi_{\mathrm{A}} = \psi_{\mathrm{B}}$ となり，波動関数は等しくなる。すなわち，

第12章 電磁場中の荷電粒子

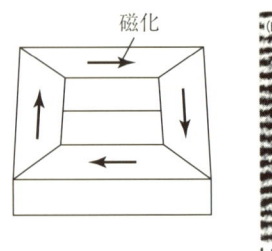

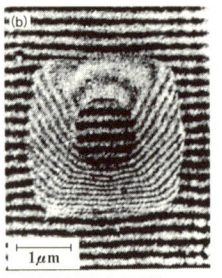

図12.4 干渉縞のずれ（外村彰博士提供）

$$\Phi = n\frac{h}{e} \tag{12.34}$$

のとき，磁場の影響は現れない。このように，磁場の影響が現れなくなる磁束の最小単位 $\frac{h}{e}$ を**磁束量子**という。

　電気抵抗が0になる現象を**超伝導**と呼び，超伝導状態になっている物体を**超伝導体**という。超伝導体に弱い磁場をかけると，超伝導体内部の磁場が0となるように表面に電流が流れて，磁場は内部に進入することができない。これを**マイスナー効果**という。磁場を強くしていくと，第1種超伝導体と呼ばれる物質では，突然，超伝導状態が破れてしまうが，第2種超伝導体と呼ばれる物質では，細い糸の形で磁束が超伝導体内部を貫くようになる。このとき，超伝導電流が渦状に流れ，コイルに電流を流したのと同じような状態になる。超伝導電流は，2個の電子が結合した形で流れる。これをクーパー対という。安定して超伝導電流が流れるには，1周して元の位置に戻ったとき，クーパー対（電荷$2e$）の波動関数が元に戻らなければならない。したがって，(12.34)式で$e \to 2e$として，渦電流内部を貫く磁束Φ_nが，

$$\Phi_n = n\frac{h}{2e}$$

の場合，超伝導電流は流れ続けることができ，超伝導状態を保ったまま，磁束が内部を貫くことができる。これを，超伝導における**磁束の量子化**という。

12.6　正常ゼーマン効果

z 軸方向の一様な磁場中に水素原子をおく場合を考える。ただし，ここでは，ベクトルポテンシャルを，

$$A_x = -\frac{1}{2}By, \; A_y = \frac{1}{2}Bx, \; A_z = 0$$

と選ぶことにしよう。質量 m_e の電子の電荷は $q = -e$ であるから，ハミルトニアン (12.24) は，

$$\begin{aligned}\hat{H} &= \frac{1}{2m_\mathrm{e}}\left[\left(\hat{p}_x - \frac{1}{2}eB\hat{y}\right)^2 + \left(\hat{p}_y + \frac{1}{2}eB\hat{x}\right)^2 + \hat{p}_z^{\,2}\right] - e\phi \\ &= -\frac{\hbar^2}{2m_\mathrm{e}}\nabla^2 - e\phi - i\hbar\frac{eB}{2m_\mathrm{e}}\left(x\frac{\partial}{\partial y} - y\frac{\partial}{\partial x}\right) + \frac{e^2B^2}{8m_\mathrm{e}}(x^2+y^2)\end{aligned}$$
(12.35)

となる。ここで，$\phi = \dfrac{e}{4\pi\varepsilon_0 r}$ (ε_0：真空の誘電率) であり，$\hat{p}_x = -i\hbar\dfrac{\partial}{\partial x}$ などを用いた。(12.35) 式の右辺の最後の項は，磁場が弱いときには無視することができる。また，右辺第 3 項は，角運動量演算子の z 成分を $\hat{L}_z$ とすると，

$$-i\hbar\frac{eB}{2m_\mathrm{e}}\left(x\frac{\partial}{\partial y} - y\frac{\partial}{\partial x}\right) = \frac{eB}{2m_\mathrm{e}}\hat{L}_z\,(\equiv \hat{H}_\mathrm{B})$$

となる。今，

$$\hat{H}_0 = -\frac{\hbar^2}{2m_\mathrm{e}}\nabla^2 - e\phi$$

は，水素原子のハミルトニアンであるから，ハミルトニアン

$$\hat{H}_\mathrm{B} = \frac{eB}{2m_\mathrm{e}}\hat{L}_z$$

は，$\hat{H}_0$ と同時固有関数をもつ。したがって，演算子 $\hat{L}_z$ の固有値は $m\hbar$ (m は水素原子の磁気量子数) であるから，主量子数 n のエネルギー固有値は，

$$E = E_n + m\mu_\mathrm{B}B, \; \mu_\mathrm{B} = \frac{e\hbar}{2m_\mathrm{e}} \tag{12.36}$$

となる。ここで，E_n は外場がないとき，主量子数 n の水素原子のエネルギー固有値であり，(11.24) 式で与えられる。

第 12 章 電磁場中の荷電粒子

(12.36) 式は，水素原子に弱い磁場をかけると，軌道量子数 l の $2l+1$ 重に縮退していたエネルギー準位が，等間隔 $\mu_\mathrm{B} B$ の $2l+1$ 個のエネルギー準位に分裂することを示している（図 12.5）。この現象を**正常ゼーマン効果**といい，μ_B を**ボーア磁子**という [1]。

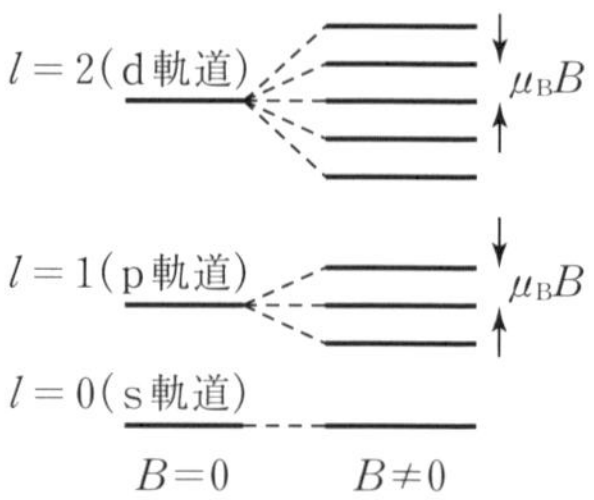

図 12.5 正常ゼーマン効果

例題 12.10　エネルギー準位の分裂

水素原子に磁場 $B = 0.1\,\mathrm{T}$（テスラ）の磁場をかけたとき，正常ゼーマン効果によるエネルギー準位の分裂の大きさを求めよ。ただし，$\hbar = 1.05 \times 10^{-34}\,\mathrm{J\cdot s}$，$e = 1.60 \times 10^{-19}\,\mathrm{C}$，$m_\mathrm{e} = 9.11 \times 10^{-31}\,\mathrm{kg}$ とする。

解　分裂の大きさは，

$$\mu_\mathrm{B} B = \frac{e\hbar}{2m_\mathrm{e}} B = \underline{9.22 \times 10^{-25}\,\mathrm{J}} = \underline{5.76 \times 10^{-6}\,\mathrm{eV}}$$

となる。　■

---

10 分補講　ディラックと磁気単極子

ディラックは，1902 年，イギリスのブリストルに生まれ，ブリストル大学電気工学科を卒業した後，数学科に所属して相対性理論を学んだ。その後，ケンブリッジ大学でファウラーのもとに統計力学を研究した。その頃，ハイゼンベルクの行列を用いた量子力学の論文に刺激を受けて，量子力学の定式化を行った。1928 年，ディラックは電子に対する相対論的量子力学を提唱し，いわゆるディラック方程式を提出した。この方程式は電子のスピンを自然に含むものの，そこからは負のエネルギー状態が現れる。ディラックは真空の再定義を行い，空孔仮説を用いて反粒子の存在を予言した。1932 年，最初の反粒子として電

---

[1] ここの議論では，スピンによる角運動量を考慮していないことに注意しよう。スピン角運動量については『量子力学 II』を参照のこと。

子の反粒子である陽電子が発見された。また，量子力学のみならず物理学の計算上非常に便利なデルタ関数を考案した。1933 年には，シュレーディンガーとともにノーベル物理学賞を受賞した。長らくケンブリッジ大学教授を務めた後，アメリカのフロリダ州立大学に移り，その地で亡くなった。

古典電磁気学では，電場と磁場に対称性があるが，電荷に対して磁荷は存在しない。電場は電荷でつくられるが，磁場は電流によってつくられ，磁場をつくる単独の磁荷は，現在までのところ発見されていない。この磁気単極子の存在を最初に予言した (1932 年) のもディラックである。

電荷 q のつくる電場と同様に，強さ q_m の磁気単極子が原点にあるとき，位置ベクトル r $(r=|\boldsymbol{r}|)$ の点の磁場 $\boldsymbol{B}$ を，

$$\boldsymbol{B} = \frac{1}{4\pi}\frac{q_m}{r^2}\cdot\frac{\boldsymbol{r}}{r} \tag{12.37}$$

とおくことにより q_m を定義する。ここで詳細な計算は行わないが，(12.37) 式を与える 2 つのベクトルポテンシャルが，共通領域で同じ磁場を与えることから，それらのベクトルポテンシャルの間のゲージ変換を考え，波動関数が一意的に定まる条件より，

$$q_m = n\frac{h}{q} \quad (n=0,\pm 1,\pm 2,\cdots) \tag{12.38}$$

を得ることができる (J.J.Sakurai 著『現代の量子力学(上)』(吉岡書店) p.188〜参照)。

これは，磁気単極子が存在するとすれば，その磁荷は $\dfrac{h}{q}$ の整数倍に限られることを示している。

章末問題

12.1 u, v がともに，$q=\{q_1, q_2, \cdots\}$，$p=\{p_1, p_2, \cdots\}$，および t の関数であるとき，

$$[u, v] = \sum_j \left(\frac{\partial u}{\partial q_j}\frac{\partial v}{\partial p_j} - \frac{\partial u}{\partial p_j}\frac{\partial v}{\partial q_j} \right) \tag{12.39}$$

を**ポアソンの括弧式**という。q と p の関数である F が時間 t にあら

わに依存しないとき，

$$\frac{dF}{dt} = [F, H] \tag{12.40}$$

が成り立つことを示せ．ただし，H は (12.8) 式で定義されるハミルトニアンである．

12.2 例題 3.3 を参考にして，外部電磁場中で，質量 m，電荷 q の荷電粒子の確率密度の流れの表式を求め，連続の方程式を書き下せ．電磁場のベクトルポテンシャルを $\boldsymbol{A}$，荷電粒子の波動関数を ψ，プランク定数を $\hbar$ とする．

12.3 y 軸正方向へ一様な電場 E と，z 軸正方向へ一様な磁場 B が加えられた空間内を，質量 m，電荷 q をもつ荷電粒子が運動する場合を考える．ベクトルポテンシャル $\boldsymbol{A}$ とスカラーポテンシャル ϕ を，

$$A_x = -By, \quad A_y = 0, \quad A_z = 0, \quad \phi = -Ey$$

とおくことにより，荷電粒子のエネルギー準位を求めよ．

付録

ストークスの定理

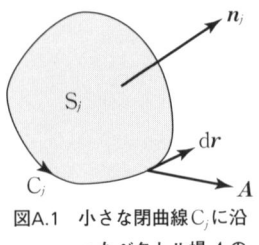

図A.1のように,空間内に小さな閉曲線C_jをとり,C_jで囲まれた面S_jの面積をS_jとする。面S_jの単位法線ベクトルを$\boldsymbol{n}_j$とし,$\boldsymbol{n}_j$の向きに進む右ねじの回る向きに,C_jに沿って回るベクトル場$\boldsymbol{A}$の線積分$\oint_{C_j}\boldsymbol{A}\cdot\mathrm{d}\boldsymbol{r}$を考える。法線ベクトル$\boldsymbol{n}_j$の向きに,成分

$$\lim_{S_j\to 0}\frac{\oint_{C_j}\boldsymbol{A}\cdot\mathrm{d}\boldsymbol{r}}{S_j}$$

図A.1 小さな閉曲線C_jに沿ったベクトル場$\boldsymbol{A}$の線積分

をもつベクトルを,ベクトル場$\boldsymbol{A}$の**回転**と呼び,rot $\boldsymbol{A}$と書くことにする。したがって,

$$\mathrm{rot}\,\boldsymbol{A}=\lim_{S_j\to 0}\frac{\oint_{C_j}\boldsymbol{A}\cdot\mathrm{d}\boldsymbol{r}}{S_j}\boldsymbol{n}_j \qquad (\mathrm{A}.1)$$

と表される。

図A.2のように,任意の閉曲線Cに沿ったベクトル場$\boldsymbol{A}$の線積分は,小さな閉曲線C_jに沿った線積分の和として表される。したがって,

$$\oint_C\boldsymbol{A}\cdot\mathrm{d}\boldsymbol{r}=\sum_j\oint_{C_j}\boldsymbol{A}\cdot\mathrm{d}\boldsymbol{r}$$

と書ける．今，閉曲線 C_j で囲まれた面積を S_j，向きは面 S_j の法線方向で，大きさが S_j に等しいベクトルを $\boldsymbol{S}_j$ とする．すなわち，$S_j \boldsymbol{n}_j = \boldsymbol{S}_j$ とすると，面 S_j が十分小さい場合，(A.1) 式は，

$$\text{rot } \boldsymbol{A} \cdot \boldsymbol{n}_j = \frac{\oint_{C_j} \boldsymbol{A} \cdot \mathrm{d}\boldsymbol{r}}{S_j}$$

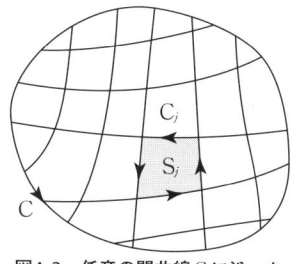

図A.2 任意の閉曲線Cに沿ったベクトル場 $\boldsymbol{A}$ の線積分

$$\therefore \quad \oint_{C_j} \boldsymbol{A} \cdot \mathrm{d}\boldsymbol{r} = \text{rot } \boldsymbol{A} \cdot \boldsymbol{S}_j$$

となる．よって，

$$\oint_C \boldsymbol{A} \cdot \mathrm{d}\boldsymbol{r} = \sum_j \text{rot } \boldsymbol{A} \cdot \boldsymbol{S}_j = \oint_S \text{rot } \boldsymbol{A} \cdot \mathrm{d}\boldsymbol{S} \tag{A.2}$$

が成り立つ．関係式 (A.2) を**ストークスの定理**という．

ベクトル場の回転

上で与えられたベクトル場の回転 rot $\boldsymbol{A}$ の x, y, z 成分を求めてみよう．まず，z 成分を求める．それには，図 A.3 のように，x-y 平面上にある 4 点 $P(x, y)$，$Q(x + \Delta x, y)$，$R(x + \Delta x, y + \Delta y)$，$S(x, y + \Delta y)$ を頂点とする微小な長方形を考えればよい．この長方形に沿ったベクト

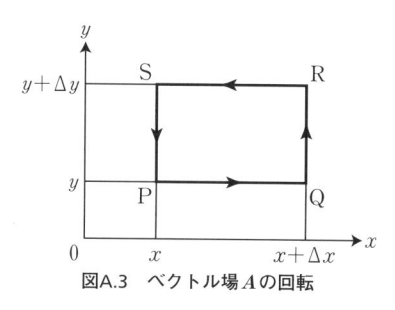

図A.3 ベクトル場 $\boldsymbol{A}$ の回転

ル場 $\boldsymbol{A} = (A_x, A_y)$ の線積分を考える．今，点 P における，$\boldsymbol{A}$ の x 成分を $A_x(x, y)$ とすると，微小量の 2 乗以上の項を無視して，辺 PQ 上，RS 上で，$\boldsymbol{A}$ の x 成分の平均値はそれぞれ，

$$A_x + \frac{1}{2}\frac{\partial A_x}{\partial x}\Delta x, \ A_x + \frac{1}{2}\frac{\partial A_x}{\partial x}\Delta x + \frac{\partial A_x}{\partial y}\Delta y$$

辺 QR 上，SP 上で，$\boldsymbol{A}$ の y 成分の平均値はそれぞれ，

$$A_y + \frac{\partial A_y}{\partial x}\Delta x + \frac{1}{2}\frac{\partial A_y}{\partial y}\Delta y, \ A_y + \frac{1}{2}\frac{\partial A_y}{\partial y}\Delta y$$

となる．これらを用いて，1周の経路 P → Q → R → S → P について，ベクトル場 $\boldsymbol{A}$ の線積分を求めると，

$$\oint_{\mathrm{PQRSP}} \boldsymbol{A} \cdot \mathrm{d}\boldsymbol{r}$$
$$= \left(A_x + \frac{1}{2}\frac{\partial A_x}{\partial x}\Delta x\right)\Delta x + \left(A_y + \frac{\partial A_y}{\partial x}\Delta x + \frac{1}{2}\frac{\partial A_y}{\partial y}\Delta y\right)\Delta y$$
$$+ \left(A_x + \frac{1}{2}\frac{\partial A_x}{\partial x}\Delta x + \frac{\partial A_x}{\partial y}\Delta y\right)(-\Delta x)$$
$$+ \left(A_y + \frac{1}{2}\frac{\partial A_y}{\partial y}\Delta y\right)(-\Delta y)$$
$$= \left(\frac{\partial A_y}{\partial x} - \frac{\partial A_x}{\partial y}\right)\Delta x \Delta y$$

となる．ここで，$\Delta x \Delta y = \Delta S_z$ は，長方形 PQRS の面積である．そこで，

$$(\mathrm{rot}\,\boldsymbol{A})_z = \lim_{\Delta S_z \to 0}\frac{\oint_{\mathrm{PQRSP}}\boldsymbol{A}\cdot \mathrm{d}\boldsymbol{r}}{\Delta S_z} = \frac{\partial A_y}{\partial x} - \frac{\partial A_x}{\partial y}$$

として，ベクトル場 $\boldsymbol{A}$ の回転の z 成分が求められる．

同様に，x 成分，y 成分はそれぞれ，

$$(\mathrm{rot}\,\boldsymbol{A})_x = \frac{\partial A_z}{\partial y} - \frac{\partial A_y}{\partial z}, \quad (\mathrm{rot}\,\boldsymbol{A})_y = \frac{\partial A_x}{\partial z} - \frac{\partial A_z}{\partial x}$$

と求められる．

章末問題解答

第1章

1.1 全エネルギー $U(T)$ は，プランクの放射公式 (1.2) を，全振動数にわたって加え合わせれば（積分すれば）よい．

$x = \dfrac{h\nu}{kT}$ とおくと，$\nu = \dfrac{kT}{h}x$, $\mathrm{d}\nu = \dfrac{kT}{h}\mathrm{d}x$ となるから，

$$U(T) = \int_0^\infty u(\nu, T)\mathrm{d}\nu = \frac{8\pi h}{c^3}\int_0^\infty \frac{\nu^3}{e^{\frac{h\nu}{kT}}-1}\mathrm{d}\nu$$

$$= \frac{8\pi h}{c^3}\frac{k^4 T^4}{h^4}\int_0^\infty \frac{x^3}{e^x - 1}\mathrm{d}x = \underline{\frac{8\pi^5 k^4}{15 c^3 h^3}T^4}$$

を得る．

この問題で注目すべき点は，積分変数 d を無次元の x へ変換することにより，積分値が計算できなくても $U(T)$ の T 依存性が求められることである．

1.2 (1) 壁面に入射する光子の運動量の x 成分は，$p_x = p\dfrac{c_x}{c}$ と表されるから，光子が1回の衝突で壁面 S に与える力積は，$I = 2p_x = \dfrac{2pc_x}{c}$ と書ける．1個の光子が単位時間あたりに S に衝突する回数は $\dfrac{c_x}{2L}$ であるから，単位時間あたりに全光子が S に与える力積，すなわち，平均の力は，

$$\langle F \rangle = N\left\langle I\frac{c_x}{2L}\right\rangle$$

と表される．よって，圧力(単位面積あたりの力)は，

$$P = \frac{N\left\langle I\dfrac{c_x}{2L}\right\rangle}{L^2} = \frac{Np}{cL^3}\langle c_x^2\rangle = \frac{Np}{cV}\cdot\frac{c^2}{3} = \underline{\frac{Npc}{3V}} \tag{1a}$$

(2) 光波のx軸に沿った速さをc_x' ($\neq c_x$)とすると（図1a），その方向の波長は$\lambda_x = \dfrac{c_x'}{\nu}$と表される。節と節の間隔は$\dfrac{\lambda_x}{2}$であり，題意の変化で定常波の節の数が変化しないことから，

$$\frac{L}{\dfrac{c_x'}{2\nu}} = \frac{L+\Delta L}{\dfrac{c_x'}{2(\nu+\Delta\nu)}}$$

が成り立つ。これより，

$$\frac{\Delta\nu}{\nu} \fallingdotseq -\frac{\Delta L}{L}$$

となる。ここで，$\dfrac{\Delta V}{V} = \dfrac{(L+\Delta L)^3 - L^3}{L^3} \fallingdotseq 3\dfrac{\Delta L}{L}$ を用いて，

$$\frac{\Delta\nu}{\nu} = -\frac{1}{3}\frac{\Delta V}{V} \tag{1b}$$

を得る。

図1a

(3) 全光子のエネルギーは$U = Nh\nu$であるから，振動数の変化が$\Delta\nu$のとき，全エネルギーの増加は，$\Delta U = Nh\Delta\nu$と書ける。一方，光子が器壁へした仕事は，(1a)式を用いて，$\Delta W' = P\Delta V = \dfrac{Npc\Delta V}{3V}$と書けるから，エネルギー保存則（熱力学第1法則）より，

$$0 = Nh\Delta\nu + \frac{Npc\Delta V}{3V} \tag{1c}$$

となる。(1b)，(1c) 式から$\dfrac{\Delta V}{V}$を消去し，$c = \nu\lambda$を用いて (1.9) 式を得る。

第 2 章

2.1 同じ振幅Aをもち，x軸正方向へ進む2つの1次元波動の式を，
$$u_1(x,t) = A\cos(k_1 x - \omega_1 t), \quad u_2(x,t) = A\cos(k_2 x - \omega_2 t)$$
とする。これらの合成波は，
$$u(x,t) = u_1(x,t) + u_2(x,t)$$
$$= 2A\cos\left(\frac{k_1-k_2}{2}x - \frac{\omega_1-\omega_2}{2}t\right)\cos\left(\frac{k_1+k_2}{2}x - \frac{\omega_1+\omega_2}{2}t\right) \tag{2a}$$
となる（図2a）。波数と角振動数がわずかに異なる多くの波が重なると，位相のそろった1個の波束のみが残り，他の波束は消えてしまう。

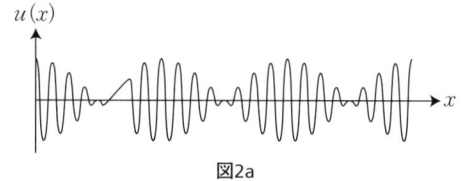

図2a

章末問題　解答

ここで，(2a) 式の最右辺の式の $2A \cos\left(\dfrac{k_1 - k_2}{2}x - \dfrac{\omega_1 - \omega_2}{2}t\right)$ は，波束を表す。これより，群速度，すなわち波束の速度は，

$$\frac{k_1 - k_2}{2}x - \frac{\omega_1 - \omega_2}{2}t = \text{const.} \tag{2b}$$

となる点の速度 $\dfrac{\mathrm{d}x}{\mathrm{d}t}$ で与えられる。そこで，(2b) 式の両辺を t で微分して，

$$v_\mathrm{g} = \frac{\mathrm{d}x}{\mathrm{d}t} = \frac{\omega_1 - \omega_2}{k_1 - k_2}$$

となる。したがって，合成波を波数と角振動数が連続的に変化している波の合成と考えると，$\omega_1 - \omega_2 \to \mathrm{d}\omega$, $k_1 - k_2 \to \mathrm{d}k$ となるので，与式を得る。

2.2 (1) 問題の図 2.9 のように，点 C から光 L_2 へ引いた垂線を CM_1 とする。$MM_1 = \dfrac{\lambda}{2}$, すなわち，

$$MM_1 = \frac{a}{2}\sin\theta = \frac{\lambda}{2} \quad \therefore \quad a\sin\theta = \lambda$$

のとき，光 L_1 と L_2 は打ち消すから，CM 間の光と MD 間の光は打ち消し，回折角 θ の光波の強度は 0 となる。

(2) 図 2b のようにスリット CD を 3 等分して，C に近い方の点を E，D に近い方の点を F とし，点 C と E を通過して回折角 θ' の方向へ進む光を L_1', L_2'，点 C から L_2' へ引いた垂線を CE_1 とする。$EE_1 = \dfrac{a}{3}\sin\theta' = \dfrac{\lambda}{2}$ のとき，光 L_1' と L_2' は打ち消すから，CE 間の光と EF 間の光は打ち消すが，FD 間の光は打ち消す相手がない。回折角 $\theta' = 0$ で，スリット CD 間の光がすべて同位相で強め合うときの合成波の振幅を A とする。FD 間の光がすべて同位相で強め合うとすると，その振幅は $\dfrac{A}{3}$ となるが，回折角 θ' の光は同位相ではないので，その強度は弱くなる。

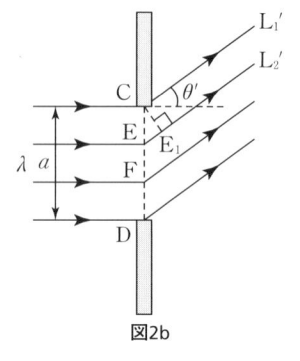

図2b

光の強度は振幅の 2 乗に比例するので，$\dfrac{a}{3}\sin\theta = \dfrac{\lambda}{2}$ を満たす回折角 θ の回折光の強度は，$\theta = 0$ の直進光の強度の $\left(\dfrac{1}{3}\right)^2 \times \dfrac{1}{2} = \dfrac{1}{18}$ 倍程度になると考えられる。この方向の光の強度は，第 1 副極大の値に近いであろう。さらに回折角が大きくなると，その強度はさらに弱くなると考えられるから，スリット CD 間を通過した光は，ほとんど $|\sin\theta| < \dfrac{\lambda}{a}$ の範囲に進むであろう。こうして，回折光について次のようなことがわかる。

「$a \gg \lambda$ のとき，スリットを通過する光はほとんど $\theta \approx 0$ の方向へ進み，ほぼ直進する。$a \sim \lambda$ のとき，スリットを通過する光は大きく回折し，$|\theta| < \dfrac{\pi}{2}$ の広い範囲に広がる」

(3) 問題の図 2.10 のように，点 C から点 N を通過する回折角 θ の光に引いた垂線を CN_1 とすると，点 N_1 での光波の振動は，$NN_1 = x\sin\theta$ だから，

$$u_1(x,t) = u\left(t - \frac{x\sin\theta}{c}\right) = A\sin\omega\left(t - \frac{x\sin\theta}{c}\right)$$
$$= A\sin(\omega t - kx\sin\theta)$$

となる。ここで，$k = \dfrac{\omega}{c} = \dfrac{2\pi}{\lambda}$ を用いた。

NN' 間の光波が重なると，合成波の振幅はその幅 dx に比例するから，振幅を $A_0 dx$ と書くと，NN' 間を通過する合成波の振動は，

$$d\varphi = A_0 \sin(\omega t - kx\sin\theta)dx \tag{2c}$$

と表される。これより，スリット CD 間を通過する光波の十分遠い（点 N_1 から距離 x_0 の）点での合成波の振動は，(2c) 式の位相で，$t \to t - \dfrac{x_0}{c}$，すなわち $\omega t \to \omega t - kx_0$ として x に関して積分し，

$$\varphi(x_0, t) = A_0 \int_0^a \sin(\omega t - kx_0 - kx\sin\theta)dx$$
$$= \frac{A_0}{k\sin\theta}\{\cos(\omega t - kx_0 - ka\sin\theta) - \cos(\omega t - kx_0)\}$$
$$= A_0 a \frac{\sin\left(\dfrac{ka}{2}\sin\theta\right)}{\dfrac{ka}{2}\sin\theta} \sin\left(\omega t - kx_0 - \dfrac{ka}{2}\sin\theta\right)$$

となる。ここで，三角関数の和積公式を用いた。波の強度は振幅の 2 乗に比例するから，合成波の強度 I_θ は，$\alpha = \dfrac{ka}{2}\sin\theta$ を用いて，$I_\theta \propto \left(\dfrac{\sin\alpha}{\alpha}\right)^2$ で表されることがわかる。ここで，$\theta \to 0$ すなわち $\alpha \to 0$ のとき，$\dfrac{\sin\alpha}{\alpha} \to 1$ であることから，

$$I_\theta = \left(\frac{\sin\alpha}{\alpha}\right)^2 I_0$$

が成り立つ。

(4) 強度分布 I_θ を $0 < \theta < \dfrac{\pi}{2}\left(0 < \alpha < \dfrac{ka}{2}\right)$ で求めるために，I_0 を θ で微分する。

$$\frac{dI_\theta}{d\theta} = 2\frac{\sin\alpha}{\alpha}\cdot\frac{\alpha\cos\alpha - \sin\alpha}{\alpha^2}\cdot\frac{ka}{2}\cos\theta\cdot I_0$$

これより I_θ の増減を考えると，I_θ は，$\sin\alpha = 0$ $(\alpha \neq 0)$，すなわち $\alpha = n\pi$ $(n = 1, 2, \cdots)$ のとき極小値 0 をとり，$\alpha\cos\alpha - \sin\alpha = 0 \Leftrightarrow \alpha = \tan\alpha$ を満たす α で極大となることがわかる。

$\alpha = n\pi$ のとき，

$$\frac{ka}{2}\sin\theta = n\pi \quad \therefore \quad a\sin\theta = n\lambda$$

である。また，題意より，$\alpha = \tan\alpha$ を満たす α は，数値的に $\alpha \approx 1.43\pi$，$\alpha \approx 2.46\pi$ となるから（図 2c），光の強度 I_θ の第 1 副極大，第 2 副極大の値はそれぞれ，

$$\frac{I_\theta}{I_0} = \left(\frac{\sin\alpha}{\alpha}\right)^2 \approx \underline{0.047, \quad 0.016}$$

図2c

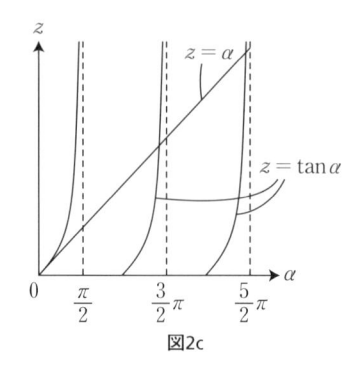

となる。このとき，$a\sin\theta = 1.43\lambda$, $a\sin\theta = 2.46\lambda$ である。

第 3 章

3.1 (1) 電場は y 方向にのみ生じ，x, z 方向には生じないので，$E_x = E_z = 0$ である。点 P と点 Q に生じる y 方向の電場を，それぞれ $E_y, E_y + \Delta E_y$ とする。また，点 P, Q で z 方向の磁場を，それぞれ $B_z, B_z + \Delta B_z$ とする。閉曲線 C_1 の経路を P → Q → R → S → P の向きにとる。P → Q, R → S では電場は経路に垂直であるから，そこでは，$\boldsymbol{E}\cdot \mathrm{d}\boldsymbol{s} = 0$ である。S → P では，電場と経路の向きが逆であるから，$\boldsymbol{E}\cdot \mathrm{d}\boldsymbol{s} = -E_y \Delta y$ となり，

$$\int_{C_1} \boldsymbol{E}\cdot \mathrm{d}\boldsymbol{s} = (E_y + \Delta E_y)\Delta y - E_y \Delta y = \Delta E_y \Delta y$$

となる。長方形 PQRS 内の磁束密度はどこでも B_z と近似できるから，

$$\int_{S_1} \boldsymbol{B}\cdot \mathrm{d}\boldsymbol{S} = B_z \Delta x \Delta y$$

となる。こうして (3.38) 式は，

$$\Delta E_y \Delta y = -\frac{\partial}{\partial t}(B_z \Delta x \Delta y)$$

となり，両辺を $\Delta x \Delta y$ でわって，$\Delta x \to 0$ として (3.1) 式を得る。

(2) 磁場は z 方向にのみ生じ，x, y 方向に生じない。また，電流は流れていないので，$B_x = B_y = 0, I = 0$ である。閉曲線 C_2 の経路を P → U → T → Q → P の向きにとると，

$$\int_{C_2} \boldsymbol{B}\cdot \mathrm{d}\boldsymbol{s} = B_z \Delta z - (B_z + \Delta B_z)\Delta z = -\Delta B_z \Delta z$$

$$\mu_0 \left(I + \varepsilon_0 \int_{S_2} \frac{\partial \boldsymbol{E}}{\partial t}\cdot \mathrm{d}\boldsymbol{S}\right) = \varepsilon_0 \mu_0 \frac{\partial}{\partial t}(E_y \Delta x \Delta z)$$

となり，上の2式の最右辺を $\Delta x \Delta z$ でわって等しいとおいて (3.2) 式を得る。

3.2 (3.23) 式より，

$$\rho(x, t) = \psi^*(x, t)\psi(x, t) = A^* A = |A|^2$$

$$j(x,t) = \frac{\hbar k}{m}|A|^2 = \frac{p}{m}|A|^2 = v\rho(x,t)$$

となり，$j(x,t)$ は，確率密度の速度 v での流れを表していることがわかる．

第 4 章

4.1 水素原子のまわりを回る質量 m_e，電荷 $-e$ の電子の運動量の大きさを p，半径を r とすると，電子のエネルギー E は，
$$E = \frac{p^2}{2m_e} - \frac{e^2}{4\pi\varepsilon_0 r}$$
と表される．ここで，ε_0 は真空の誘電率である．円軌道の半径 r は，どんなに小さくなっても，電子の位置の不確かさ Δr の程度である．また，電子の運動量の大きさ p は，運動量の不確かさ Δp の程度である．したがって，電子のエネルギーの最小値 E_0 は，$\Delta p \cdot \Delta r \sim \hbar = \frac{h}{2\pi}$ より，
$$E_0 \sim \frac{(\Delta p)^2}{2m_e} - \frac{e^2}{4\pi\varepsilon_0 \Delta r} \sim \frac{(\Delta p)^2}{2m_e} - \frac{e^2}{4\pi\varepsilon_0 \hbar}\Delta p$$
$$\sim \frac{1}{2m_e}\left(\Delta p - \frac{m_e e^2}{4\pi\varepsilon_0 \hbar}\right)^2 - \frac{m_e e^4}{32\pi^2\varepsilon_0^2 \hbar^2} \geq -\frac{m_e e^4}{8\varepsilon_0^2 h^2} = E_1$$
となり，E_0 の下限値 E_1 を得る．E_1 は，例題 2.1 で求めた水素原子の基底状態のエネルギーである（(2.7) 式参照）．

また，$\Delta p \cdot \Delta r \sim \hbar$ を用いると，
$$E_0 \sim \frac{(\Delta p)^2}{2m_e} - \frac{e^2}{4\pi\varepsilon_0 \Delta r} \sim \frac{\hbar^2}{2m_e}\frac{1}{(\Delta r)^2} - \frac{e^2}{4\pi\varepsilon_0}\frac{1}{\Delta r}$$
となるから，$r \sim \Delta r \to 0$ のとき，$E_0 \to +\infty$ となってしまう．したがって，クーロンポテンシャルを受けた電子の軌道半径が $r \to 0$ となって，エネルギーの低い状態に落ち込むことはない．

4.2 (1) 規格化条件 (3.22) $\int_{-\infty}^{\infty}|\psi_0(x)|^2 dx = 2C^2\int_0^{\infty}e^{-2\beta x}dx = 1$ より，
$$C = \sqrt{\beta}$$

(2) フーリエ変換を用いて，
$$\Psi_0(k) = \frac{1}{\sqrt{2\pi}}\int_{-\infty}^{\infty}e^{-ikx}\psi_0(x)dx = \sqrt{\frac{\beta}{2\pi}}\int_{-\infty}^{\infty}e^{-ikx}e^{-\beta|x|}dx$$
$$= \sqrt{\frac{\beta}{2\pi}}\left\{\int_0^{\infty}e^{-(ik+\beta)x}dx + \int_{-\infty}^0 e^{-(ik-\beta)x}dx\right\}$$
$$= \sqrt{\frac{\beta}{2\pi}}\left\{-\frac{1}{ik+\beta}\left[e^{-(ik+\beta)x}\right]_0^{\infty} - \frac{1}{ik-\beta}\left[e^{-(ik-\beta)x}\right]_{-\infty}^0\right\}$$
$$= -\sqrt{\frac{\beta}{2\pi}}\left(-\frac{1}{ik+\beta} + \frac{1}{ik-\beta}\right) = \underline{\frac{\beta}{k^2+\beta^2}\sqrt{\frac{2\beta}{\pi}}}$$
を得る．

(3) $\langle x \rangle = \langle p \rangle = 0$ であるから，
$$(\Delta x)^2 = \langle x^2 \rangle - \langle x \rangle^2 = \langle x^2 \rangle,\ (\Delta p)^2 = \langle p^2 \rangle - \langle p \rangle^2 = \langle p^2 \rangle$$

と書ける。
$$\langle x^2 \rangle = \int_{-\infty}^{\infty} x^2 |\psi_0(x)|^2 \mathrm{d}x = 2\beta \int_0^{\infty} x^2 e^{-2\beta x} \mathrm{d}x = \frac{1}{2\beta^2}$$
$$\langle p^2 \rangle = \int_{-\infty}^{\infty} \Psi_0^*(k)(\hbar k)^2 \Psi_0(k) \mathrm{d}k = \frac{2\beta}{\pi} \beta^2 \hbar^2 \int_{-\infty}^{\infty} \frac{k^2}{(k^2+\beta^2)^2} \mathrm{d}k$$

ここで,
$$\int_{-\infty}^{\infty} \frac{k^2}{(k^2+\beta^2)^2} \mathrm{d}k = 2\int_0^{\infty} \frac{k^2}{(k^2+\beta^2)^2} \mathrm{d}k$$
$$= 2\left[-\frac{k}{2(k^2+\beta^2)} + \frac{1}{2\beta} \tan^{-1}\left(\frac{k}{\beta}\right) \right]_0^{\infty} = \frac{\pi}{2\beta}$$

より, $\langle p^2 \rangle = \beta^2 \hbar^2$ となるから,
$$\Delta x \cdot \Delta p = \sqrt{\langle x^2 \rangle} \cdot \sqrt{\langle p^2 \rangle} = \frac{\hbar}{\sqrt{2}}$$

を得る。

第 5 章

5.1 エネルギー E の近傍に固有値が存在しないことを示せばよい。そのために, 固有値 $E+\delta E$ を与える固有関数を $\varphi+\delta\varphi$ として, $\delta E = 0$ を示せばよい。
$$\hat{H}(\varphi+\delta\varphi) = (E+\delta E)(\varphi+\delta\varphi) \tag{5a}$$
(5a) 式を展開し, 微小量の積 $\delta E \cdot \delta\varphi$ を落として, (5.38) 式を引くと,
$$\hat{H}\delta\varphi = E\delta\varphi + \delta E \varphi \tag{5b}$$
となる。(5b) 式の左から φ^* をかけて x に関して $-\infty$ から ∞ まで積分すると,
$$\int_{-\infty}^{\infty} \varphi^* \hat{H} \delta\varphi \mathrm{d}x = E\int_{-\infty}^{\infty} \varphi^* \delta\varphi \mathrm{d}x + \delta E \int_{-\infty}^{\infty} \varphi^* \varphi \mathrm{d}x$$
となる。左辺は, $\hat{H}$ がエルミート演算子であることから,
$$\int_{-\infty}^{\infty} \varphi^* \hat{H} \delta\varphi \mathrm{d}x = \int_{-\infty}^{\infty} (\hat{H}\varphi)^* \delta\varphi \mathrm{d}x = E\int_{-\infty}^{\infty} \varphi^* \delta\varphi \mathrm{d}x$$
となる。こうして, $\delta E \int_{-\infty}^{\infty} \varphi^* \varphi \mathrm{d}x = \delta E = 0$ となり, エネルギー固有値は離散スペクトルとなることがわかる。

5.2 $\varphi_1(x)$ と $\varphi_2'(x)$ との直交性により,
$$0 = \int_{-\infty}^{\infty} \varphi_1^*(x) \varphi_2'(x) \mathrm{d}x = a + b \int_{-\infty}^{\infty} \varphi_1^*(x) \varphi_2(x) \mathrm{d}x$$
$$\therefore \quad a + bQ = 0 \tag{5c}$$
となる。(5c) 式の複素共役をとると, b が実数であることから,
$$a^* + bQ^* = 0 \tag{5d}$$
となる。

また, $\varphi_2'(x)$ の規格化条件より,
$$1 = \int_{-\infty}^{\infty} |\varphi_2'(x)|^2 \mathrm{d}x$$

$$= a^*a + b^2 + a^*b\int_{-\infty}^{\infty}\varphi_1{}^*(x)\varphi_2(x)\mathrm{d}x + ab\int_{-\infty}^{\infty}\varphi_1(x)\varphi_2{}^*(x)\mathrm{d}x$$
$$\therefore \quad a^*a + b^2 + (a^*Q + aQ^*)b = 1 \tag{5e}$$

となる。(5c), (5d) 式を (5e) 式へ代入して,
$$b^2|Q|^2 + b^2 - 2b^2|Q|^2 = 1$$
となる。こうして,
$$a = \pm\frac{Q}{\sqrt{1-|Q|^2}},\quad b = \mp\frac{1}{\sqrt{1-|Q|^2}}$$
となり,
$$\varphi_2{}'(x) = \pm\frac{Q\varphi_1(x) - \varphi_2(x)}{\sqrt{1-|Q|^2}}$$
を得る。

次に,
$$\int_{-\infty}^{\infty}\varphi_1{}^*(x)\varphi_3(x)\mathrm{d}x = R \neq 0,\quad \int_{-\infty}^{\infty}\varphi_2{}'^*(x)\varphi_3(x)\mathrm{d}x = S \neq 0$$
$$\int_{-\infty}^{\infty}|\varphi_3(x)|^2\mathrm{d}x = 1$$
とし,
$$\varphi_3{}'(x) = c\varphi_1(x) + d\varphi_2{}'(x) + e\varphi_3(x)$$
とおく。ここで, e を実数とする。

直交条件より,
$$0 = \int_{-\infty}^{\infty}\varphi_1{}^*(x)\varphi_3{}'(x)\mathrm{d}x = c + eR,\quad 0 = c^* + eR^*$$
$$0 = \int_{-\infty}^{\infty}\varphi_2{}'^*(x)\varphi_3{}'(x)\mathrm{d}x = d + eS,\quad 0 = d^* + eS^*$$

$\varphi_3{}'(x)$ の規格化条件より,
$$1 = \int_{-\infty}^{\infty}|\varphi_3{}'|^2\mathrm{d}x = c^*c + d^*d + e^2 + (c^*R + cR^*)e + (d^*S + dS^*)e$$
となり,
$$c = \pm\frac{R}{\sqrt{1-|R|^2-|S|^2}},\quad d = \pm\frac{S}{\sqrt{1-|R|^2-|S|^2}},\quad e = \mp\frac{1}{\sqrt{1-|R|^2-|S|^2}}$$
となる。こうして,
$$\varphi_3{}'(x) = \pm\frac{R\varphi_1(x) + S\varphi_2{}'(x) - \varphi_3(x)}{\sqrt{1-|R|^2-|S|^2}}$$
を得る。

5.3 $\hat{A}, \hat{B}$ がエルミート演算子であるとき, $\hat{C}$ が線形演算子となることは明らかであろう。そこで, $\hat{C}$ がエルミート演算子の定義 (5.3) を満たすことを以下に示す。
$$\int_{-\infty}^{\infty}\psi_1{}^*[\hat{A},\hat{B}]\psi_2\mathrm{d}x = \int_{-\infty}^{\infty}\psi_1{}^*\hat{A}\hat{B}\psi_2\mathrm{d}x - \int_{-\infty}^{\infty}\psi_1{}^*\hat{B}\hat{A}\psi_2\mathrm{d}x$$
を考える。ここで, $\hat{A}$ と $\hat{B}$ はエルミート演算子であるから,
$$\int_{-\infty}^{\infty}\psi_1{}^*\hat{A}\hat{B}\psi_2\mathrm{d}x = \int_{-\infty}^{\infty}(\hat{A}\psi_1)^*\hat{B}\psi_2\mathrm{d}x = \int_{-\infty}^{\infty}(\hat{B}\hat{A}\psi_1)^*\psi_2\mathrm{d}x$$
となる。同様に, $\int_{-\infty}^{\infty}\psi_1{}^*\hat{B}\hat{A}\psi_2\mathrm{d}x = \int_{-\infty}^{\infty}(\hat{A}\hat{B}\psi_1)^*\psi_2\mathrm{d}x$ となるから,

章末問題　解答

$$\int_{-\infty}^{\infty} \psi_1{}^*[\hat{A}, \hat{B}]\psi_2 \mathrm{d}x = -\int_{-\infty}^{\infty} ((\hat{A}\hat{B} - \hat{B}\hat{A})\psi_1)^* \psi_2 \mathrm{d}x$$
$$= -\int_{-\infty}^{\infty} ([\hat{A}, \hat{B}]\psi_1)^* \psi_2 \mathrm{d}x$$

となる。ここで (5.34) 式を代入して,

$$\int_{-\infty}^{\infty} \psi_1{}^*(i\hat{C})\psi_2 \mathrm{d}x = -\int_{-\infty}^{\infty} (i\hat{C}\psi_1)^* \psi_2 \mathrm{d}x$$

となる。よって, $i\int_{-\infty}^{\infty} \psi_1{}^*\hat{C}\psi_2 \mathrm{d}x = i\int_{-\infty}^{\infty} (\hat{C}\psi_1)^* \psi_2 \mathrm{d}x$ となり, $\hat{C}$ は (5.3) 式を満たす。

5.4 $\varphi(x)$ が, $\hat{H}$ と $\hat{T}(a)$ の同時固有関数であるとすると,
$$\hat{H}\varphi(x) = E\varphi(x), \quad \hat{T}(a)\varphi(x) = T\varphi(x)$$
が成り立つ。このとき,
$$[\hat{T}(a), \hat{H}]\varphi(x) = \hat{T}(a)\hat{H}\varphi(x) - \hat{H}\hat{T}(a)\varphi(x)$$
$$= E\hat{T}(a)\varphi(x) - T\hat{H}\varphi(x) = ET\varphi(x) - TE\varphi(x) = 0$$
となり, $[\hat{H}, \hat{T}(a)] = 0$ が成り立つ。

次に, $[\hat{H}, \hat{T}(a)] = 0$ とする。$\hat{H}$ の固有値 E に対応する固有関数を $\varphi(x)$ とすると, $\hat{H}\varphi(x) = E\varphi(x)$ であるから,
$$\hat{H}\hat{T}(a)\varphi(x) = \hat{T}(a)\hat{H}\varphi(x) = E\hat{T}(a)\varphi(x)$$
となる。ここで, 固有値 E は縮退していないので, 対応する固有関数はただ 1 つである。したがって, $\hat{T}(a)\varphi(x)$ は $\varphi(x)$ の定数倍となるから, $\hat{T}(a)\varphi(x) = T\varphi(x)$ とおくことができる。こうして, $\hat{H}$ と $\hat{T}(a)$ が同時固有関数 $\varphi(x)$ をもつことがわかる。

第 6 章

6.1 シュレーディンガー方程式は,
$$\frac{\mathrm{d}^2\varphi(x)}{\mathrm{d}x^2} = -\frac{2m}{\hbar^2}(E - V(x))\varphi(x)$$

と書けるから, この式の両辺を, $x = a$ を含む小さな範囲 $x = a - \varepsilon$ から $x = a + \varepsilon$ まで積分する。

$$\frac{\mathrm{d}}{\mathrm{d}x}\varphi(x+\varepsilon) - \frac{\mathrm{d}}{\mathrm{d}x}\varphi(x-\varepsilon) = -\frac{2m}{\hbar^2}\int_{a-\varepsilon}^{a+\varepsilon}(E - V(x))\varphi(x)\mathrm{d}x \quad (6\mathrm{a})$$

ポテンシャル $V(x)$ は有界であるから, $\varepsilon \to 0$ のとき, (6a) 式の右辺は 0 となる。したがって,

$$\left.\frac{\mathrm{d}\varphi(x)}{\mathrm{d}x}\right|_{x \to a+0} = \left.\frac{\mathrm{d}\varphi(x)}{\mathrm{d}x}\right|_{x \to a-0}$$

となり, $\frac{\mathrm{d}\varphi}{\mathrm{d}x}$ は $x = a$ で連続である。

ポテンシャル $V(x)$ に無限大の飛びがあると, $V(x)$ は有界ではなく, $\varepsilon \to 0$ のとき, (6a) 式の右辺は 0 とはならない。したがって, 1 階微分 $\frac{\mathrm{d}\varphi(x)}{\mathrm{d}x}$ は不連続になる。

6.2 粒子のエネルギーを $0 < E < V_0$ とすると, 領域 $a < x$ での波動関数は,

$V_0 - E = \dfrac{\hbar^2 b^2}{2m}$ $(b > 0)$ とおくと，
$$\varphi(x) = Ce^{-bx}$$
と書ける。また，領域 $0 < x < a$ での波動関数は，$x < 0$ で $V(x) = \infty$ であるから，$E = \dfrac{\hbar^2 k^2}{2m}$ $(k > 0)$ とおいて，
$$\varphi(x) = A \sin kx$$
となる。これより，波動関数は，6.2 節で考察した井戸型ポテンシャルで負のパリティをもつ場合のものになる。したがって，束縛状態が存在する条件を，例題 6.3 の考察と同様に求めることができる。$\xi = ka$, $\eta = ba$ とおくと，$x = a$ での境界条件より，束縛状態は，
$$\eta = -\xi \cot \xi \tag{6.24}$$
の解で与えられる。よって，1 つも束縛状態が存在しない条件は，
$$V_0 a^2 < \dfrac{\hbar^2}{32m}$$
となる。

6.3 例題 6.4 と同様に考察を進める。

パリティの正負に対して，$V_0 - E_\pm = \dfrac{\hbar^2 b_\pm^2}{2m}$ $(b > 0)$ とおくと，領域 2 $\left(\dfrac{l+a}{2} < x\right)$ での波動関数は，
$$\varphi_{2\pm}(x) = G_\pm e^{-b_\pm x} \quad (G_\pm \text{は任意定数})$$
となる。

$E_\pm = \dfrac{\hbar^2 k_\pm^2}{2m}$ $(k_\pm > 0)$ とおくと，領域 1 $\left(\dfrac{l-a}{2} < x < \dfrac{l+a}{2}\right)$ での波動関数は，
$$\varphi_{1\pm}(x) = C_\pm \sin k_\pm x + D_\pm \cos k_\pm x \quad (C_\pm, D_\pm \text{は任意定数})$$
と書ける。

$x = \dfrac{l+a}{2}$ での境界条件は，

連続条件：$C_\pm \sin \dfrac{1}{2} k_\pm (l+a) + D_\pm \cos \dfrac{1}{2} k_\pm (l+a) = G_\pm \exp\left(-b_\pm \dfrac{l+a}{2}\right)$

滑らかの条件：
$$C_\pm k_\pm \cos k_\pm \dfrac{l+a}{2} - D_\pm k_\pm \sin k_\pm \dfrac{l+a}{2} = -G_\pm b_\pm \exp\left(-b_\pm \dfrac{l+a}{2}\right)$$
となる。

第 7 章

7.1 (1) 領域 $x < 0$ では，$E = \dfrac{\hbar^2 k_1^2}{2m}$ $(k_1 > 0)$ として，入射波と反射波はそれぞれ，$\varphi_i(x) = Ae^{ik_1 x}$, $\varphi_r(x) = Be^{-ik_1 x}$，領域 $0 < x$ では，$E - V_0 = \dfrac{\hbar^2 k_2^2}{2m}$ $(k_2 > 0)$ として，透過波は $\varphi_t(x) = Ce^{ik_2 x}$ と表される。このとき，(3.25) 式より入射波，反射波，透

過波の確率密度の流れはそれぞれ,
$$j(x) = \frac{\hbar}{2im}\left[\varphi^*(x)\frac{d\varphi(x)}{dx} - \frac{d\varphi^*(x)}{dx}\varphi(x)\right] \tag{7a}$$
$$= \frac{\hbar k_1}{m}|A|^2, \quad -\frac{\hbar k_1}{m}|B|^2, \quad \frac{\hbar k_2}{m}|C|^2$$

となる。
領域 $x<0$ での波動関数は,$\varphi(x)=Ae^{ik_1x}+Be^{-ik_1x}$(入射波と反射波の合成波),領域 $0<x$ での波動関数は,$\varphi(x)=Ce^{ik_2x}$(透過波)であるから,$x=0$ での境界条件は,

連続条件 : $A+B=C$
滑らかの条件: $k_1(A-B)=k_2C$

よって,$\dfrac{B}{A}=\dfrac{k_1-k_2}{k_1+k_2}$,$\dfrac{C}{A}=\dfrac{2k_1}{k_1+k_2}$ となる。これより反射率は,
$$R = \left|\frac{B}{A}\right|^2 = \underline{\left(\frac{k_1-k_2}{k_1+k_2}\right)^2}$$

透過率は,
$$T = \frac{\dfrac{\hbar k_2}{m}|C|^2}{\dfrac{\hbar k_1}{m}|A|^2} = \frac{k_2|C|^2}{k_1|A|^2} = \underline{\frac{4k_1k_2}{(k_1+k_2)^2}}$$

となる。これより,次のことがわかる。

a) 古典論では,粒子の運動エネルギー E がポテンシャルの高さ V_0 より大きいので反射されることはなく,すべて透過する ($R=0$, $T=1$) が,量子論では,一部反射 ($0<R<1$, $0<T<1$) する。

b) V_0 を一定にして $E\to +\infty$ とすると,$\dfrac{k_2}{k_1}\to 1$ となり,$R\to 0$, $T\to 1$ となる。

c) 議論を簡単にするため,入射波の振幅 A を正の実数とする。$V_0>0$ のとき $k_1>k_2$ となり,反射波の振幅 B は入射波の振幅 A と同じ正符号であり,**反射波の位相に変化は生じない**。しかし,$V_0<0$ であると,$k_1<k_2$ となり,$B<0$ となる。$-1=e^{\pm i\pi}$ であるから,これは**反射波の位相が π だけずれる**ことを意味する。

(2) 領域 $0<x$ で,シュレーディンガー方程式は,
$$\frac{d^2\varphi}{dx^2} = b^2\varphi, \quad b=\frac{\sqrt{2m(V_0-E)}}{\hbar}$$
となり,$x\to\infty$ のとき $\varphi(x)\to 0$ となる解として,
$$\varphi(x) = Ce^{-bx}$$
を得る。$E=\dfrac{\hbar^2k^2}{2m}$ として,境界条件は,
$$A+B=C, \quad ik(A-B)=-bC$$
となり,
$$\frac{B}{A}=\frac{k-ib}{k+ib}, \quad \frac{C}{A}=\frac{2k}{k+ib}$$
を得る。ここで,領域 $0<x$ での確率密度の流れ (7a) が 0 になることに注意して,反射率 $R=\left|\dfrac{B}{A}\right|^2=\underline{1}$,透過率 $T=\underline{0}$ を得る。

また，$k \mp ib = \sqrt{k^2 + b^2}\, e^{\mp i\alpha}$，$\tan\alpha = \dfrac{b}{k}$ より，$\dfrac{B}{A} = e^{-2i\alpha}$ となるから，反射波の位相は，<u>2α だけ遅れる</u>ことがわかる。

7.2 質量 $m = 50$ kg の人が $v = 10$ m/s の速さで走っているときの運動エネルギーは $E = \dfrac{1}{2}mv^2 = 2500$ J であり，標高 0 m を基準にした人のもつポテンシャルは $V(x) = mgh(x) = 500(10 - x^2)$ J と表される。ガモフ因子 (7.17) の積分区間は，$V(x) - E \geq 0$ より $x = -\sqrt{5} \sim \sqrt{5}$ となる。したがって，透過確率は，

$$T = \exp\left[-\frac{2}{\hbar}\int_{-\sqrt{5}}^{\sqrt{5}}\sqrt{2m(V(x) - E)}\,\mathrm{d}x\right]$$
$$= \exp\left[-\frac{4\sqrt{5} \times 100}{1.1 \times 10^{-34}}\int_0^{\sqrt{5}}\sqrt{5 - x^2}\,\mathrm{d}x\right]$$

となる。ここで，$x = \sqrt{5}\sin t$ とおいて，

$$\int_0^{\sqrt{5}}\sqrt{5 - x^2}\,\mathrm{d}x = 5\int_0^{\pi/2}\cos^2 t\,\mathrm{d}t = \frac{5}{4}\pi$$

となるから，求める透過確率は

$$T = \exp(-3.2 \times 10^{37})$$

を得る。この値は非常に小さく，<u>透過確率は実質的に 0</u> である。

第 8 章

8.1 (1) ポテンシャルに無限大の飛びがあっても波動関数は連続であるから，この場合も，$\varphi(x)$ は $x = 0$ で連続である。しかし，無限大の飛びがあると，導関数 $\dfrac{\mathrm{d}\varphi}{\mathrm{d}x}$ は不連続になる。

質量 m の粒子の定常状態のシュレーディンガー方程式は，エネルギー固有値を $E = \dfrac{\hbar^2 k^2}{2m}$ として，

$$-\frac{\hbar^2}{2m}\frac{\mathrm{d}^2\varphi(x)}{\mathrm{d}x^2} + V_0\delta(x)\varphi(x) = E\varphi(x)$$

となる。この式の両辺を微小区間 $(-\varepsilon, \varepsilon)$ で積分する。

$$\int_{-\varepsilon}^{\varepsilon}\frac{\mathrm{d}^2\varphi(x)}{\mathrm{d}x^2}\,\mathrm{d}x = \frac{2m}{\hbar^2}\int_{-\varepsilon}^{\varepsilon}(V_0\delta(x) - E)\varphi(x)\,\mathrm{d}x$$

ここで，$\varepsilon \to 0$ として境界条件は，

$$\underline{\left.\frac{\mathrm{d}\varphi}{\mathrm{d}x}\right|_{x=+0} - \left.\frac{\mathrm{d}\varphi}{\mathrm{d}x}\right|_{x=-0} = \frac{2mV_0}{\hbar^2}\varphi(0)}$$

と表される。

(2) A, B, C を任意定数として，領域 $x < 0$ から x 軸正方向への入射波を $\varphi_1(x) = Ae^{ikx}$ $(x < 0)$，反射波を $\varphi_2(x) = Be^{-ikx}$ $(x < 0)$，透過波を $\varphi_3(x) = Ce^{ikx}$ $(0 < x)$ とする。境界条件は，

$$\text{波動関数の連続性}: A + B = C$$
$$\text{導関数の条件}: ik(A - B) - ikC = \frac{2mV_0}{\hbar^2}C$$

199

これらより，$\dfrac{B}{A} = -\dfrac{mV_0}{mV_0 + i\hbar^2 k}$，$\dfrac{C}{A} = \dfrac{i\hbar^2 k}{mV_0 + i\hbar^2 k}$ となるから，反射率 R と透過率 T はそれぞれ，
$$R = \left|\dfrac{B}{A}\right|^2 = \dfrac{m^2 V_0^2}{m^2 V_0^2 + \hbar^4 k^2}, \quad T = \left|\dfrac{C}{A}\right|^2 = \dfrac{\hbar^4 k^2}{m^2 V_0^2 + \hbar^4 k^2}$$
と求められる．この結果は，負のポテンシャルの場合の結果 (8.7) と一致している．

8.2 領域 $0 < x < a$ において，エネルギー E と波数 k_1 の間には，$E = \dfrac{\hbar^2 k_1^2}{2m}$ が成り立つ．A, B を任意定数とすると，$0 < x < a$ で波動関数の一般解は，
$$\varphi_k(x) = A e^{ik_1 x} + B e^{-ik_1 x}$$
と表される．また，周期性より領域 $a < x < 2a$ での波動関数は，
$$\varphi_k(x) = e^{ika} \varphi(x - a) = e^{ika}(A e^{ik_1(x-a)} + B e^{-ik_1(x-a)})$$
となる．

$x = a$ における境界条件は，

波動関数の連続性：$\varphi(a - 0) = \varphi(a + 0)$
$\Rightarrow \quad A e^{ik_1 a} + B e^{-ik_1 a} = (A + B) e^{ika} \quad \Rightarrow \quad A(e^{ik_1 a} - e^{ika}) + B(e^{-ik_1 a} - e^{ika}) = 0$

導関数の条件：$\left. \dfrac{d\varphi}{dx} \right|_{x=a+0} - \left. \dfrac{d\varphi}{dx} \right|_{x=a-0} = \dfrac{2mV_0}{\hbar^2} \varphi(a)$
$\Rightarrow \quad ik_1 e^{ika}(A - B) - ik_1(A e^{ik_1 a} - B e^{-ik_1 a}) = \dfrac{2mV_0}{\hbar^2}(A e^{ik_1 a} + B e^{-ik_1 a}) \quad \Rightarrow$
$$A\left[ik_1(e^{ika} - e^{ik_1 a}) - \dfrac{2mV_0}{\hbar^2} e^{ik_1 a}\right] + B\left[ik_1(e^{-ik_1 a} - e^{ika}) - \dfrac{2mV_0}{\hbar^2} e^{-ik_1 a}\right] = 0$$

となるから，係数行列式 $= 0$ より，
$$\begin{vmatrix} e^{ik_1 a} - e^{ika} & e^{-ik_1 a} - e^{ika} \\ ik_1(e^{ika} - e^{ik_1 a}) - \dfrac{2mV_0}{\hbar^2} e^{ik_1 a} & ik_1(e^{-ik_1 a} - e^{ika}) - \dfrac{2mV_0}{\hbar^2} e^{-ik_1 a} \end{vmatrix} = 0$$
となる．ここで，
$$\cos x = \dfrac{e^{ix} + e^{-ix}}{2}, \quad \sin x = \dfrac{e^{ix} - e^{-ix}}{2}$$
を用いて，
$$\cos ka = \cos k_1 a + A_0 \dfrac{\sin k_1 a}{k_1 a}, \quad A_0 = \dfrac{amV_0}{\hbar^2}$$
を得る．これより，8.2 節で $V_0 d = $ 一定として，$d \to 0$ として求めたものと同様のバンド構造を得る．

第9章

9.1 (1) 9.1 節で求めたように，基底状態の波動関数は，c_0 を規格化条件から決められる定数として，$\varphi_0(x) = c_0 e^{-\frac{\xi^2}{2}} \left(\xi = \sqrt{\dfrac{m\omega}{\hbar}} x\right)$ と表される．よって，質量 m の粒子の運動エネルギー $\dfrac{p^2}{2m}$ の期待値は，

と書ける。ここで、$\frac{d^2}{dx^2}(e^{-\frac{\xi^2}{2}}) = \frac{m\omega}{\hbar}(\xi^2-1)e^{-\frac{\xi^2}{2}}$ となるから、ガウス型積分（例題4.2参照）を用いて、

$$K_0 = -|c_0|^2 \sqrt{\frac{\hbar}{m\omega}} \cdot \frac{1}{2}\hbar\omega \cdot \int_{-\infty}^{\infty}(\xi^2-1)e^{-\xi^2}d\xi = |c_0|^2 \sqrt{\frac{\hbar}{m\omega}} \sqrt{\pi} \cdot \frac{1}{4}\hbar\omega$$

となる。ここで、波動関数の規格化条件

$$1 = \int_{-\infty}^{\infty}\varphi_0^*(x)\varphi_0(x)dx = |c_0|^2\sqrt{\frac{\hbar}{m\omega}}\int_{-\infty}^{\infty}e^{-\xi^2}d\xi = |c_0|^2\sqrt{\frac{\hbar}{m\omega}}\sqrt{\pi}$$

を用いると、

$$K_0 = \underline{\frac{1}{4}\hbar\omega}$$

となる。

(2) ポテンシャルは $V(x) = \frac{1}{2}m\omega^2 x^2$ であるから、基底状態での期待値は、

$$U_0 = \int_{-\infty}^{\infty}\varphi_0^*(x)\left(\frac{1}{2}m\omega^2 x^2\right)\varphi_0(x)dx$$
$$= |c_0|^2\sqrt{\frac{\hbar}{m\omega}}\cdot\frac{1}{2}\hbar\omega\int_{-\infty}^{\infty}\xi^2 e^{-\xi^2}d\xi = |c_0|^2\sqrt{\frac{\hbar}{m\omega}}\sqrt{\pi}\cdot\frac{1}{4}\hbar\omega$$

となり、規格化条件を用いて、

$$U_0 = \frac{1}{4}\hbar\omega$$

となる。これより、調和振動子の基底状態のエネルギー期待値が、

$$E_0 = K_0 + U_0 = \frac{1}{2}\hbar\omega$$

と求められ、(9.10) 式と一致する。

(3) 重力が加わると、ポテンシャルは、$x = 0$ を基準点として、

$$V_1(x) = \frac{1}{2}m\omega^2 x^2 - mgx = \frac{1}{2}m\omega^2\left(x-\frac{g}{\omega^2}\right)^2 - \frac{mg^2}{2\omega^2}$$

と表され、位置座標を $x \to X = x - \frac{g}{\omega^2}$、エネルギー固有値を $E \to E' = E + \frac{mg^2}{2\omega^2}$ と置き換えると、シュレーディンガー方程式は、

$$-\frac{\hbar^2}{2m}\frac{d^2\varphi(X)}{dX^2} + \frac{1}{2}m\omega^2 X^2 \varphi(X) = E'\varphi(X)$$

となる。この方程式は、(9.1) 式と同じ形であり、エネルギー固有値 E' と波動関数 $\varphi(x)$ は、重力がない場合と同じ結果を与える。したがって、重力がある場合のエネルギー固有値 E_n と波動関数 $\varphi_n(x)$ は、

$$E_n = E_n' - \frac{mg^2}{2\omega^2} = \left(n+\frac{1}{2}\right)\hbar\omega - \frac{mg^2}{2\omega^2}$$

$$\varphi_n(x) = \varphi_n(X) = C_n H_n(\xi_X) e^{-\frac{\xi_X^2}{2}} \quad \left(\xi_X = \sqrt{\frac{m\omega}{\hbar}}X = \sqrt{\frac{m\omega}{\hbar}}\left(x - \frac{g}{\omega^2}\right)\right)$$

となる。

　この結果は、基準点がずれて、エネルギーを一定値変化させるだけで、振動数に変化はないことを示している。古典論で、ばね振り子に一様な重力がかけられた場

合と同じである。

9.2 $n > m$ とすると，$\varphi_n = \dfrac{1}{\sqrt{n!}}(\hat{a}^\dagger)^n \varphi_0$ より，

$$\varphi_m{}^* \varphi_n = \frac{1}{\sqrt{n!}} \varphi_m{}^* (\hat{a}^\dagger)^n \varphi_0 = \frac{1}{\sqrt{n!}} ((\hat{a})^n \varphi_m)^* \varphi_0 = \sqrt{\frac{m!}{n!}} ((\hat{a})^{n-m} \varphi_0)^* \varphi_0 = 0$$

となる。ここで，(9.24) 式の第 1 式，および $\hat{a} \varphi_0 = 0$ を用いた。また，$n < m$ としても同様に，

$$\varphi_m{}^* \varphi_n = \frac{1}{\sqrt{m!}} ((\hat{a}^\dagger)^m \varphi_0)^* \varphi_n = \frac{1}{\sqrt{m!}} \varphi_0{}^* (\hat{a})^m \varphi_n = \sqrt{\frac{n!}{m!}} \varphi_0{}^* (\hat{a})^{m-n} \varphi_0 = 0$$

となり，一般に，固有関数の直交性 (9.32) 式が成り立つことがわかる。

9.3 母関数の定義式 (9.12) を (9.34) 式へ代入すると，

$$f(t,s) = \int_{-\infty}^{\infty} e^{-t^2 - s^2 + 2(t+s)\xi - \xi^2} \, d\xi$$

$$= e^{2ts} \int_{-\infty}^{\infty} e^{-(\xi - t - s)^2} \, d\xi$$

$$= \sqrt{\pi} \, e^{2ts} \tag{9a}$$

となる。ここで，ガウス型の積分公式 (4.5) を用いた。(9a) 式をさらにべき級数に展開すると，

$$f(t,s) = \sqrt{\pi} \sum_n \frac{2^n}{n!} t^n s^n \tag{9b}$$

となる。

一方，(9.34) 式の $S(\xi, t)$, $S(\xi, s)$ に母関数の展開式 (9.12) 式の最右辺を代入すると，

$$f(t,s) = \sum_{n=0}^{\infty} \sum_{m=0}^{\infty} \frac{t^n s^m}{n! m!} \int_{-\infty}^{\infty} H_n(\xi) H_m(\xi) e^{-\xi^2} \, d\xi \tag{9c}$$

となる。(9b) 式と (9c) 式を比較し，t と s の各べきの係数を比較すると，$n = m$ のとき，

$$\int_{-\infty}^{\infty} H_n(\xi) H_n(\xi) e^{-\xi^2} \, d\xi = 2^n n! \sqrt{\pi}$$

となり，$n \neq m$ のとき，

$$\int_{-\infty}^{\infty} H_n(\xi) H_m(\xi) e^{-\xi^2} \, d\xi = 0$$

となる。こうして (9.33) 式を得る。

9.4 まず，位置演算子 $\hat{x}$ と運動量演算子 $\hat{p}$ を，(9.17), (9.18) 式から演算子 $\hat{a}$, $\hat{a}^\dagger$ を用いて表そう。

$$\hat{x} = \sqrt{\frac{\hbar}{2m\omega}} (\hat{a} + \hat{a}^\dagger), \quad \hat{p} = -i\sqrt{\frac{\hbar m\omega}{2}} (\hat{a} - \hat{a}^\dagger)$$

位置の不確かさの 2 乗 $(\Delta x)^2$ は，第 n 励起状態の波動関数 φ_n を用いて，

$$(\Delta x)^2 = \int_{-\infty}^{\infty} \varphi_n{}^* \hat{x}^2 \varphi_n \, dx = \frac{\hbar}{2m\omega} \int_{-\infty}^{\infty} \varphi_n{}^* (\hat{a}\hat{a} + \hat{a}\hat{a}^\dagger + \hat{a}^\dagger \hat{a} + \hat{a}^\dagger \hat{a}^\dagger) \varphi_n \, dx$$

と書ける。ここで，(9.24) 式を用いると，

$$\hat{a}\hat{a} \varphi_n = \sqrt{n(n-1)} \, \varphi_{n-2}, \quad \hat{a}\hat{a}^\dagger \varphi_n = (n+1) \varphi_n, \quad \hat{a}^\dagger \hat{a} \varphi_n = n \varphi_n$$

$$\hat{a}^\dagger \hat{a}^\dagger \varphi_n = \sqrt{(n+2)(n+1)} \, \varphi_{n+2}$$

となるから，φ_n の規格直交条件

より，
$$\int_{-\infty}^{\infty} \varphi_m{}^* \varphi_n \mathrm{d}x = \delta_{mn}$$

より，
$$(\Delta x)^2 = \frac{\hbar}{2m\omega}\left[(n+1)+n\right]\int_{-\infty}^{\infty}\varphi_n{}^*\varphi_n\mathrm{d}x = \frac{\hbar}{m\omega}\left(n+\frac{1}{2}\right)$$

となる。運動量の不確かさの 2 乗 $(\Delta p)^2$ は，
$$(\Delta p)^2 = \int_{-\infty}^{\infty}\varphi_n{}^* \hat{p}^2 \varphi_n \mathrm{d}x = -\frac{\hbar m\omega}{2}\int_{-\infty}^{\infty}\varphi_n{}^*(\hat{a}\hat{a}-\hat{a}\hat{a}^{\dagger}-\hat{a}^{\dagger}\hat{a}+\hat{a}^{\dagger}\hat{a}^{\dagger})\varphi_n \mathrm{d}x$$
$$= \hbar m\omega\left(n+\frac{1}{2}\right)$$

となる。これより，
$$\Delta x \cdot \Delta p = \sqrt{(\Delta x)^2(\Delta p)^2} = \underline{\hbar\left(n+\frac{1}{2}\right)}$$

を得る。

第 10 章

10.1 2 次元極座標は
$$\begin{cases} x = r\cos\theta \\ y = r\sin\theta \end{cases}$$

で与えられるから，
$$r^2 = x^2 + y^2, \ \tan\theta = \frac{y}{x}$$

となる。これより，$2r\dfrac{\partial r}{\partial x} = 2x \Rightarrow \dfrac{\partial r}{\partial x} = \dfrac{x}{r} = \cos\theta,\ \dfrac{\partial r}{\partial y} = \dfrac{y}{r} = \sin\theta,\ \dfrac{1}{\cos^2\theta}\dfrac{\partial \theta}{\partial x} = -\dfrac{y}{x^2} \Rightarrow \dfrac{\partial \theta}{\partial x} = -\dfrac{\sin\theta}{r},\ \dfrac{\partial \theta}{\partial y} = \dfrac{\cos\theta}{r}$ より，

$$\frac{\partial}{\partial x} = \frac{\partial r}{\partial x}\frac{\partial}{\partial r} + \frac{\partial \theta}{\partial x}\frac{\partial}{\partial \theta} = \cos\theta\frac{\partial}{\partial r} - \frac{\sin\theta}{r}\frac{\partial}{\partial \theta}$$

$$\frac{\partial}{\partial y} = \frac{\partial r}{\partial y}\frac{\partial}{\partial r} + \frac{\partial \theta}{\partial y}\frac{\partial}{\partial \theta} = \sin\theta\frac{\partial}{\partial r} + \frac{\cos\theta}{r}\frac{\partial}{\partial \theta}$$

となる。続いて 2 階微分も同様に，
$$\frac{\partial^2}{\partial x^2} = \frac{\partial}{\partial x}\left(\cos\theta\frac{\partial}{\partial r} - \frac{\sin\theta}{r}\frac{\partial}{\partial \theta}\right)$$
$$= \cos\theta\frac{\partial}{\partial r}\left(\cos\theta\frac{\partial}{\partial r} - \frac{\sin\theta}{r}\frac{\partial}{\partial \theta}\right) - \frac{\sin\theta}{r}\frac{\partial}{\partial \theta}\left(\cos\theta\frac{\partial}{\partial r} - \frac{\sin\theta}{r}\frac{\partial}{\partial \theta}\right)$$
$$= \cos^2\theta\frac{\partial^2}{\partial r^2} + \frac{\sin^2\theta}{r}\frac{\partial}{\partial r} - \frac{2\sin\theta\cos\theta}{r}\frac{\partial^2}{\partial r \partial \theta}$$
$$\quad + \frac{2\sin\theta\cos\theta}{r^2}\frac{\partial}{\partial \theta} + \frac{\sin^2\theta}{r^2}\frac{\partial^2}{\partial \theta^2}$$

$$\frac{\partial^2}{\partial y^2} = \frac{\partial}{\partial y}\left(\sin\theta\frac{\partial}{\partial r} + \frac{\cos\theta}{r}\frac{\partial}{\partial \theta}\right)$$

$$= \sin\theta \frac{\partial}{\partial r}\left(\sin\theta \frac{\partial}{\partial r} + \frac{\cos\theta}{r}\frac{\partial}{\partial \theta}\right) + \frac{\cos\theta}{r}\frac{\partial}{\partial \theta}\left(\sin\theta \frac{\partial}{\partial r} + \frac{\cos\theta}{r}\frac{\partial}{\partial \theta}\right)$$

$$= \sin^2\theta \frac{\partial^2}{\partial r^2} + \frac{\cos^2\theta}{r}\frac{\partial}{\partial r} + \frac{2\sin\theta\cos\theta}{r}\frac{\partial^2}{\partial r\partial\theta}$$

$$- \frac{2\sin\theta\cos\theta}{r^2}\frac{\partial}{\partial \theta} + \frac{\cos^2\theta}{r^2}\frac{\partial^2}{\partial \theta^2}$$

となり，(10.35) 式が導かれる．

10.2 $(z^2-1)^n$ を 2 項定理により展開する．

$$(z^2-1)^l = z^{2l} + {}_lC_1(-1)z^{2l-2} + {}_lC_2(-1)^2 z^{2l-4} + \cdots + {}_lC_l(-1)^l$$

$$= \sum_{k=0}^{l}(-1)^k \frac{l!}{k!(l-k)!} z^{2l-2k}$$

この式の両辺を z で l 回微分する．

$$\frac{d^l}{dz^l}(z^2-1)^l$$

$$= \sum_{k=0}^{[\frac{l}{2}]}(-1)^k \frac{l!}{k!(l-k)!}(2l-2k)(2l-2k-1)\cdots(l-2k+1)z^{l-2k}$$

$$= \sum_{k=0}^{[\frac{l}{2}]}(-1)^k \frac{l!(2l-2k)!}{k!(l-k)!(l-2k)!} z^{l-2k}$$

この式に，$\frac{1}{2^l l!}$ をかけて (10.17) 式を得る．

10.3

$$\frac{-\hat{L}_x^2}{\hbar^2} = \left(\sin\phi\frac{\partial}{\partial\theta} + \frac{\cos\phi}{\tan\theta}\frac{\partial}{\partial\phi}\right)\left(\sin\phi\frac{\partial}{\partial\theta} + \frac{\cos\phi}{\tan\theta}\frac{\partial}{\partial\phi}\right)$$

$$= \sin^2\phi\frac{\partial^2}{\partial\theta^2} + \sin\phi\cos\phi\frac{\partial}{\partial\theta}\left(\frac{\cos\phi}{\sin\theta}\frac{\partial}{\partial\phi}\right)$$

$$+ \frac{\cos\phi}{\tan\theta}\frac{\partial}{\partial\phi}\left(\sin\phi\frac{\partial}{\partial\theta}\right) + \frac{\cos\phi}{\tan\theta}\frac{\partial}{\partial\phi}\left(\frac{\cos\phi}{\tan\theta}\frac{\partial}{\partial\phi}\right)$$

$$= \sin^2\phi\frac{\partial^2}{\partial\theta^2} + \frac{\sin\phi\cos\phi}{\tan\theta}\frac{\partial^2}{\partial\theta\partial\phi} - \frac{\sin\phi\cos\phi}{\sin^2\theta}\frac{\partial}{\partial\phi}$$

$$+ \frac{\sin\phi\cos\phi}{\tan\theta}\frac{\partial^2}{\partial\theta\partial\phi} + \frac{\cos^2\phi}{\tan\theta}\frac{\partial}{\partial\theta} - \frac{\sin\phi\cos\phi}{\tan^2\theta}\frac{\partial}{\partial\phi} + \frac{\cos^2\phi}{\tan^2\theta}\frac{\partial^2}{\partial\phi^2}$$

$$\frac{-\hat{L}_y^2}{\hbar^2} = \left(-\cos\phi\frac{\partial}{\partial\theta} + \frac{\sin\phi}{\tan\theta}\frac{\partial}{\partial\phi}\right)\left(-\cos\phi\frac{\partial}{\partial\theta} + \frac{\sin\phi}{\tan\theta}\frac{\partial}{\partial\phi}\right)$$

$$= \cos^2\phi\frac{\partial^2}{\partial\theta^2} - \frac{\sin\phi\cos\phi}{\tan\theta}\frac{\partial^2}{\partial\theta\partial\phi} + \frac{\sin\phi\cos\phi}{\sin^2\theta}\frac{\partial}{\partial\phi}$$

$$- \frac{\sin\phi\cos\phi}{\tan\theta}\frac{\partial^2}{\partial\theta\partial\phi} + \frac{\sin^2\phi}{\tan\theta}\frac{\partial}{\partial\theta} + \frac{\sin\phi\cos\phi}{\tan^2\theta}\frac{\partial}{\partial\phi} + \frac{\sin^2\phi}{\tan^2\theta}\frac{\partial^2}{\partial\phi^2}$$

$$\frac{-\hat{L}_z^2}{\hbar^2} = \frac{\partial^2}{\partial\phi^2}$$

ここで，$1 + \frac{1}{\tan^2\theta} = \frac{1}{\sin^2\theta}$ を用いて，(10.27) 式を得る．

第 11 章

11.1(1) 原子番号 Z の水素類似イオンの電子のポテンシャルエネルギーは $V(r) = -\dfrac{1}{4\pi\varepsilon_0}\dfrac{Ze^2}{r}$ であるから,水素原子のエネルギーの表式で,$e^2 \to Ze^2$ とすれば,水素類似イオンのエネルギーを求めることができる。電気素量を e,電子の質量を m_e,プランク定数を h $\left(\hbar = \dfrac{h}{2\pi}\right)$,真空の誘電率を ε_0 として,原子番号 Z の原子のボーア半径 r_0^Z と n 番目のエネルギー準位 E_n^Z はそれぞれ,

$$r_0^Z = \frac{4\pi\varepsilon_0\hbar^2}{m_\mathrm{e}Ze^2} = \frac{\varepsilon_0 h^2}{\pi m_\mathrm{e}Ze^2} = \frac{1}{Z}r_0^\mathrm{H}$$

$$E_n^Z = -\frac{Ze^2}{8\pi\varepsilon_0 r_0^Z}\frac{1}{n^2} = Z^2 E_n^\mathrm{H}$$

と書ける。

ヘリウムイオン $\mathrm{He^+}$ の原子番号は $Z = 2$ であり,リチウムイオン $\mathrm{Li^{2+}}$ は $Z = 3$ であるから,

$$\mathrm{He^+} : E_1^\mathrm{He} = 2^2 \times E_1^\mathrm{H} = \underline{-54.4 \text{ eV}}$$
$$\mathrm{Li^{2+}} : E_1^\mathrm{Li} = 3^2 \times E_1^\mathrm{H} = \underline{-122.4 \text{ eV}}$$

となる。

(2) 陽子に対する μ^- 粒子の相対運動を考える。換算質量は,

$$m^* = \frac{m_\mathrm{p}m_\mu}{m_\mathrm{p} + m_\mu} = \frac{m_\mu}{1 + \dfrac{m_\mu}{m_\mathrm{p}}} = 186\, m_\mathrm{e}$$

となるから,水素原子の基底状態のエネルギー E_1^H の表式で,$m_\mathrm{e} \to m^*$ とすればよい。よって,μ^- 粒子のボーア半径を r_0^μ とすると,基底状態のエネルギー E_1^μ は,

$$r_0^\mu = \frac{4\pi\varepsilon_0\hbar^2}{m^* e^2} = \frac{m_\mathrm{e}}{m^*}r_0, \quad E_1^\mu = -\frac{e^2}{8\pi\varepsilon_0 r_0^\mu} = \frac{m^*}{m_\mathrm{e}}E_1^\mathrm{H} = \underline{-2.53 \text{ keV}}$$

と求められる。

11.2(1) x-y-z 座標の 3 次元極座標表示

$$x = r\sin\theta\cos\phi,\ y = r\sin\theta\sin\phi,\ z = r\cos\theta$$

を用いると,

$$\varphi_{211} = R_{21}(r)Y_1^1(\theta,\phi) = -R_{21}(r)\sqrt{\frac{3}{8\pi}}\sin\theta\, e^{i\phi} = -R_{21}(r)\sqrt{\frac{3}{8\pi}}\frac{x+iy}{r}$$

$$\varphi_{210} = R_{21}(r)Y_1^0(\theta,\phi) = R_{21}(r)\sqrt{\frac{3}{4\pi}}\cos\theta = R_{21}(r)\sqrt{\frac{3}{4\pi}}\frac{z}{r}$$

$$\varphi_{21-1} = R_{21}(r)Y_1^{-1}(\theta,\phi) = R_{21}(r)\sqrt{\frac{3}{8\pi}}\sin\theta\, e^{-i\phi} = R_{21}(r)\sqrt{\frac{3}{8\pi}}\frac{x-iy}{r}$$

と書けるから,

$$\varphi_{2\mathrm{p}_x} = \frac{-1}{\sqrt{2}}(\varphi_{211} - \varphi_{21-1}) = \underline{\sqrt{\frac{3}{4\pi}}\frac{R_{21}(r)}{r}x}$$

$$\varphi_{2\mathrm{p}_y} = \frac{i}{\sqrt{2}}(\varphi_{211} + \varphi_{21-1}) = \underline{\sqrt{\frac{3}{4\pi}}\frac{R_{21}(r)}{r}y}$$

章末問題　解答

$$\varphi_{2\mathrm{p}_z} = \varphi_{210} = \sqrt{\frac{3}{4\pi}} \frac{R_{21}(r)}{r} z$$

より，$f(r) = \sqrt{\dfrac{3}{4\pi}} \dfrac{R_{21}(r)}{r}$ として (11.38) 式を得る。

また，整数 $m, n = 1, 0, -1$ に対して，(10.13)，(10.14) 式より，

$$\frac{1}{2\pi}\int_0^{2\pi} e^{-i(m-n)\phi}\mathrm{d}\phi = \delta_{mn} \tag{11a}$$

となり，波動関数 φ_{21m} と φ_{21n} が正規直交条件

$$\int_0^{2\pi}\mathrm{d}\phi\int_0^{\pi}\sin\theta\mathrm{d}\theta\int_0^{\infty} r^2\mathrm{d}r\varphi_{21m}{}^*\varphi_{21n} = \delta_{mn}$$

を満たすことから，

$$\int_0^{2\pi}\mathrm{d}\phi\int_0^{\pi}\sin\theta\mathrm{d}\theta\int_0^{\infty} r^2\mathrm{d}r(\varphi_{211}{}^* - \varphi_{21-1}{}^*)(\varphi_{211} + \varphi_{21-1}) = 0$$

が成り立つことがわかる。これらより，$i, j = x, y, z$ に対して波動関数 φ_{21i} と φ_{21j} は正規直交条件

$$\int_0^{2\pi}\mathrm{d}\phi\int_0^{\pi}\sin\theta\mathrm{d}\theta\int_0^{\infty} r^2\mathrm{d}r\varphi_{21i}{}^*\varphi_{21j} = \delta_{ij}$$

を満たす。

(2)　関数 $f(r)$ は，r の単調減少関数であるが，それに x, y あるいは z をかけて，$\varphi_{2\mathrm{p}_x}, \varphi_{2\mathrm{p}_y}, \varphi_{2\mathrm{p}_z}$ の等値線のグラフを描くと，それぞれ図11a, b, c のようになる。このように，波動関数を実関数で表すとグラフを描けるようになり，共有結合等を考えるとき，イメージしやすくなる。

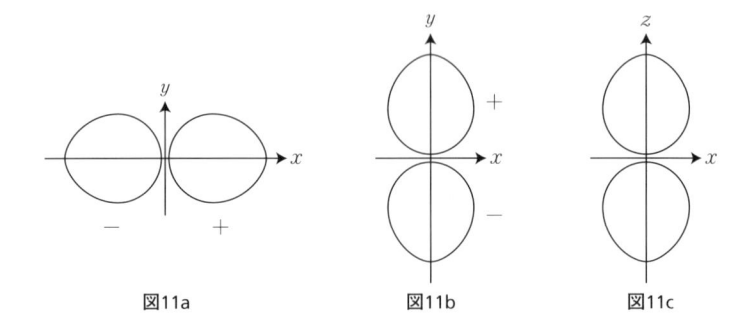

図11a　　　　　図11b　　　　　図11c

(3)　球面調和関数 $Y_1^m(\theta, \phi)$ （$m = \pm 1, 0$）は規格化されているので((10.25) 式参照)，2p 状態の波動関数による期待値は，(11.34) 式を用いて，

$$\langle r^2 \rangle = \int_0^{\infty} R_{21}(r)^2 r^2 \cdot r^2 \mathrm{d}r = \frac{1}{4!r_0{}^5}\int_0^{\infty} r^6 e^{-r/r_0}\mathrm{d}r$$

$$\langle r \rangle = \frac{1}{4!r_0{}^5}\int_0^{\infty} r^5 e^{-r/r_0}\mathrm{d}r, \ \langle r^{-1} \rangle = \frac{1}{4!r_0{}^5}\int_0^{\infty} r^3 e^{-r/r_0}\mathrm{d}r$$

となる。ここで，

$$\int_0^{\infty} e^{-\alpha r}\mathrm{d}r = -\frac{1}{\alpha}\left[e^{-\alpha r}\right]_0^{\infty} = \frac{1}{\alpha}$$

$$\int_0^\infty re^{-ar}dr = -\frac{\partial}{\partial\alpha}\left(\int_0^\infty e^{-ar}dr\right) = -\frac{\partial}{\partial\alpha}\left(\frac{1}{\alpha}\right) = \frac{1}{\alpha^2}$$

$$\int_0^\infty r^2 e^{-ar}dr = (-1)^2\frac{\partial^2}{\partial\alpha^2}\left(\int_0^\infty e^{-ar}dr\right) = 2!\frac{1}{\alpha^3}$$

$$\cdots$$

$$\int_0^\infty r^m e^{-ar}dr = m!\frac{1}{\alpha^{m+1}}$$

であることを用いて,

$$\langle r^2\rangle = \underline{30r_0^2}, \quad \langle r\rangle = \underline{5r_0}, \quad \langle r^{-1}\rangle = \underline{\frac{1}{4r_0}}$$

を得る。

(4) $z = r\cos\theta$ より, ポテンシャルエネルギーは,
$$V = A(3\cos^2\theta - 1)r^2$$
となり, ϕ に依存しない。したがって (11a) 式より, 非対角成分は,
$$\langle 21m|V|21n\rangle = 0 \quad (m \neq n)$$
となる。対角成分は,

$$\langle 21\pm 1|V|21\pm 1\rangle = A\iiint R_{21}(r)^2|Y_1^{\pm 1}|^2(3\cos^2\theta - 1)r^2\cdot r^2\sin\theta drd\theta d\phi$$

$$= \frac{3}{4}A\int_0^\pi \sin^3\theta(3\cos^2\theta - 1)d\theta\int_0^\infty r^4 R_{21}(r)^2 dr$$

と書ける。ここで, $y = \cos\theta$ とおくと, $dy = -\sin\theta d\theta$ より,

$$\int_0^\pi \sin^3\theta(3\cos^2\theta - 1)d\theta = -\int_1^{-1}(1-y^2)(3y^2 - 1)dy = -\frac{8}{15}$$

$$\int_0^\infty r^4 R_{21}(r)^2 dr = \langle r^2\rangle = 30r_0^2$$

となるから,

$$\langle 21\pm 1|V|21\pm 1\rangle = \underline{-12Ar_0^2}$$

を得る。

$$\langle 210|V|210\rangle = \frac{3}{2}A\int_0^\pi \sin\theta\cos^2\theta(3\cos^2\theta - 1)d\theta\int_0^\infty r^4 R_{21}(r)^2 dr$$

ここで,

$$\int_0^\pi \sin\theta\cos^2\theta(3\cos^2\theta - 1)d\theta = -\int_1^{-1}y^2(3y^2 - 1)dy = \frac{8}{15}$$

となり,

$$\langle 210|V|210\rangle = \underline{24Ar_0^2}$$

を得る。

これより, 2p 状態のエネルギー縮退が解ける様子は, 図 11d のようになる。波動関数 φ_{210} で表される z 軸方向へ伸びた $2p_z$ 軌道のエネルギーは高くなり, その他の x および y 軸方向へ伸びた $2p_x$, $2p_y$ 軌道 (波動関数 $\varphi_{21\pm 1}$ で表される) のエネルギーは低下することがわかる。このとき, エネルギーの平均値

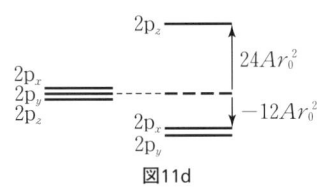

図11d

は変化しない。

第 12 章

12.1 $F(q,p)$ を時間 t で微分し，ハミルトンの運動方程式 (12.9) を用いると，
$$\frac{dF}{dt} = \sum_j \left(\frac{\partial F}{\partial q_j} \frac{dq_j}{dt} + \frac{\partial F}{\partial p_j} \frac{dp_j}{dt} \right) = \sum_j \left(\frac{\partial F}{\partial q_j} \frac{\partial H}{\partial p_j} - \frac{\partial F}{\partial p_j} \frac{\partial H}{\partial q_j} \right) = [F, H]$$
となり，(12.40) 式を得る。

12.2 電磁場中でのシュレーディンガー方程式は，運動量演算子 $\hat{\boldsymbol{p}} = -i\hbar\nabla$ を用いて，
$$i\hbar \frac{\partial \psi}{\partial t} = \left[\frac{1}{2m} (\hat{\boldsymbol{p}} - q\boldsymbol{A})^2 + q\phi \right] \psi$$
$$= \left[-\frac{\hbar^2}{2m} \left(\nabla - i\frac{q}{\hbar}\boldsymbol{A} \right)^2 + q\phi \right] \psi$$
と書ける。この式の複素共役をとると，
$$-i\hbar \frac{\partial \psi^*}{\partial t} = \left[-\frac{\hbar^2}{2m} \left(\nabla + i\frac{q}{\hbar}\boldsymbol{A} \right)^2 + q\phi \right] \psi^*$$
となるから，確率密度関数を $\rho = \psi^*\psi$ とすると，
$$\frac{\partial \rho}{\partial t} = \frac{\partial \psi^*}{\partial t} \psi + \psi^* \frac{\partial \psi}{\partial t}$$
$$= -\frac{\hbar}{2im} \left[\psi^* \left(\nabla - i\frac{q}{\hbar}\boldsymbol{A} \right)^2 \psi - \psi \left(\nabla + i\frac{q}{\hbar}\boldsymbol{A} \right)^2 \psi^* \right]$$
ここで，
$$\psi^* \left(\nabla - i\frac{q}{\hbar}\boldsymbol{A} \right)^2 \psi = \psi^* \left(\nabla - i\frac{q}{\hbar}\boldsymbol{A} \right)\left(\nabla - i\frac{q}{\hbar}\boldsymbol{A} \right) \psi$$
$$= \psi^* \left[\nabla^2 \psi - 2i\frac{q}{\hbar}\boldsymbol{A}\cdot\nabla\psi - i\frac{q}{\hbar}(\nabla\cdot\boldsymbol{A})\psi - \left(\frac{q}{\hbar}\boldsymbol{A}\right)^2 \psi \right]$$
$$\psi \left(\nabla + i\frac{q}{\hbar}\boldsymbol{A} \right)^2 \psi^* = \psi \left[\nabla^2 \psi^* + 2i\frac{q}{\hbar}\boldsymbol{A}\cdot\nabla\psi^* + i\frac{q}{\hbar}(\nabla\cdot\boldsymbol{A})\psi^* - \left(\frac{q}{\hbar}\boldsymbol{A}\right)^2 \psi^* \right]$$
より，
$$\frac{\partial \rho}{\partial t} = -\frac{\hbar}{2im} \nabla\cdot\left[\psi^* \left(\nabla - i\frac{q}{\hbar}\boldsymbol{A} \right)\psi - \psi \left(\nabla + i\frac{q}{\hbar}\boldsymbol{A} \right)\psi^* \right]$$
となる。これより，連続の方程式を，
$$\underline{\frac{\partial \rho}{\partial t} = -\nabla\cdot\boldsymbol{j}}$$
と書くと，確率密度の流れ
$$\underline{\boldsymbol{j} = \frac{1}{2m}\frac{\hbar}{i}\left[\psi^*\left(\nabla - i\frac{q}{\hbar}\boldsymbol{A}\right)\psi - \psi\left(\nabla + i\frac{q}{\hbar}\boldsymbol{A}\right)\psi^* \right]}$$
を得る。

12.3 ベクトルポテンシャルとスカラーポテンシャルが，
$$A_x = -By, \quad A_y = 0, \quad A_z = 0, \quad \phi = -Ey$$
であるとき，x-y 平面におけるハミルトニアンは，$\hat{p}_x$ の固有値を p_x (一定値) として，

$$\hat{H}_{xy} = \frac{1}{2m}\left[(p_x + qB\hat{y})^2 + \hat{p}_y{}^2\right] - qB\hat{y}$$

となる。ここで，$\hat{Y} = \hat{y} + \dfrac{p_x - m\dfrac{E}{B}}{qB}$ とおくと，

$$\hat{p}_Y = -i\hbar\,\frac{\partial}{\partial Y} = -i\hbar\,\frac{\partial}{\partial y} = \hat{p}_y$$

となり，よって，

$$\hat{H}_{xy} = \frac{1}{2m}\,\hat{p}_Y{}^2 + \frac{1}{2}\,m\omega^2\hat{Y}^2 + p_x\frac{E}{B} - \frac{1}{2}\,m\left(\frac{E}{B}\right)^2,\ \ \omega = \frac{qB}{m}$$

となる。こうして荷電粒子のエネルギー準位

$$E = \hbar\omega\left(n + \frac{1}{2}\right) + p_x\frac{E}{B} - \frac{1}{2}\,m\left(\frac{E}{B}\right)^2$$

を得る。

索引

アルファベット

cosh　85
coth　87
sinh　85
STM　101
tanh　87

あ

アインシュタイン　6
α 崩壊　99
位相空間　20
位相速度　22
位置の期待値　41
井戸型ポテンシャル　74
ウィーンの式　2
運動方程式　42
運動量演算子　36, 62
運動量期待値　41
運動量空間　46
エーレンフェストの定理　44
エサキダイオード　98
エネルギー演算子　35
エネルギーギャップ　113
エネルギー準位　16
エネルギーバンド　113
エネルギー密度　2
エルミート演算子　61
エルミート共役　63
エルミート多項式　122
演算子　60
遠心力ポテンシャル　151
オイラーの公式　34

か

回折角　27
回折現象　26
ガウス関数　47
可換　69
角運動量　144
角運動量演算子　144
角度関数　137
確率密度関数　38
確率密度の流れ　39
ガモフ因子　98
干渉縞　31
完全系　65
観測量　60
規格化条件　38
期待値　41
基底状態　17
軌道量子数　145
球面調和関数　142
極座標　134
極座標表示　135
極方程式　143
許容帯　112
禁制帯　112
クローニッヒ・ペニーモデル　110
群速度　23, 72
原子　14
交換関係　69, 145
交換子　69
光子　7
光子の運動量　8
光電効果　7
光量子　7
コーシーの主値　114
個数演算子　126
固有関数　64

211

固有振動　3
固有値　64
固有値方程式　64
コンプトン効果　8, 10

さ

最小波束　52
時間に依存しないシュレーディンガー方程式　37
磁気量子数　145
仕事関数　7
周期ポテンシャル　106
縮退状態　65
シュテファン・ボルツマンの法則　12
主量子数　156
シュレーディンガー　148
シュレーディンガー方程式　35, 36, 135
状態関数　60
消滅演算子　126
振動数条件　15
水素原子　154
水素原子模型　16
正規直交系　65
生成演算子　126
正のパリティ　80
零点エネルギー　77, 120
線形演算子　61
線積分　44
双曲線関数　85
走査型トンネル顕微鏡　101
相補的　25
束縛状態　74

た

第1副極大　29

超関数　49
調和振動子　19, 116
調和振動子のエネルギー固有値　120
調和振動子の波動関数　121, 129
定常状態　74
ディラックのデルタ関数　49
デルタ関数　49, 114
デルタ関数型ポテンシャル　104
電磁波　32
電磁波のエネルギー　3
ド・ブロイ　21, 27
ド・ブロイ波　16, 22
ド・ブロイ波長　22
透過率　93
動径波動関数　150
動径量子数　157
トンネル効果　92
トンネルダイオード　98

な

2原子分子　84
2重スリット　30
2重性　25
入射波　93

は

ハイゼンベルク　57
箱型ポテンシャル　92
波数　21
波数空間　46
波束　39, 52
波束の運動　54
波動関数　33, 34
波動関数の性質　79
波動方程式　33

ハミルトニアン　37
ハミルトン関数　37
パリティ　80
反射波　93
反射率　93
バンド構造　113
非可換　69
フーリエの逆変換　46
フーリエ変換　46
不確定性関係　27, 50, 70
不確定性原理　26, 50
複素共役　38
物質波　22
物理量　62
負のパリティ　80
プランク定数　2
プランクの放射公式　3
プランクの量子仮説　2
ブロッホ関数　107
ブロッホの定理　108
分散関係　22
分散のない波　33
平面波　34
変数分離　37
方向量子化　147
ボーア・ゾンマーフェルトの量子条件　19
ボーアの量子条件　15
ボーア半径　17
母関数　122

ま

無限遠の境界条件　61
面積分　44

や

山型ポテンシャル　96
有効ポテンシャル　150

ら

ラゲールの陪多項式　158
ラザフォード散乱　15
ラプラシアン　134
離散スペクトル　64
リュードベリ定数　16
量子仮説　2
量子化の手続き　36
量子条件　15
量子数　16, 64, 120
ルジャンドルの多項式　138
ルジャンドルの陪多項式　140
励起状態　121
レーリー・ジーンズの式　6
連続スペクトル　67
連続の方程式　39
ロドリグの公式　138

著者紹介 原田 勲(はらだ いさお)
1944年生まれ。
大阪大学 大学院基礎工学研究科 物理系 博士課程修了。工学博士。
岡山大学 大学院自然科学研究科 先端基礎科学専攻 (物理系) 教授を経て、
現在、名誉教授。連携教育推進センター長 教授 (特任)。

杉山忠男(すぎやまただお)
1949年生まれ。
東京工業大学 理学部 応用物理学科卒業。理学博士。
現在、河合塾 物理科 講師。

NDC420 223p 22cm

講談社基礎物理学シリーズ　6

量子力学Ⅰ(りょうしりきがく)

2009年9月25日　第1刷発行
2011年7月25日　第2刷発行

著者　原田 勲(はらだ いさお)、杉山忠男(すぎやまただお)
発行者　鈴木　哲
発行所　株式会社 講談社
　　　　〒112-8001 東京都文京区音羽2-12-21
　　　　販売部　(03)5395-3622
　　　　業務部　(03)5395-3615
編集　株式会社 講談社サイエンティフィク
　　　代表　柳田和哉
　　　〒162-0825 東京都新宿区神楽坂2-14 ノービィビル
　　　編集部　(03)3235-3701
ブックデザイン　鈴木成一デザイン室
印刷所　豊国印刷株式会社
製本所　大口製本印刷株式会社

落丁本・乱丁本は購入書店名を明記の上、講談社業務部宛にお送りください。送料小社負担でお取替えいたします。なお、この本の内容についてのお問い合わせは講談社サイエンティフィク編集部宛にお願いいたします。定価はカバーに表示してあります。
© Isao Harada, Tadao Sugiyama, 2009

本書のコピー、スキャン、デジタル化等の無断複製は著作権法上での例外を除き禁じられています。本書を代行業者等の第三者に依頼してスキャンやデジタル化することはたとえ個人や家庭内の利用でも著作権法違反です。

JCOPY　<(社)出版者著作権管理機構　委託出版物>

複写される場合は、その都度事前に(社)出版者著作権管理機構(電話 03-3513-6969、FAX 03-3513-6979、e-mail：info@jcopy.or.jp)の許諾を得てください。

Printed in Japan
ISBN 978-4-06-157206-5

2つの量の関係を表す数学記号

記号	意味	英語	備考
$=$	に等しい	is equal to	
$\neq$	に等しくない	is not equal to	
$\equiv$	に恒等的に等しい	is identically equal to	
$\stackrel{\text{def}}{=}, \equiv$	と定義される	is defined as	
$\approx, \fallingdotseq$	に近似的に等しい	is approximately equal to	この意味で≃を使うこともある。≒は主に日本で用いられる。
$\propto$	に比例する	is proportional to	この意味で〜を用いることもある。
$\sim$	にオーダーが等しい	has the same order of magnitude as	オーダーは「桁数」あるいは「おおよその大きさ」を意味する。
$<$	より小さい	is less than	
$\leq, \leqq$	より小さいかまたは等しい	is less than or equal to	≦は主に日本で用いられる。
$\ll$	より非常に小さい	is much less than	
$>$	より大きい	is greater than	
$\geq, \geqq$	より大きいかまたは等しい	is greater than or equal to	≧は主に日本で用いられる。
$\gg$	より非常に大きい	is much greater than	
$\rightarrow$	に近づく	approaches	

演算を表す数学記号

記号	意味	英語	備考
$a+b$	加算,プラス	a plus b	
$a-b$	減算,マイナス	a minus b	
$a \times b$	乗算,掛ける	a multiplied by b, a times b	$a \cdot b$ と書くことと同義。文字式同士の乗算では ab のように省略するのが普通。
$a \div b$	除算,割る	a divided by b, a over b	a/b と書くことと同義。
a^2	a の2乗	a squared	
a^3	a の3乗	a cubed	
a^n	a の n 乗	a to the power n	
$\sqrt{a}$	a の平方根	square root of a	
$\sqrt[n]{a}$	a の n 乗根	n-th root of a	
a^*	a の複素共役	complex conjugate of a	
$|a|$	a の絶対値	absolute value of a	
$\langle a \rangle, \bar{a}$	a の平均値	mean value of a	
$n!$	n の階乗	n factorial	
$\sum_{k=1}^{n} a_k$	a_k の $k=1$ から n までの総和	sum of a_k over $k=1$ to n	
$\prod_{k=1}^{n} a_k$	a_k の $k=1$ から n までの総乗積	product of a_k over $k=1$ to n	